THE ASTRONOMY BIBLE

THE DEFINITIVE GUIDE TO THE NIGHT SKY AND THE UNIVERSE

新天文学入门

[英] 海瑟 · 库珀（Heather Couper） [英] 奈格尔 · 亨贝斯特（Nigel Henbest） 著

武剑锋 译

重庆大学出版社

目　录

第九章 88 星座完全手册

附录 实用参考图表

第一章

天文学的基本概念

1.1 什么是天文学?

晴朗的夜，走出家门，仰望群星璀璨的壮丽夜空。那点点繁星，宛若钻石晶莹闪亮，镶嵌在黑色天鹅绒般的夜幕上。每一颗星都有它自己的个性，每一颗星都在诉说它自己的故事。

我们的祖先将星空看作一整幅图画。就像我们现在绘制地图一样，祖先们将那些星星一个一个连接起来，勾勒出我们今天熟知的星座轮廓。为了能让辛勤的农夫和无畏的水手们记住这些图案，他们还编织了美丽的传说。

除了那些憨态可掬的大小熊、巨人、天空中的十字架以及翱翔的白鸟，夜空还经常给我们惊喜：划过天际的一簇流星、拖曳着长长尾巴的彗星、突然爆发的恒星，还有那美丽的极光，像天边或红或绿的丝带。

当然还有我们挚爱的月亮，绕着地球公转，每一天都呈现不同的面庞。那些地球的兄弟，从水星到海王星，每天都为夜空增光添彩。而太阳，这一颗属于我们自己的恒星，如果天公作美，它每天都会向我们问好。

这就是天文学，它既是对壮美天堂的一首赞美诗，又是集合了物理学、化学、数学和生物学的一门精确科学。而天文学的优点在于它不像脑外科手术那样复杂。每一个人都可以成为天文学家。

你既可以躺在长椅上享受星空，也可以拿双筒望远镜或者天文望远镜拉近与它们的距离。你甚至可以考进大学，念一个天文学或者天体物理学的学位，成为职业天文学家。

今天是职业天文学家最好的时代。天文学家拥有了强大而又精巧的设备来探索星空，有的在地面上，有的被发射到太空中——就像哈勃太空望远镜。它所拍摄的“创生之柱”又有谁能够忘怀呢?

天文学家将探测车发送到其他行星上，或许有一个能够发现火星上的原始生命。他们发现了很多前辈们都不敢想象的东西：超新星、白矮星、类星体、中子星，还有黑洞。他们甚至找到了宇宙的起源—— 一场140亿年前的大爆炸……

天文学是一场精彩纷呈的历险。那么就让这本书带领你参与其中。对宇宙的探索永无止境!

* 一个激发想象的地方——壮美星空中的银河

1.2 天文学寻根

天文学的历史至少可以追溯到四万年以前。那个时候没有任何光污染，澳大利亚的原住民看见漆黑的南方天幕上的繁星显得太过拥挤。所以他们并没有用星星，而是用天空中的一块一块暗斑来设计图案（现在我们知道了这些乌黑的云实际上将要孕育新的恒星）。他们甚至根据暗斑的样子创造了一个星座：飞翔的鸸鹋。

后来，古巴比伦的观星者开始将对星空的认知系统化。他们将恒星连接起来，根据他们的神话传说创造了更多的星座。有些古老的星座，像狮子座，已经有 4 000 年的历史了。

早期的天文学家已经认识到星空不仅仅是一幅美丽的画卷，更是非常有用的工具。每晚星座都按照一定的规律划过夜空，因此可以用来计时。星空还可以用来为航海指明方向。实际上，古希腊和古波利尼西亚的水手们早就已经这么做了。星空对于制订历法至关重要。我们的祖先就已经发现每个月能看到的星座都是不一样的。他们也观察了太阳和月亮的运动。

＊ 一艘根据星空导航的波利尼西亚划艇

早期文明通过观察日出和日落在地平线上的位置变化来标记一整年的流逝（你现在也能够这样做）。

先民们为我们的太阳建造了很多巨大的石碑。其中最有名的一个是位于英国威尔特郡的“巨石阵”，建于约公元前 2500 年。以前，游客们来到巨石阵庆祝夏至日（通常是在 6 月 21 日）。这一天从巨石阵内圈向外面的“脚跟石”望过去，正好是太阳升起的方向。但是最近的一个新理论指出，巨石阵实际上是用来纪念冬天的。在冬至这一天，观察者站在脚跟石上正好可以看到太阳在两个高耸的巨石中间落下。这标志着一年的转折点，春天就在不远方了。

在这样的时代，天文学还不能称之为科学。我们还需要再等一千多年……

＊ 雄伟的巨石阵用来记录四季的变化

1.3 理解我们的宇宙

古希腊人用他们缜密的逻辑和思辨的头脑在人类历史上第一次将天文学变成了一门科学。令人困惑的是，大部分极具天分的天文学家和哲学家其实并不居住在希腊本土，反而是在其广阔疆域的外围：西西里岛、小亚细亚（现今的土耳其）以及埃及的亚历山大港。

他们观察到了月食，推断出月食是由于我们的这颗卫星走进了大地的影子里。从月球上阴影的弧线，他们推导出大地是球形的，而且地球大约是月球的四倍大。公元前240年左右，博学家埃拉托斯特尼准确地计算出地球的周长。他的方法是比较埃及两个不同的地方在夏至日正午时太阳高度的差别。

古希腊人并不仅仅是抽象的哲学家，他们还发明了第一台模拟计算机：安提基特拉机械。它极其复杂的齿轮系统可以预测月相和发生日食、月食的时间。

古希腊的天文学家还观察了行星每天晚上的运动。我们现在知道这些在天空中游荡的星星实际上是地球的邻居。他们通过这些行星的运动给我们的太阳系构想了一个模型。这一宏大方案的设计者就是古希腊天文学的最后一位集大成者：来自亚历山大港的克劳狄乌斯·托勒密。他总结了前辈天文学家的发现，写成了十三卷《天文学大成》。这部著作在后世1 500年里不断重印出版，一直被天文学家当作“圣经”。这也使得古希腊人的发现能够一直流传下去。托勒密是第一个将宇宙系统化的人。他编制的星表包含1 022颗恒星。这些恒星被分成了48个星座。

然而，随着古希腊辉煌文明的结束，天文学也进入了一个停滞期，直到一千年后才在中东地区重新兴起。一些今天最有名的恒星就是由波斯天文学家命名的。比如金牛座最亮的恒星毕宿五。它的英文名Aldebaran是源于阿拉伯语“跟踪者”的意思，因为这颗星总是跟随着“七姐妹星团”（Pleiades，中文名昴星团）。但是一千多年过去了，天文学着实需要突破了。

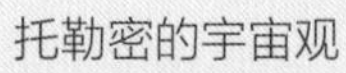

托勒密的宇宙观

托勒密和他同时代的天文学家坚信行星是围绕着地球转的。那么为什么有的行星（尤其是火星）会出现逆行呢？托勒密给出了一个符合逻辑的答案[1]：行星是在一个称为“本轮”的小圆里运动，而这个小圆又环绕着一个称作“均轮”的大圆轨道，这样我们就会看到行星交叉逆行的运动。

* 这个已经锈迹斑斑的齿轮发现于希腊安提基特拉岛附近的沉船上。它是一台具有两千年历史的计算机的一块最主要的残骸。这台计算机可以用来预测月相和日月食的时间。

1　比托勒密早两三百年的希腊天文学家（比如阿波罗尼奥斯、喜帕恰斯）就已经广泛采用了这一套本轮和均轮的系统。但是它最终以托勒密命名。——译者注

1.4　天文学革命

1543年，尼古拉·哥白尼在不止一个方面开启了天文学的革命。作为波兰东北部的弗龙堡大教堂的管理者，哥白尼在一个巨型塔楼里观测行星的运动。他发现行星的位置和托勒密所预言的相去甚远。

古希腊的天文学成果是通过波斯人又重新传回西方的。哥白尼对古希腊人的发现很着迷，但是觉得他们的理论解释却不那么令人信服。比如说，如果一切都围绕地球旋转，那么光芒万丈的太阳为何与其他暗弱的行星如此不同呢？

终于有一天他的脑海里灵光一闪，他找到答案了。而这一时刻将永久地改变天文学。根据他的观测，他推导出行星是围绕着太阳（而不是地球）旋转的。这一结论如果被证明是正确的，那么人类在宇宙中心的地位就会消失。这对当时的宗教信条将会是一个沉重的打击。因此，他一直等到自己在病床上奄奄一息的时候，才出版了那本注定会引起争议的著作《天体运行论》。

哥白尼的日心说是正确的吗？只有更好的观测数据才能回答。这一任务落到了一个性格古怪的贵族身上。他就是第谷·布拉赫。第谷在丹麦的一个叫作文岛的小岛上建造了一个富丽堂皇的城堡当作他的天文台。他有一个金色的鼻子（实际上是用黄铜做的）[1]，还养了一头驼鹿做宠物。

第谷虽然并不相信哥白尼的日心说，但他仍然兢兢业业地一遍又一遍地观测和记录星空。在他那个时代，望远镜还没有被发明出来。第谷在文岛上设计建造了极为复杂而又精密的仪器，一直到丹麦的新国王继位。这位新国王对第谷这样的贵族很不友好。第谷不得不离开了文岛。

＊ 哥白尼在当时极具争议的宇宙模型。在这个模型中，行星围绕太阳在圆轨道上运行。

后来第谷搬到了布拉格。在那里他遇到了那个时代最伟大的数学家约翰尼斯·开普勒。这个德国人的个性与第谷恰恰相反。他很害羞，还经常病恹恹的。但是开普勒是哥白尼日心说的追随者。利用第谷的观测数据，开普勒证明了行星的确是在环绕太阳运行，但并不是在圆轨道上，而是在形状像鸡蛋的椭圆轨道上。地球环绕太阳的速度比火星更快。当地球在内道超过火星的时候，火星看起来就像是在逆行。这样简洁的解释终于将古希腊人的轮上加轮的复杂模型扫进了历史的尘埃。

在哥白尼这场天文学革命之后仅仅不到一百年，另一场革命的曙光也显现在了地平线上……

1　第谷在上大学的时候与另外一个贵族决斗，失去了一部分鼻梁。后来他用黄铜做了一个替代品镶在脸上。——译者注

1.5 看不见的力量：望远镜与万有引力

天文学永久变革的序幕已经拉开。1609 年，意大利人伽利略·伽利雷将他的“光学管子”指向了天空。这个管子是一种新发明的望远镜。伽利略很快就宣布了他的发现：地球是围绕着太阳转的；天上的星体并不都是完美无缺的球体。比如说，月球上就布满了坑坑洼洼的环形山，太阳上面也有黑子。

这些对于当时的教廷权威来讲可不是什么好消息。在那时候的宗教信条里，地球拥有至高无上的中心地位，而太阳、月亮和行星这些天体都是完美无缺的球体。因为传播哥白尼的理论，伽利略被软禁在家里直到去世。但是他在天文学和力学方面的成就却激励了一个年轻的英国人。这个英国人在伽利略去世的那一年出生。他就是大名鼎鼎的艾萨克·牛顿。

牛顿利用他那强大到令人生畏的数学头脑弄明白了为什么天体会按照现在这样的规律运动。它们都受到一种未知的力的影响：万有引力。天文学家终于可以计算出宇宙中正在发生什么，而不仅仅是靠过去的经验来猜测。

牛顿的性格很孤僻，不喜欢和很多人打交道。他发表他的这些伟大成就完全是因为他的同事爱德蒙·哈雷的努力劝说。哈雷后来用牛顿的引力理论准确地预言了一个彗星的回归。这个彗星是他在 1682 年度蜜月的时候看到的。后来它被命名为“哈雷彗星”。

在牛顿的时代之后，天文学前进的步伐越来越快了。有的天文学家花费大量的时间和精力试图证明牛顿是对的还是错的；另外一些天文学家则用牛顿发明的反射望远镜（与之前的望远镜不同，这种望远镜是用镜面而不是透镜来收集光线的）完成了很多惊人的突破。

18 世纪，身兼天文学家和音乐家的威廉·赫歇尔利用牛顿式望远镜发现了一颗新的行星：天王星。赫歇尔制作的望远镜越来越大，他自己也就能够探索越来越广阔的宇宙。他开始研究银河的本质。他制作的星图是银河系的第一个准确的模型。

＊ 伽利略：望远镜的先驱

＊ 牛顿：万有引力大师

＊ 威廉·赫歇尔制作的约 12 米长的巨大望远镜

1.6 天文学家眼中的恒星

到了 19 世纪早期，人们的注意力转向了恒星。恒星是什么？它们由什么组成？它们为什么能发光？它们到底有多远？

天文学家用高精度的望远镜很快就解答了最后一个问题。当地球围绕太阳公转的时候，恒星的位置会有非常微小的移动。测量出这个移动的大小就可以计算出恒星的距离。离我们最近的恒星比邻星有 4.24 光年远。也就是说比邻星发出的光以每秒 30 万千米的速度前行，也需要 4 年多才能到达地球。

恒星天文学的下一个突破并非来自天文学家，而是来自德国一个擅长制造玻璃的能工巧匠约瑟夫・冯・夫琅禾费。有一天，夫琅禾费在检测他所造的一块新棱镜，一种能把白光分解成彩虹七色光（称为光谱）的仪器。他惊讶地发现太阳光的光谱里有很多很窄的暗线（这些线被称为夫琅禾费线）。这些暗线垂直于光谱的波长方向。他进一步发现别的恒星的光谱里也有这样的暗线。是他的棱镜出了问题吗？

德国的化学家古斯塔夫・基尔霍夫和罗伯特・本生（本生灯[1]的发明者）在实验室里进一步检验夫琅禾费的观测结果。他们发现夫琅禾费线是由不同的化学元素吸收特定太阳光而产生的。这些元素包括铁、钙、钠和碳。

与此同时，英国威廉・亨利・福克斯・塔尔博特开创了照相术[2]。天文学家终于有一种方法可以将星空永久地记录下来。他们将照相术与光谱学结合起来（见 7.5 节）就可以研究恒星到底是由什么组成的了。这真的可以做到吗？

* 塞西莉亚・佩恩 – 加波施金

到了 20 世纪，杰出的英国天文学家塞西莉亚・佩恩 – 加波施金找到了真相。她根据收集的光谱推断出恒星成分的绝大部分是氢元素。不久之后，那个年代首屈一指的英国天文学家亚瑟・爱丁顿提出恒星其实是巨型的核反应堆。在恒星极端高温的核心中，氢原子聚变成为氦原子。核聚变所产生的能量就是恒星光与热的来源。

那么恒星里面其他更重的元素又是怎么来的呢？这个问题是由英美两国的天文学家玛格

1 本生灯是实验室里常用的一种高温加热工具。——译者注

2 与塔尔博特同时研究照相术的还有法国人涅普斯和达盖尔。达盖尔在塔尔博特之前宣布了自己的发明。但是塔尔博特所开创的负片方法（卡罗法）成了现代摄影的基础，并且在当时就引起了天文学界的注意。——译者注

* 棱镜将光线分解成缤纷的彩虹

丽特·伯比奇（Margaret Burbidge）和杰弗里·伯比奇（Geoffrey Burbidge）夫妇、弗雷德·霍伊尔（Fred Hoyle）以及威廉·福勒（William Fowler）一起解决的，被合称为 B2FH。他们的计算表明比太阳更重的恒星内部拥有更强大的引力势能，能够通过核反应生成越来越重的元素。直到要合成铁的时候，整个过程就壮烈地结束了。这就是大质量恒星的最终宿命：超新星爆发。这种爆发将恒星的物质喷洒在宇宙中，成为孕育新一代恒星和行星的种子。而残留的核心可能会变成中子星，甚至黑洞……

1.7 揭开宇宙的面纱

到现在为止，我们已经讲述了天文学家如何得出恒星的性质、距离以及成分。我们应该把目光投向一个更宏大的问题：遥远宇宙的结构是什么样的。

威廉·赫歇尔早年已经画出了银河系的结构。那么银河系就是宇宙的全部，还是仅仅为亿万个星系中的一员？后者是正确的。其实你自己用肉眼也能看到这样的证据。南天的星空里有惊艳的大、小麦哲伦云。它们是银河系的卫星星系。北天的星空里则有壮丽的仙女座星系。

美国天文学家埃德温·哈勃发现整个宇宙正在膨胀之中。这是20世纪天文学最伟大的发现之一。根据大爆炸理论，宇宙诞生于138亿年前的一场剧烈的大爆发。所有的星系都在各自远离对方飞去。这一场剧烈灾变的证据在1965年被发现了。美国物理学家阿诺·彭齐亚斯和罗伯特·威尔逊探测到了那一场壮丽烟火的余晖——一种充满宇宙空间的残留辐射。

其实宇宙不仅仅是在膨胀。20世纪90年代，天文学家发现宇宙膨胀的速度还在加快，而这是由一种叫作“暗能量”的神秘力量引起的。暗能量是什么？现在没有人知道。我们知道的是，宇宙的未来会变得越来越寒冷、孤寂和黑暗……（见8.11节）

最近一场可以媲美哥白尼和伽利略那个时代的天文学革命正在发生。我们现在已经可以把探索机器人发送到别的行星上。技术的发展能够使天文学家不仅仅是“看”我们的宇宙。他们现在探索宇宙的武器包含了整个的电磁波谱：从极高能量的伽马射线到低频的无线电波。

＊ 深邃的宇宙——一群形态各异的星系和一颗前景恒星

这些近年积累起来的丰富数据告诉我们，实际上我们生活在一个狂暴的宇宙中。宇宙中并不都是安全的、可以预知的行星和恒星。相反，宇宙中充满狂野的世界：黑洞、类星体、古怪任性的行星，还有正在发生爆炸的恒星。尽管如此，天文学家还是慢慢发现，在这个狂野的宇宙的某些角落里，生命也许正在慢慢地孕育……

第二章

夜观星空

2.1 引言

其实每个人都已经是天文学家了，尽管你自己可能并不这么觉得。每当你凝视着月亮，看见耀眼的昏星“长庚”，抑或是瞥到划过天际的流星，你就是在进行天文观测。仅仅用你的肉眼就可以做很多这样的观测了。

事实上，上手的最好方式并非借助计算机寻星天文望远镜，而是就用你的双眼，对照 2.3 节给出的四季星图，来探寻美丽的夜空。

找到最亮的星星，然后用线连接起来，勾勒出各式各样的图案，每一个独一无二的图案背后都有一个迷人的故事（在第九章对每个星座都有具体的介绍）。

跟踪月相的变化，以及它每个月以黄道带为参照物的运行轨迹，如果你在这个黄道带中发现了一个闯入者，那么它很有可能是一颗行星。除了天王星和海王星，其他行星都非常亮，你可以轻而易举地用肉眼看到。金星和木星比夜空中其他所有的星星都要明亮。一个很容易发现的区别是，恒星会一闪一闪的，但行星发出的光却很稳定。打开观星 App 你就能知道今天晚上可以看到哪些行星。

下一步，你可以借助一副双筒望远镜探索星空更多的细节。双筒望远镜有比较宽的视场和较高的放大倍数。你可以用它观察一颗又一颗星星，寻找那些发光的星云、闪耀的星团，还有遥远的星系。

终极的设备仍然是一台天文望远镜。说起“天文学家”，你的脑海中可能出现一个白胡子老头坐在长长的望远镜后面望向天空。当然在今天，女性和男性一样可以成为天文学家。但是如果你想将你的天文学爱好推向极致的话，望远镜仍然是必不可少的。望远镜会向你展现夜空所有的荣耀。你自己甚至可以留下深邃宇宙的影像。

对于天文设备生产商和有用网站的更多信息，参见附录 B。

* 你我每个人都可以成为天文学家。看！一个穿得暖暖和和的观测者正在用望远镜搜寻夜空。

2.2 开始吧

你现在要出去观星了吗？太好了！当然，最好不要在黑暗里摔跤，所以白天的时候仔细看看你准备观星的地点，即便是在你家后院。

你需要找一个视野极佳的地方，尤其是正午太阳所在的那个方向，因为这通常也是你在夜晚能够看到月亮和行星的方向（如果是在北半球的话，是南方；如果在南半球，这个方向是北方）。记住这个方向，之后你使用星图的时候会需要它。不要在草地上观星，因为晚上会变得又湿又冷。还要记住避免直射的路灯。

▽ 观星装备

现在，你需要穿得暖和一点，即便在夏天，你也会惊讶静止站着的时候有多冷。要穿两层袜子，多穿几层衣服，还要戴一个保暖的帽子。要用红色的手电来读星图和记笔记（亮白光会毁掉你的夜视能力——参见右边内框中的解释）。

利用 2.3 节的星图来观察天空。或者你也可以买一个适合你所在纬度的旋转星图，把它设定到现在的日期和时间。你也可以在你的智能手机或者“平板电脑”上下载一个观星 App；当你把你的智能手机或“平板电脑”指向任意一个方向的时候，屏幕上都可以显示出那个方向的实时星图。

先用肉眼看，然后再借助双筒望远镜或者天文望远镜。对于观察大范围的星空来说，你的双眼其实是最好的天文设备，比如，你想看南极光或者北极光、流星雨或者整个的“星座之王”猎户座。

* 这是一个能够显示一年中任何时刻的恒星和星座图案的旋转星图。这个星图是针对北纬 51.5° 的地区（比如北欧、美国北部、加拿大和中国东北[1]）设计的。如果你住在离这个纬度很远的南方地区，你需要买一个适合自己纬度的旋转星图。

适应黑暗

当你刚走到户外的时候，你只能看到比较亮的星。这个时候不要感到失望。给自己大概半个小时的时间，你的双眼就能变得灵敏很多，可以看到成千上万颗更暗的星星。这主要是有两个原因：第一，眼睛的瞳孔（虹膜中间的小孔）在黑暗中会变大，能收集到更多的光；第二，也是更重要的，在黑暗的环境下，眼球后部的视网膜会产生更多视紫质。这是一种能够对光产生反应的化学物质，使你能看见微弱的光线。

1　“中国东北”为译者所加，为了能够使中国的读者对北纬 51.5° 有一个概念。——译者注

2.3 星图

我们头顶星空的模样取决于在一年中的时刻：当地球在绕太阳公转的周期里，我们会看到天空中的不同区域。这就像在游乐园里，你坐在旋转木马上，一会儿看到幽灵列车，一会儿又看到碰碰车。

所以呢，我们在北半球的冬季和南半球的夏季会看到“伟大的猎手”猎户座。六个月之后，当我们到了离太阳远的一端，猎户座就看不到了，但是我们北半球的星空拥有美丽的天琴座和天鹅座，南半球的天上则有一只明亮的大蝎子——天蝎座。（南半球星空中标志性的南十字座则在秋季迎来它最美的时刻。）

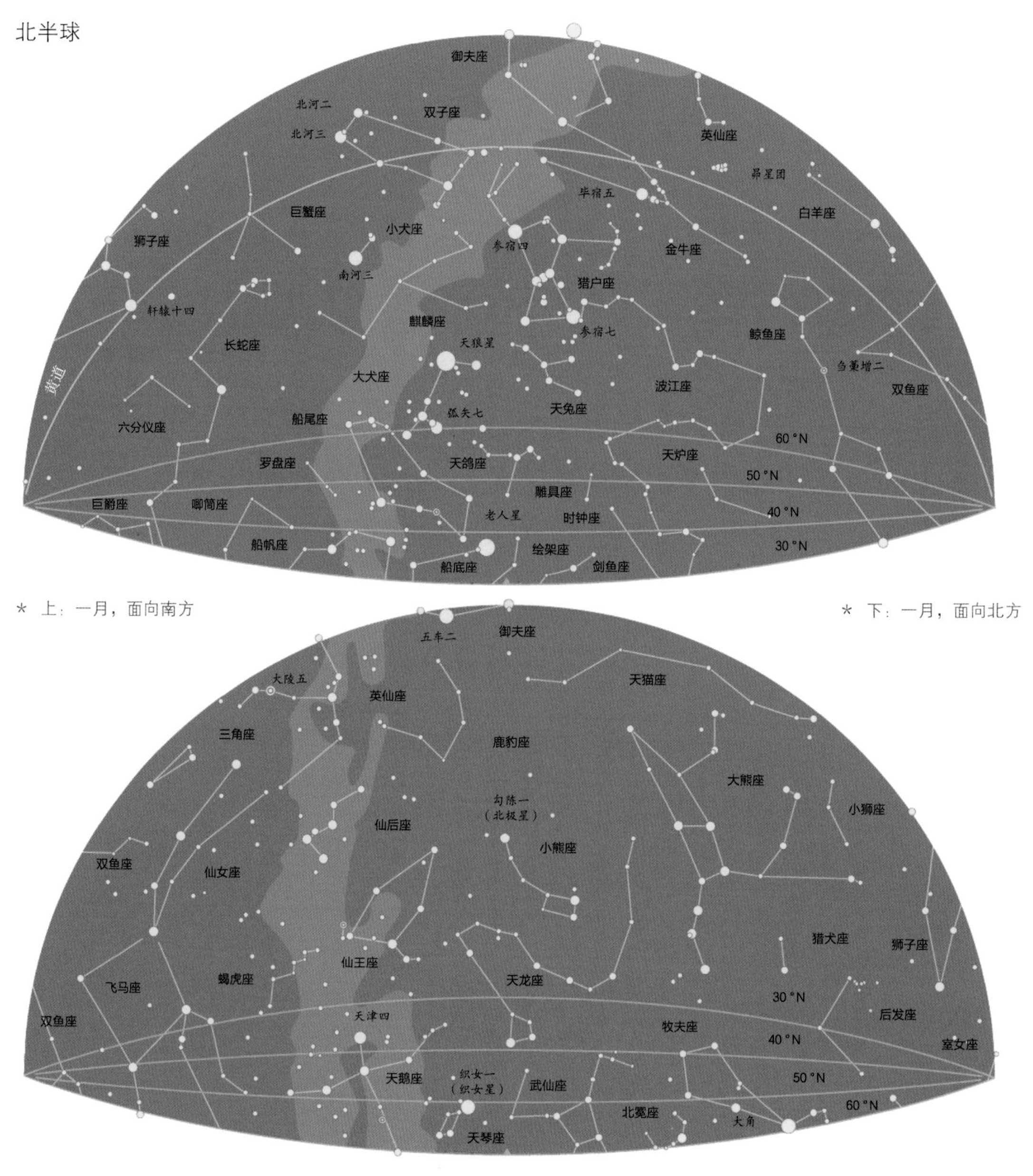

* 上：一月，面向南方

* 下：一月，面向北方

▽ 北半球的四季星图

后面的这三对星图展示了在 1 月、5 月和 9 月的傍晚你向南方和北方望去的星空。黄色的那条线代表“黄道”，这是太阳、月亮和行星运行的轨迹。

在星图上我们已经标出了最亮的恒星以及主要星座的形状。这些星图所展示的天区重合的部分很多，所以你可以推算出中间几个月的星空是什么样子。例如，在南向星图中，狮子座 1 月在左边（东边），5 月在右边（西边），所以在二三月间它大概就是在中间靠南的方向。

南向星图的底边代表了北纬 30° 地区的地平线。因为地球表面是弯曲的，靠近北极点的人只能看到比较少的南方天区。底部三条粉色的线代表着北纬 40° 、50° 和 60° 的地平线。

与之相对，在高北纬的人会看到更多的北方星空。北向星图的底边是北纬 60° 的地平线，它之上的三条粉色的线依次代表北纬 50° 、40° 和 30° 的地平线。

北半球

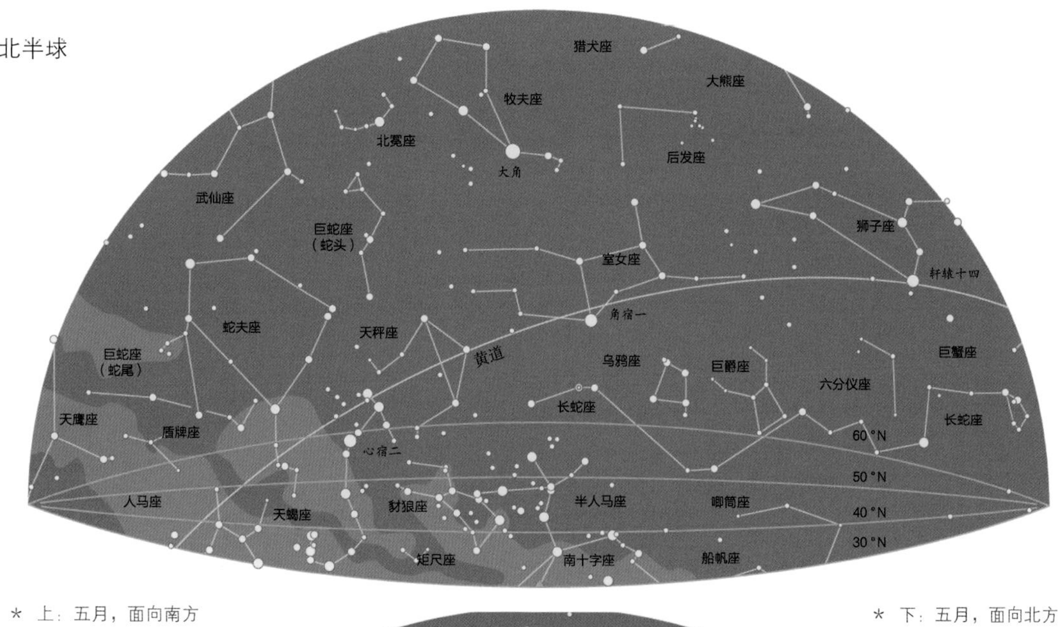

＊ 上：五月，面向南方

＊ 下：五月，面向北方

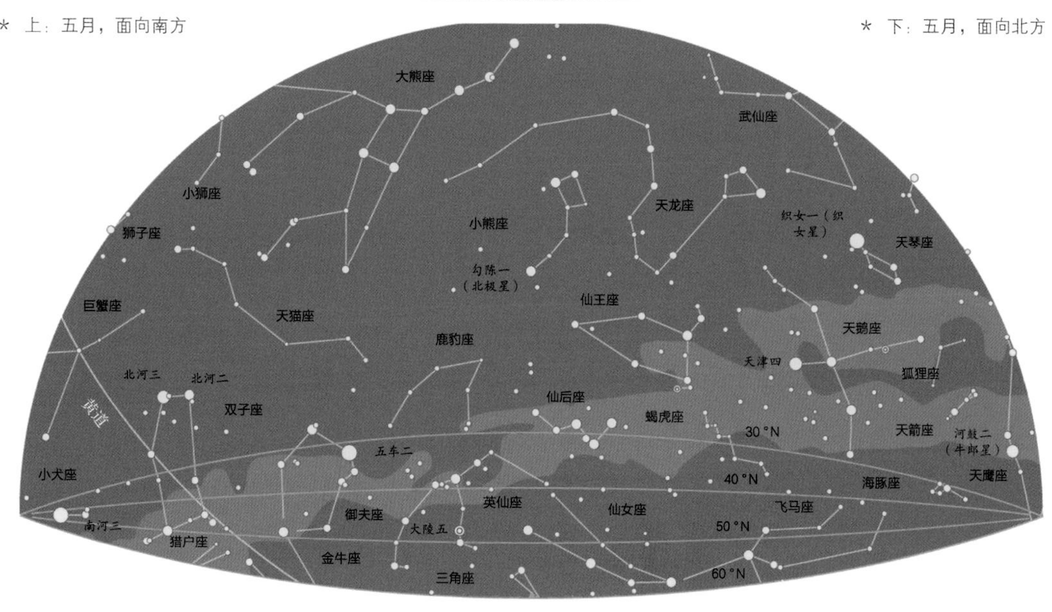

▽　凌晨的星空

如果你在傍晚很早的时候或者是日出之前出来看星星，你会发现星座的位置跟这几页星图上显示的不一样。这是因为地球在自转，自西向东每 24 小时转一周。天空看起来就像是在向相反的方向运动：天上的恒星、行星和月亮看起来是在东方升起、在西方落下。如果继续用旋转木马作类比的话，这就像是木马在环绕旋转的时候，同时绕着自己的轴旋转。

简单说来，1 月傍晚的星图也可以用在 10 月的凌晨；5 月傍晚的星图可以用在 2 月凌晨；9 月傍晚的星图可以用在 6 月凌晨。不要畏惧夜空星辰的复杂运动。只要你熟悉了那些明亮的星座与恒星，比如猎户座、狮子座、大熊座、仙后座、大角星和心宿二（对于北半球的你），

北半球

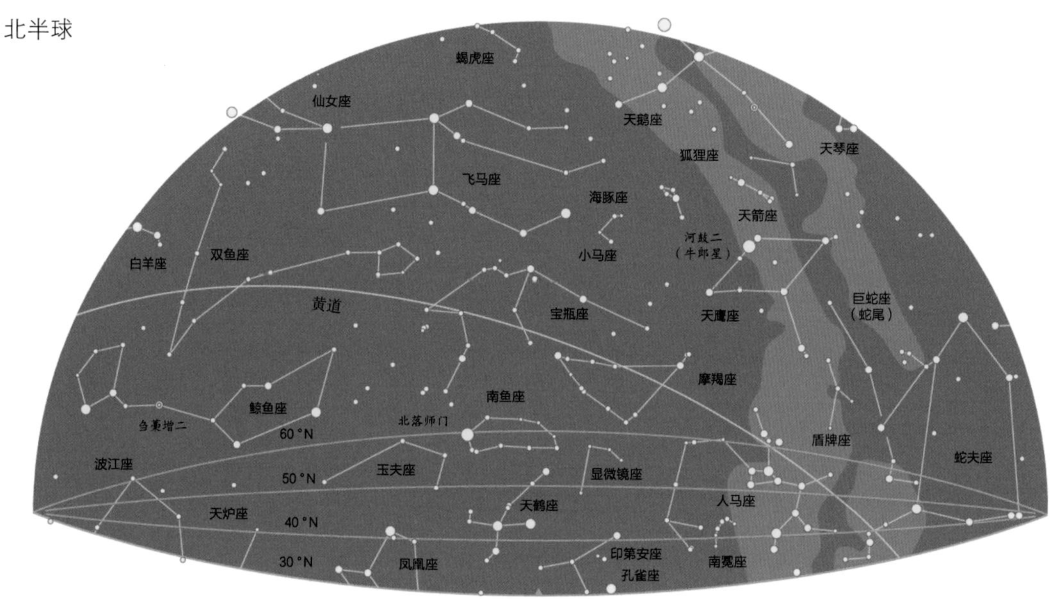

＊ 上：九月，面向南方

＊ 下：九月，面向北方

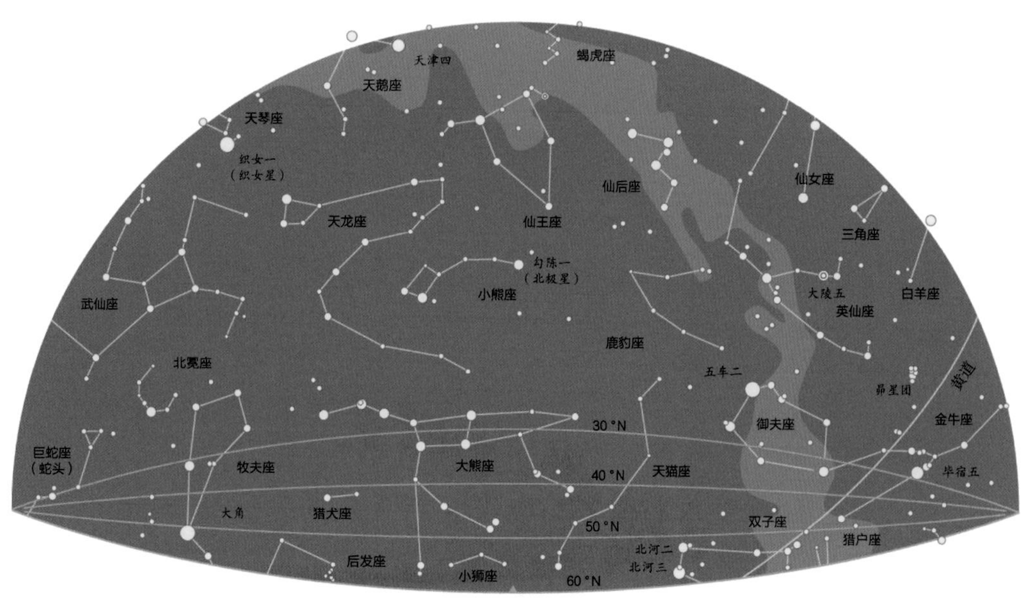

抑或是南十字座、猎户座、狮子座、天蝎座、老人星和大角星（对于南半球的你），你就会很容易找到巡游星空的方法，就像你用一些地标找到回家的路一样。

▽ 南半球的四季星图

后面的这三对星图展示了在1月、5月和9月的傍晚你向南方和北方望去的星空。黄色的那条线代表“黄道”，这是太阳、月亮和行星运行的轨迹。

在星图上我们已经标出了最亮的恒星以及主要星座的形状。这些星图所展示的天区重合的部分很多，所以你可以推算出中间几个月的星空是什么样子的。例如，在北向星图中，狮子座1月在左边（东边），5月在右边（西边），所以在二三月间它大概就是在中间靠北的方向。

北向星图的底边代表了南纬5° 地区的地

南半球

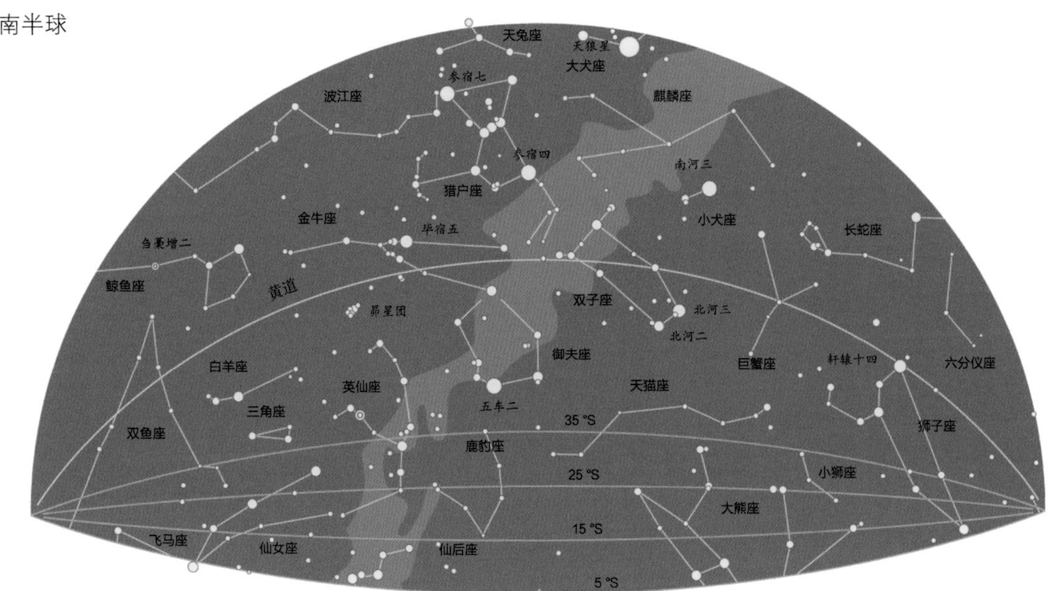

＊ 上：1月，面向北方

＊ 下：1月，面向南方

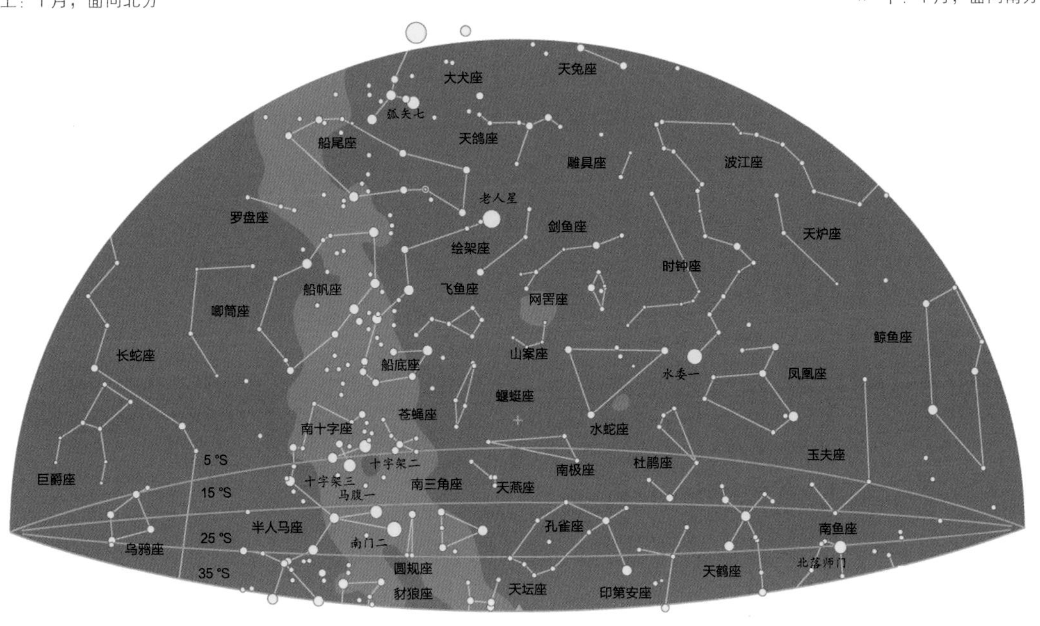

平线。因为地球表面是弯曲的，所以靠近南极点的人只能看到比较少的北方天区。底部三条粉色的线代表着南纬 15°、25° 和 35° 的地平线。

与之相对，在高南纬的人会看到更多的南方星空。南向星图的底边是南纬 35° 的地平线，它之上的三条粉色的线依次代表南纬 25°、15° 和 5° 的地平线。

南半球

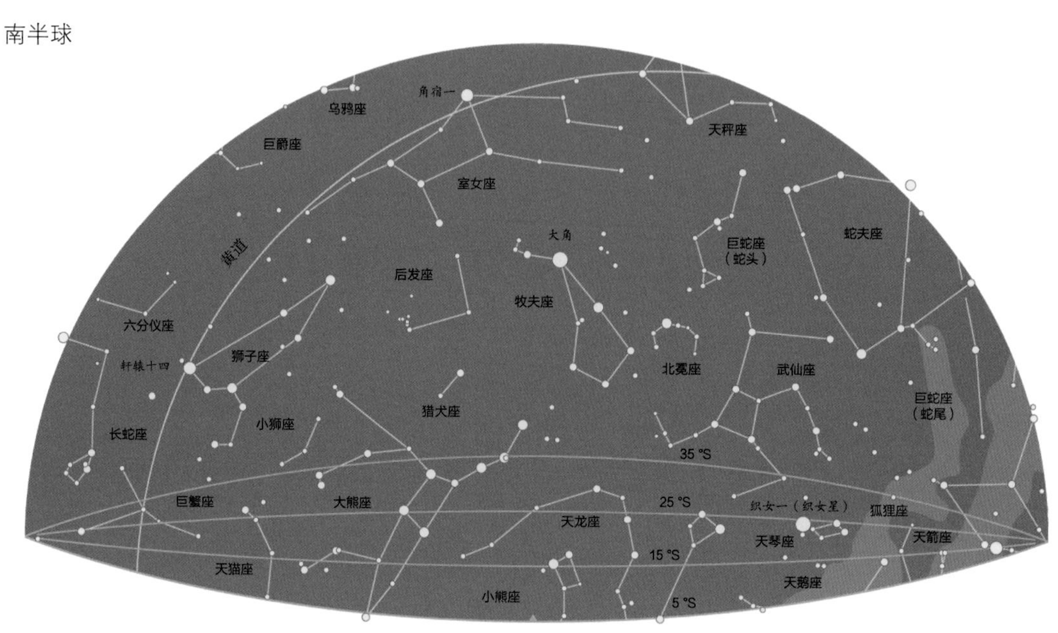

* 上：5月，面向北方

* 下：5月，面向南方

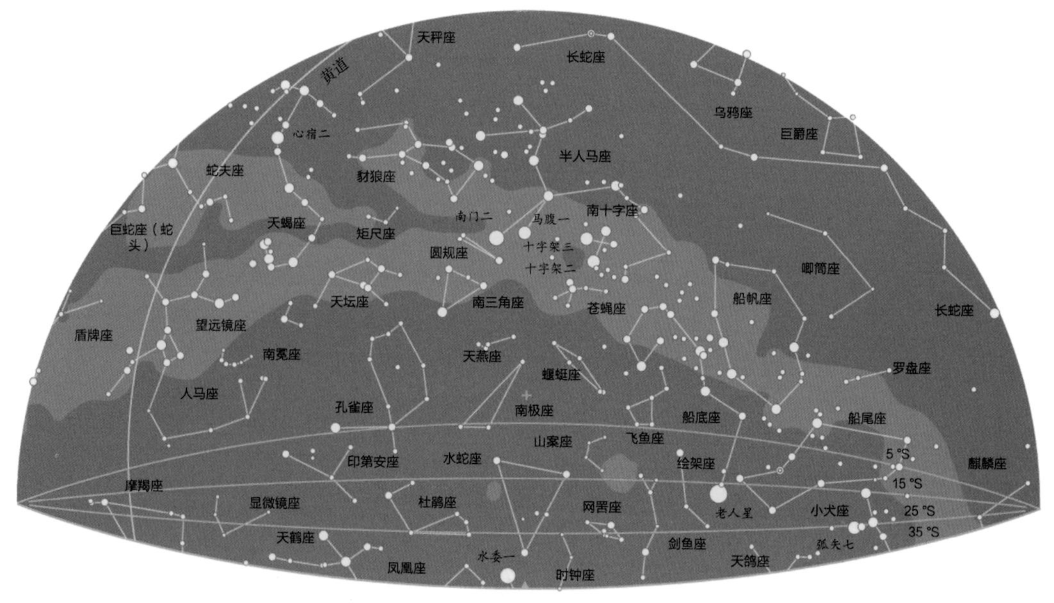

▽ 准备出发吧

现在你已经准备好去观星了。我建议你在第一次读这本书的时候先跳过这一章剩下的部分；当你观察了夜空之后再回来借助这些仪器帮你更进一步。

南半球

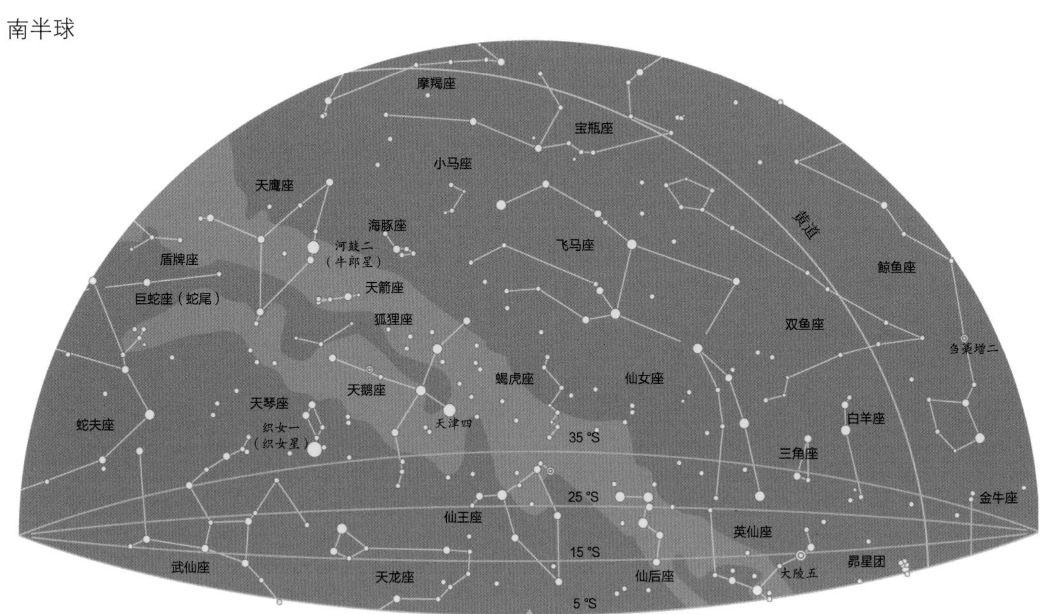

* 上：9月，面向北方

* 下：9月，面向南方

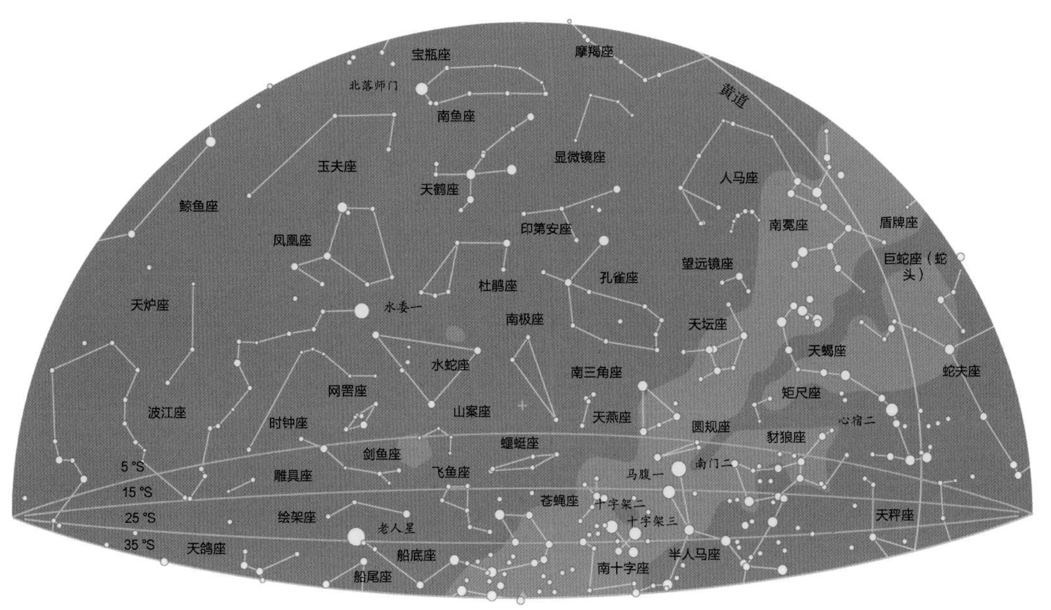

2.4 双筒望远镜[1]

在买天文望远镜之前，最好先买一副好的双筒望远镜。这并不是为了省钱：大多数严肃的天文学家既会使用他们主要的天文望远镜，也会使用双筒望远镜。因为这种小设备在你不需要很高放大倍数的时候其实很好用，它们的视场范围也更大。

双筒望远镜可以让你看到银河系内星团和星云的震撼画面。你可以轻而易举地看到木星的卫星，还有最亮的星系。如果正好有一颗明亮的彗星经过，用双筒望远镜看彗尾是最好的。

▽ 易于使用

双筒望远镜的另一个优点是轻便好握，它不像天文望远镜一样需要一个又大又重的支架。双筒望远镜好用的另一个原因是它所成的像是正向的，在天文望远镜的视野里所有的东西都是上下颠倒的。

如果给予双筒望远镜一定的支撑是会有帮助的，否则手的微小震颤在双筒望远镜的视野里会被放大。一般来说，把它支在篱笆上或者把你自己的胳膊肘枕在桌子上就可以。或者你可以买一副带有成像稳定功能的双筒望远镜。它比较贵，但是你会惊奇地发现当图像不再震颤的时候你能看到多很多的东西。

购买双筒望远镜

如果可以，最好在商店里购买双筒望远镜，而不是在网上。这样的话你可以试试它们，看看你是否满意它们的重量、放大倍数和性能。

双筒望远镜都有一个参数，比如7×50或者12×70。第一个数是放大倍数；第二个数是透镜直径的大小（以毫米为单位）。对于双筒望远镜而言，并非越大越好。如果放大倍数太高，你双手的一点震颤都变得非常明显。而透镜直径越大，双筒望远镜就越重；这样你的双臂很快就会感觉到累，你甚至需要一个支架。

对于天文观测而言，我们觉得7×50或者10×50的双筒望远镜最为理想。

* 双筒望远镜是很好的观星工具，同时也适用于很多的户外活动。

1 中文语境中的“天文望远镜”往往包括“双筒望远镜”。在本书中，依照原作者的本意，将“双筒望远镜”从“天文望远镜”中独立出来。——译者注

2.5 天文望远镜

当美国天文学家计划在亚利桑那州基特峰建造一个大型天文台的时候，他们需要去说服当地的托赫诺·奥哈姆族印第安人允许自己使用他们部族的圣山。科学家们邀请部族长老用天文望远镜观看月亮。当地印第安人被他们的所见震撼了，于是同意这些“拥有千里眼”的人使用他们的圣山。

天文望远镜在希腊语里的意思是“看到远处”。天文望远镜确实能够让地球上的人观察上天。你可以看到月球上的环形山，看到像悬在空中的精致模型一样的土星和它的环，还可以观察那些遥远的星系。

在下面的几页里，我们会逐一介绍三类主要的天文望远镜，包括它们的优缺点，以及使用它们所需的设备，比如目镜、寻星镜和支架。如果你决定买一个小型望远镜偶尔看看星，那么你通常可以把它带到户外（但是一定要选一个干爽通风的地方储藏以防结露水）。如果你决定把望远镜长期放在一个支架上固定起来，那么你需要用一个可以翻转的棚或者一个顶上有狭缝的圆顶来保护它。

大气之上

不管你的望远镜有多好，你还是需要透过地球的大气层观察星空。大气层会让所有的天体变得更暗，就像你从游泳池底向上看一样。这就是为什么专业天文学家都把望远镜放在很高的山顶来避开大气湍流最严重的区域。哈勃太空望远镜和它的继任者詹姆斯·韦伯太空望远镜被放在环绕地球的轨道上，完全避开了地球的大气层。

▽ 越大越好

对于购买天文望远镜而言，买你能够负担的最大的望远镜。首先，它能够允许更高的放大倍数（对于目镜和放大倍数参见 2.6 节）。小望远镜上的高倍放大只会产生模糊的图像，天文学家将此称为“无用放大”。你能够使用的最大的放大倍数是望远镜直径（以毫米为单位）的两倍。所以对于比如 75 毫米口径的望远镜，追求 150 倍以上的放大倍数是没有意义的。

其次，望远镜越大，它的聚光能力就越强。用一个小望远镜能够看到天王星、海王星，但是如果想要看清楚像遥远星系那样的更暗天体，一个大望远镜就是必要的了。

* 欧洲甚大巡天望远镜在智利阿卡塔玛沙漠 2 635 米高的山巅上扫描夜空。

2.6 折射式望远镜

水手和早期天文学家使用的那种传统望远镜在镜筒前端有一个大的透镜收集光线并汇聚到焦点上。一个小的透镜在另一端放大图像。因为主透镜能够使光线变弯，或者称之为“折射”，这种望远镜被称为折射式望远镜。

这是最早的望远镜类型，由荷兰光学家汉斯·利普赫于 1608 年发明。伽利略是最早用这种新式设备观测星空的人之一。

然而这种望远镜存在一个问题。前端的透镜（也被称作“物镜”）在聚焦光线的同时也会产生彩虹状的多色光斑，这种效应被称为“色差”。如果你使用一台很便宜的折射式望远镜，你会看到星星的周围有一圈彩色条纹。

为了能够有效地观测，天文学家必须发明一种特殊的物镜，该物镜是将两种不同的镜片贴在一起来减少彩色条纹。所有大型的专业折射式望远镜都是使用这种消色差设计。

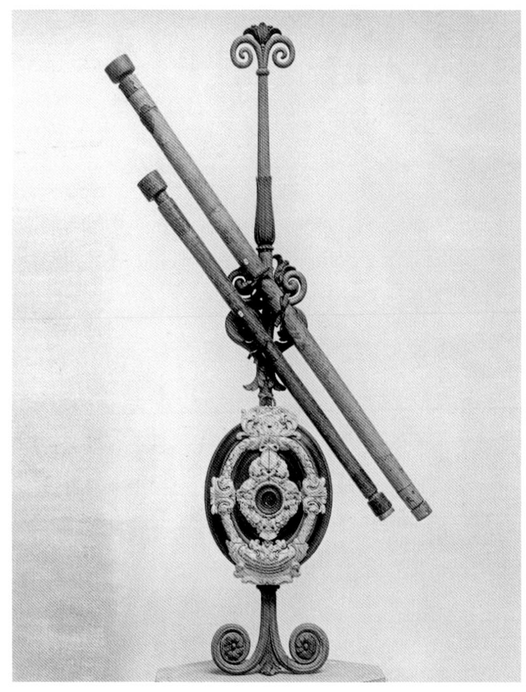

* 伽利略的两个小折射式望远镜

19 世纪的天文学家互相竞争着去建造越来越大的折射式望远镜，最后的胜利者是美国芝加哥附近的叶凯士天文台里的巨型望远镜。但是，这个望远镜直径 1.02 米的透镜是实际能够建造的最大的透镜；更大的透镜将会在自身重力的作用下产生下沉形变，使得它无法很好地聚焦。这就是近一个多世纪以来，除了一些特殊的太阳望远镜之外，天文学家不再建造大型的折射式望远镜的原因。

▽ 选择折射式望远镜

折射式望远镜对于在自家后院观星非常理想。虽然它相对于同样口径的反射式望远镜更贵，但一个好的折射镜更加简便和皮实，也很

* 美国芝加哥附近的叶凯士望远镜，世界上最大的折射式望远镜。它的直径 1.02 米的透镜是实际能够建造的最大的透镜；更大的透镜将会在自身重力的作用下产生下沉形变。

折射式望远镜

透镜

成像

* 折射式望远镜用透镜收集和聚焦光线。

擅长在高对比度的情况下给出非常清晰的图像。因此，很适合观察月球和行星。

不要买商店里或者网站上最便宜的望远镜。这种望远镜的物镜往往只有一片透镜，再加一个塑料环来减少色差。这样的设计也会阻挡大部分进入望远镜的光线。你应该选择一个消色差的望远镜（也被称作“双透镜”），或者在预算允许的情况下选择一个最高价格的“复消色差”的折射镜。这种望远镜的物镜由三块透镜组成，可以完美地消除色差。

世界上部分大透镜折射式望远镜

名称和地点	完成年份	直径 / 米
叶凯士折射镜，美国威斯康星州	1897	1.02
瑞典太阳望远镜，西班牙加纳利群岛	2002	0.98
利克望远镜，美国加利福尼亚州	1888	0.91
大望远镜，法国默东	1891	0.83
大折射镜，德国波茨坦	1899	0.80
大望远镜，法国尼斯	1886	0.77

* 用折射式望远镜来观测——注意那个坚固的支架

目镜和放大倍数

通过任何望远镜观看星空都需要一套大小不同的目镜，来实现不同的放大倍数。当你观察土星这样的行星时，开始需要用一个低倍的目镜获得大致的图像，然后再切换到越来越高倍的目镜。

一个大致的经验法则是最大的目镜会给你最低的放大倍数，而最小的目镜会给你最高的放大倍数。你可以按照下面的方法自己计算出放大倍数。在望远镜的参数表里找到物镜的焦距。目镜的焦距一般就在它上面标注着。将物镜焦距除以目镜焦距，得到的就是放大倍数。比如，如果望远镜的物镜焦距是 500 毫米，你选的目镜焦距是 10 毫米，放大倍数就是 500/10 = 50 倍。

2.7 反射式望远镜

反射式望远镜，就像它的名字一样，是通过镜面（而不是透镜）反射将光线聚焦到焦点上。反射式望远镜不会像折射式望远镜那样存在色差。艾萨克·牛顿在1668年建造了第一台反射式望远镜。牛顿还加入了第二块较小的镜面以一定的角度将聚焦的光线反射到望远镜旁边的目镜上（见下页图）。

对于20世纪那些最大的望远镜，天文学家会在望远镜里面，在焦点的地方一坐就是好几个小时，那里又冷又不舒服。现在专业的天文学家会用电子设备来观测，这样他们就可以坐在温暖房间里的计算机前了。

反射式望远镜的一个巨大优势是即便对于最大的镜面，你也可以在后面给予支撑来抵抗它自身重力带来的下沉。这就是为什么今天最大的望远镜都是反射式的。很多镜面是由计算机控制的“电机”来支撑的，这些小的设备可以在镜面旋转的时候将镜面保持在严格正确的形状。

位于夏威夷的凯克望远镜I是这种设计的先驱者：它是用36块六边形镜子组成的大镜面来收集光线。这些镜面就像卫生间的瓷砖一样精确地贴合在一起，组成的镜面比单块玻璃能做到的更大。

▽ 选择反射式望远镜

在同等口径下，牛顿式反射望远镜是最便宜的后院观星望远镜，而且能带给你最暗的天体。反射式望远镜能给你带来极好的发光星云和遥远星系的图像。

* 反射式望远镜通常是最受业余天文学家欢迎的选择。你甚至可以自己磨镜片做一个。镜片的重量在后背有所支撑，所以对于后院望远镜来说大小并没有限制。

寻星镜

现在你想把你的望远镜指向木星——这实际上比想象的复杂。因为从目镜里看到的视野是很有限的，所以直接用望远镜对准目标纯粹是碰运气的。

这就是为什么你会需要寻星镜。传统上，寻星镜是你主镜旁边的一个小望远镜，指向相同方向，放大倍数低但是视野更广。如果你在这个小望远镜里找到了木星，把它放在十字交叉点上，那么在主镜里你就能够看到木星。现在很多望远镜会有一个红点寻星镜，用一个红点来标注望远镜的指向。

不管用哪种设计，可以在白天的时候通过看远处的物体来检查一下寻星镜和主镜是否对齐。这时候做调整要容易得多。

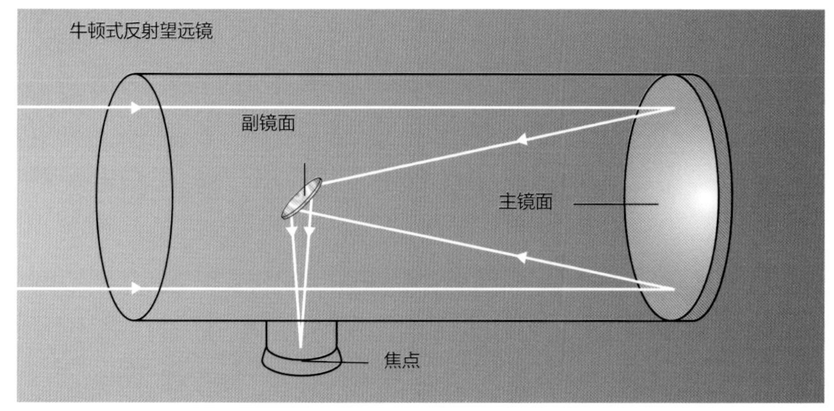

* 反射式望远镜用一个大的主镜面收集光线，然后反射到小的副镜面上，最终进入焦点。

道布森式望远镜是终极的“轻便”武器。它是一个巨大的牛顿式反射镜放在特氟龙板上，然后支在一个简单的旋转支架上。你可以直接把它推走去看最暗的天体。

尽管如此，反射式望远镜比折射式望远镜需要更多的维护。它们很容易就偏离校准，反射镜面本身每几年就需要镀一层铝。而且，镜筒里面的小反射镜阻挡了一部分光线，所以图像不是最清晰的。这对于观察月球和行星的细节方面是个缺点。

* 牛顿最早建造的反射式望远镜中的一个，建于1668年。

* 夏威夷的凯克望远镜。它的10米主镜是由六角形的分镜面拼接而成的。

世界上部分大口径的反射式望远镜

名称和地点	完成年份	直径/米
加纳利大望远镜，西班牙加纳利群岛	2009	10.4（拼接镜面）
凯克望远镜Ⅰ & Ⅱ，美国夏威夷州	1993，1996	10（拼接镜面）
南非大望远镜，南非	2005	9.2（拼接镜面）
大型双筒望远镜，美国亚利桑那州	2004	8.4（双镜面）
甚大望远镜，智利帕瑞纳	1998—2001	8.3（四台望远镜）
昴星团望远镜，美国夏威夷州	1999	8.3

2.8 折反射式望远镜

1930年，爱沙尼亚光学家伯恩哈特·施密特设计了一款新型的望远镜。这一功能强大的探索深空的新工具给后院观星带来了一场革命。更值得一提的是，施密特在15岁用火药做实验的时候失去一只手。

你从传统的望远镜里看过去，不管是折射式的还是反射式的，都会像从隧道里看过去一样，视野很窄。而施密特所做的是将这两种设计结合起来创造了第一台宽视场望远镜。

施密特望远镜在底端有一个大的反射镜面来汇聚光线，但是单凭这个镜面会使视场边缘的成像模糊不清。施密特的神来之笔是在镜筒顶端放了一个很薄的透镜；这个透镜能够使图像变得更为清晰。

汇聚的光线在望远镜里的胶片上被记录下来。20世纪后期，大型的施密特望远镜为远方宇宙绘制出了前所未有的细节，比如说发现了大量的星系团。

* 折反射式望远镜同时利用折射镜和反射镜来收集光线。它能够给出宽广的视野。

支架

不管哪种类型的望远镜都需要一个支架来支撑它的重量，让你能够对准你想要的目标。问题的复杂之处在于天空中的物体看起来一直是随着地球自转移动的，因此你需要能够跟踪你想要看的天体的设备。

最简单的支架系统叫作地平式支架。望远镜镜筒是在一个旋转叉式装置的齿之间摇摆。这样你就可以在高度角（即上下方向，又称地平经度或地平高度）和方位角（即水平旋转，又称地平纬度）两个方向上转动望远镜。如果你的望远镜放大倍数不高，那么就可以简单地推动望远镜来跟踪目标。

大部分的折反射式望远镜拥有一个计算机控制的地平式支架系统。一旦你用两颗亮星完成望远镜的初始设置之后，支架里的电机就可以为你自动跟踪目标。这种被称为寻星支架的系统中储存着数以千计天体的数据。你只需要键入目标的名字，望远镜就会自动找到它。

可惜的是，这种支架系统不能用来做天文摄影（见 2.9 节）。当望远镜追踪目标的时候，视野里的天区也在不断旋转，图像就会变得模糊。

另一种对于天文摄影来说很理想的工具被称作赤道式支架。这种支架会倾斜一个角度，这个角度与你所在当地的纬度相同。尽管在初始设置上比较复杂，但这种赤道式支架只需要一个可以匀速摇摆望远镜的电机就可以使你的视野保持不变。

对于后院观星者而言，施密特望远镜的缺点是你无法通过它直接观看天空。不过，一个由它衍生出来的设计利用了镜筒中的一个小镜子将光线汇聚到后方的目镜中，这就是施密特－卡塞格林望远镜（SCT）。马科斯托夫望远镜则是另外一种相似的设计，只不过是将一个碟子形状的透镜放在了镜筒前端。这些综合了反射镜和折射镜能力的望远镜被称作折反射式望远镜。

▽ 选择一台折反射式望远镜

折反射式望远镜比同等口径的反射镜或折射镜都要短得多，轻得多。因此折反射式望远镜很容易使用，也很便携。它的一个主要缺点就是昂贵。中间的大反射镜面意味着你看到的图像不像折射式望远镜那样清晰，但是它对于观察星云和星系这样的深空天体更为理想。现在折反射式望远镜已经成为最受资深业余天文学家欢迎的类型。

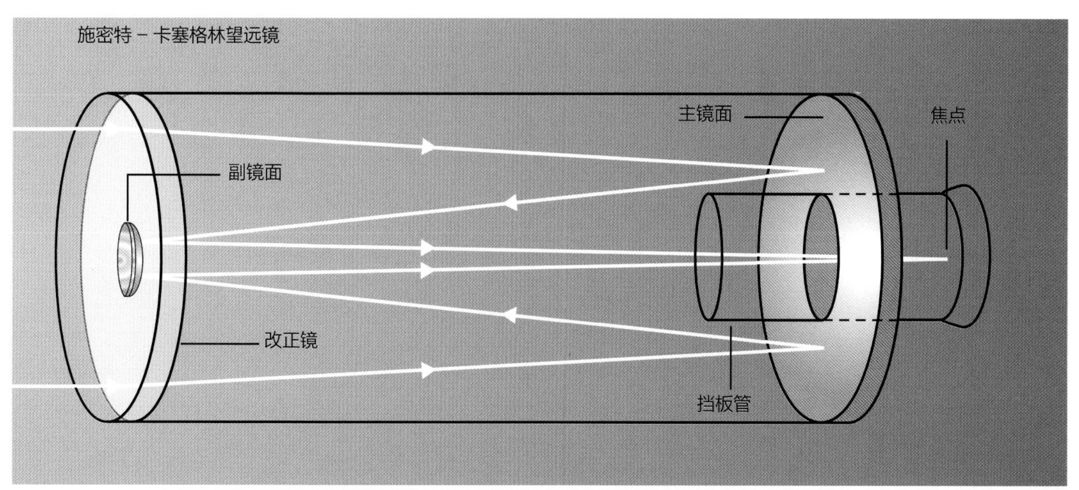

* 折反射式望远镜的光学系统——透镜（左）和反射镜面（右）——使得整个仪器非常紧凑。

* 英国施密特望远镜，位于澳大利亚新南威尔士州的澳大利亚赛丁泉天文台。专业折反射式天文望远镜是以伯恩哈特·施密特来命名。这种望远镜的宽广视野使它们在巡天研究方面表现优异。

世界上部分大口径折反射式望远镜

名称和地点	完成年份	透镜直径 / 米
阿尔弗雷德－詹希望远镜，德国陶腾堡	1960	1.34
萨缪尔·奥辛望远镜，美国加利福尼亚州	1948	1.22
英国施密特望远镜，澳大利亚赛丁泉	1973	1.2
卡拉·奥托望远镜，西班牙（原址德国汉堡）	1980/1955	0.8

2.9 给夜空拍照

我们都看过大型望远镜拍摄的极美的夜空图片，但是给夜空拍照并不是一件容易的事儿。用一般的照相机对准夜空咔嚓一声，你只会得到一张黑黑的照片，什么也没有；恒星和行星都太暗了。你也许能拍到月亮，但那只是很小的一片光斑。（更糟的是，你的闪光灯很有可能会照亮周围的物体。）

▽ 保持稳定

确保你的照相机在长曝光模式下（通常标记为 B-setting）。你的照相机必须稳如磐石才能避免图像模糊。最理想的是用一根线缆或者自动计时器来控制快门，这样就可以避免手按快门时的震动。

一个普通的照相机三脚架（或者将照相机稳稳地顶住墙）对于拍摄月亮和行星应该足够了。记住，越放大就越需要照相机的稳定，最终拍摄的图像也就会越暗。

在广角设定下，你可以拍摄大尺度的天空景观，比如极光和夜光云。持续曝光几个小时你就能够获得令人赞叹的“星轨”图片，这是地球自转造成的恒星在天空的运行轨迹。

但是地球自转同样会造成你所拍摄的天体都像拉长了一样。要得到清晰的图像，你当然需要一个支架来跟踪这些天体。如果你有这样的支架，可以把相机放在上面；事实上你可以为你的相机买一个电机驱动的支架。在广角设定下，你可以拍摄出星座和银河的美丽图片。

▽ 通过望远镜拍摄

如果你有一架望远镜，那就可以把相机（或者智能手机）的镜头放在目镜上拍照。

* 在沙漠晴朗的天空下，观星者把望远镜和相机一字排开，为傍晚的拍摄做准备。

如果运气好，你可以拍到相当不错的月亮和行星的照片。

如果你有单反相机就更好了。买一个适配器（通常都很便宜），把目镜拿出来，将照相机直接装在望远镜上。地球活动的大气层会使图像变得模糊，所以你可能需要拍几次才能得到清晰的照片。

这就是为什么很多资深的业余天文学家在望远镜上装上网络摄像头而不是相机。有些网络摄像头是专门为天文观测改装的。跟望远镜相比，它们其实并不贵。网络摄像头每秒都可以拍摄很多张照片。你不需要自己去挑选哪张最好，有专门的软件帮你挑出最清晰的照片，甚至可以把这些照片合成起来生成壮观的月亮或行星的照片。

▽ 深空拍摄

像星云和星系这样的暗弱天体需要更长的曝光时间，即便是用望远镜也需要从一分钟到几小时不等。所以天文学家很自然地把它们称作“深空天体”。

你的望远镜必须能够很准确地跟踪目标，所以你需要一个不错的电机驱动的支架（见 2.8 节）。即便如此，在长曝光下拍摄的图像依然有可能会漂移一点儿。因此，你需要在目镜前盯几个小时去矫正任何不想要的移动，或者购买一个自动导星装置来自动矫正望远镜的移动。

* 由业余天文学家拍摄的巨行星——木星的精细照片。左上角是木卫一。

你仍然可以使用单反相机，不过既然你已经走到这一阶段了，不如直接使用光敏感的电荷耦合器件（CCD）。在望远镜商店里可以买到这种设备，它们能拍摄出极好的图像。

* 英国怀特岛，天文学家在天文摄影集会上举着火把的延时摄影图像。

2.10 遥控观测

你能够想象用比自家后院望远镜大得多的望远镜来观察行星、星云和星系吗？现在这已经不是白日梦，而每个人都可以实现。多亏了一些天文组织，你才能舒舒服服地在计算机前操作世界上其他地方的观测设备。

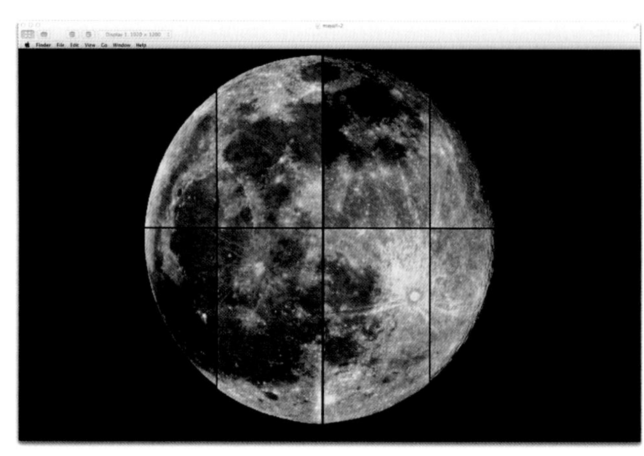

＊ 在距离望远镜较远的地方观测：计算机显示器可以连接到美国亚利桑那州的基特峰国立天文台的巨型望远镜。

广泛的地点范围使你在自家多云天气甚至是白天的时候也能够观测你最喜欢的天体。而且你还可以观测另外一个半球的天体。这在你自己家里是无论如何也看不到的。

通常你需要事先预定望远镜的时间，并且支付一定的费用。一旦观测开始，你会越来越兴奋，直到远处的望远镜告诉你可以从网上获取你的专属图片了！

▽ 天文假日

另一种能够使用大望远镜的方法是在天文中心预定一个天文假日。这里的主人不仅会提供住宿和餐饮，还会向你展示通过大望远镜看到的夜空，教你如何用他们的望远镜摄影，甚至通常还可以允许你在他们的望远镜上用自己的照相机。

此外，天文中心通常都位于夜空足够暗的远郊地区。所以在白天的时候一家人还可以去一些有意思的地方，不论家里人是不是对天文学感兴趣。

光污染

我们曾经收到来自一位女士的信，问道：“在第二次世界大战之前，我们还可以看到很多很多星星。但是现在看不到了。是它们都变暗了吗？”

回答当然是否定的。真正的原因是光污染：明亮的街灯、安全灯和体育场的灯光使得我们城市的夜空非常明亮。很多较暗的星就看不见了。

光污染也妨害到了夜间活动的动物和鸟类。它浪费了电力和金钱，加剧了全球气候变化。国际暗夜组织正在开展一项旨在改善夜间灯光的运动，并且为世界各地的暗夜公园背书，使得我们仍然可以享受壮美的夜空。

2.11 射电天文学

在第二次世界大战激战正酣之际，英国军队惊觉他们的雷达系统被强大的射电信号阻塞。一个年轻的科学家史蒂芬·黑伊很快就意识到这个肇事者其实是太阳上巨大的电磁风暴。

这一发现告诉人们可见光并不是唯一一种从太空中来的辐射。随着黑伊的发现，天文学家们建造了巨大的射电望远镜来探测天空中的射电波，比如英国的卓瑞尔河岸天文台、澳大利亚的帕克斯望远镜和美国新墨西哥州的甚大望远镜阵。这些望远镜揭示了整个宇宙狂暴的一面，而这些用当时普通的可见光望远镜是看不到的。

射电天文学家已经发现了来自爆炸恒星、脉冲星和遥远爆发星系（包括神秘的类星体）的强力射电波信号。宇宙诞生之初的射电波也穿越了时空来到这里；在老式电视机调台中间所出现的屏幕“雪花”中，有一部分就来自宇宙诞生时的“大爆炸”。

＊ 在英国柴郡卓瑞尔河岸的洛弗尔射电望远镜，直径 76 米。这台望远镜于 1957 年开始运行。

＊ 世界上最大的射电望远镜是位于波多黎各的直径 305 米的阿雷西博望远镜。[1]

建造自己的射电望远镜

如果你是一个无线电能手，你就可以制作自己的射电望远镜。可以在网上寻找一个适合你自己的设计方案。

你需要一个能够收集太空信号的天线，比如说一个卫星电视的接收器或者一套精心设计好形状的铁丝。把它和可以调频的探测器、可以增强信号的信号放大器连接起来，这样你就有了自己的宇宙射电信号接收机。

用你的射电望远镜扫过天空，捕捉射电信号。如果仔细听，你会听到突然一阵噪声；接收机的指针会显示出信号的强度。你可以用纸或者计算机把结果记录下来。

你应该能够接收到来自银河系、太阳风暴和木星周围的射电波。

1 现今世界上最大的射电望远镜是位于中国贵州的 500 米口径球面射电望远镜（FAST）。—— 译者注

2.12 可见光之外

可见光和射电波并不是我们探索宇宙奇景的仅有的两种信使，还有各类其他辐射一起组成了整个电磁波谱。

这些辐射都以光速传播，就像是跨越宇宙的波纹一样。波长最长的辐射（射电波）频率最低，而波长最短的辐射（伽马射线）频率最高。这就像是钢琴的键，只不过并不是音高，而是辐射。通常的可见光只是在中间占据了很小一块，就像是中央 C 键和前后一两个键。

射电波是在频率最低端，就像钢琴键盘最左端的键。在射电波和可见光之间是红外辐射（即“热辐射”）。我们都很熟悉红外辐射了，比如家里的热力图可以显示哪个地方热量在泄漏。对于天文学家而言，红外望远镜对从暗黑的星际云中寻找新生的恒星非常关键。比可见光更高频率的光是紫外辐射（把你晒黑的辐射），然后是 X 射线。频率最高的是伽马射线。

地球的大气层来自太空中的绝大部分高频辐射。所以天文学家需要发射卫星去探测它们。这些卫星发现了很多有趣的现象，比如太阳磁场回路的碰撞、百万摄氏度高温的气体云，以及即将落入黑洞的气体。

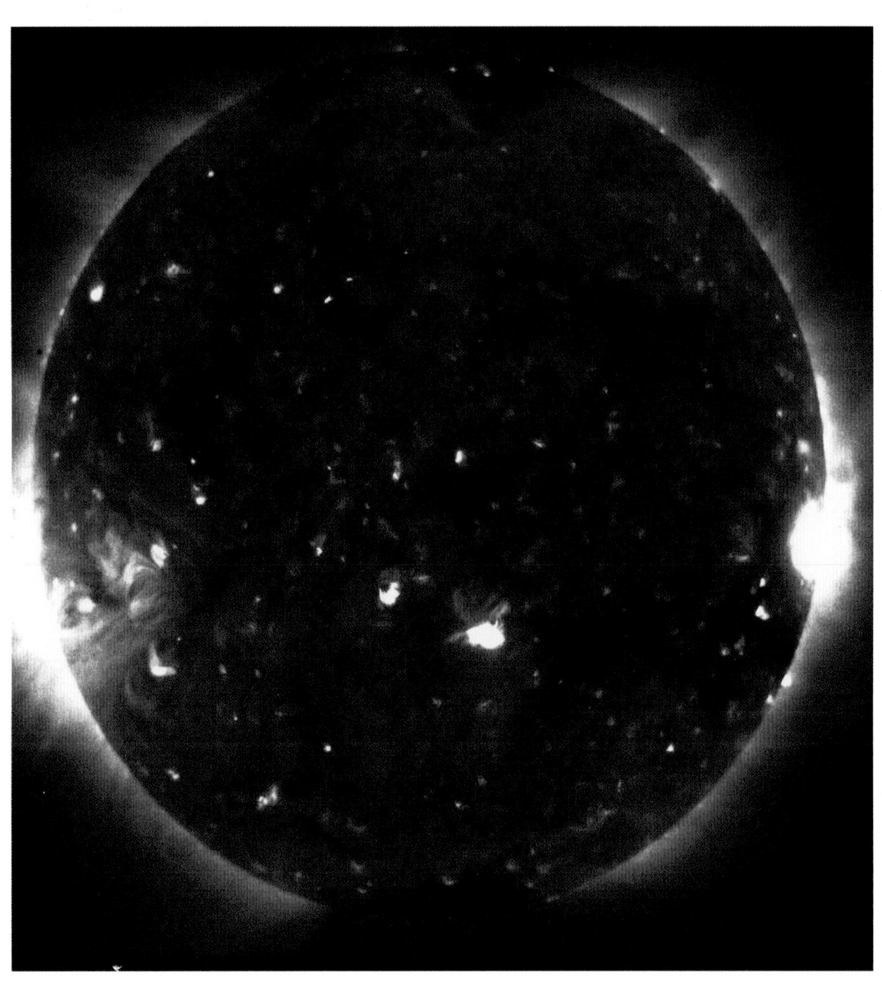

* 日本“日出”卫星观察太阳和它的强烈 X 射线辐射。底层日冕的图像显示出明亮的磁场回路，充满了剧烈的活动，并且向太空喷射带电的粒子。

2.13 公众科学

也许你只想当一个“沙发上的天文学家”，而不是在冰冷的黑夜里跑到户外去观星的户外天文学家？没问题。在过去的几年里，专业的天文学家也开始主动接触像你这样的人，帮助他们解答宇宙的难题。

现在已经有几十个“公众科学”项目供你选择。你可以用你的计算机和你的大脑帮忙分析各种各样的问题，从两栖动物的迁徙到活细胞中的蛋白质折叠。不过，最受欢迎的还是天文学项目。

有一些公众科学项目只是在你计算机闲置的时候，自己在后台运行。除了下载程序之外，你并不需要做任何事情。程序能自动计算小行星的形状，画出银河系中恒星的位置，甚至是搜寻地外文明的射电信号。

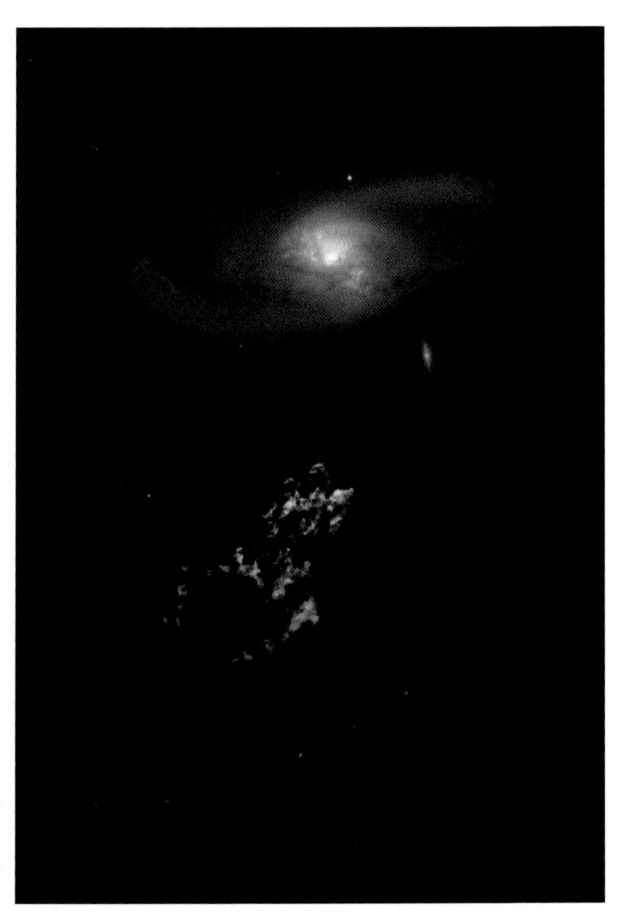

▽ 成为专业人士

你自己加入进来其实更有趣。通常来讲，一个公众科学的项目会分发给你卫星和望远镜的图片，包含着大量的数据，这些数据光靠职业天文学家是无法处理完的。

在接受一些指导后，你就可以自由地去检查成千上万的天文图像（这里面绝大部分都没有被其他人看过），然后可以根据它们的大小、形状和位置分类。如果你喜欢我们的太阳系，你可以观察月球的环形山或者火星上的云。你也可以寻找环绕其他恒星的行星或者是测量深空中神秘“暗物质”的分布。

这些项目不仅限于可见光的图像。你可以通过下载太阳的紫外图像来研究我们母星的磁暴发。

你甚至可以参加巡天项目去发掘银河系内哪里是新生恒星的摇篮。归根结底，宇宙是由你来探索的，不管你是用肉眼观看美丽的夜空，还是用自己的设备探寻更深处的太空，抑或是连接世界上最强大的望远镜去探寻宇宙的终极奥秘！

* “哈尼天体”（绿色）是一团被上方星系撕裂的巨大气体流，并且在孕育着恒星。它是由荷兰教师哈尼·范·阿科尔在参加“星系动物园”项目时发现的。

第三章

千里皓月

3.1 引言

在认识夜空中任何其他天体之前，我们早就认识了月亮。熟悉的月球故事从童年开始就深深地影响着我们。在西方的传统神话中，月亮是美丽纯真的狩猎女神狄安娜。而在地球上的其他许多地方，月亮是一个男性神祇。在古印度神话中，月亮是苏摩神，每天坐在由白色骏马拉着的马车里在天空巡游。

当17世纪早期的天文学家第一次把望远镜对准月亮的时候，他们发现月球是一个跟地球有些相似，却更加粗糙不平的球体。早期的英国天文学家托马斯·劳厄爵士[1]这样描述月球："它就像我的厨师上个星期给我做的馅饼一样，这边一块白白的，那边一块黑黑的，整个饼都是这样。"

事实上，月亮就是一块干干的石球，直径大概是地球的四分之一有余。这在太阳系八大行星的各个卫星中是比较独特的。其他行星的卫星跟主星相比都非常小。月球与地球体积之比很大，以至于天文学家经常会把地月系统称为"双行星"。月球很有可能产生于另外一个行星与地球的宇宙大碰撞。

▽ 暗淡的月球

夜空中的月亮非常闪亮，但实际上它是一个很灰暗的球体。当宇航员们第一次踏上月球时，他们发现月球表面是昏暗的灰棕色，就像沥青路面一样暗。

事实上，月球只能反射十分之一的太阳光。相较而言，地球的反射能力（术语叫"反照率"）有它的三倍高，而土星的卫星土卫二的反照率几乎是百分之百。如果月球也像土卫二那样，我们将看到一个差不多亮十倍的月亮。

* 月球上的巴兹·奥尔德林

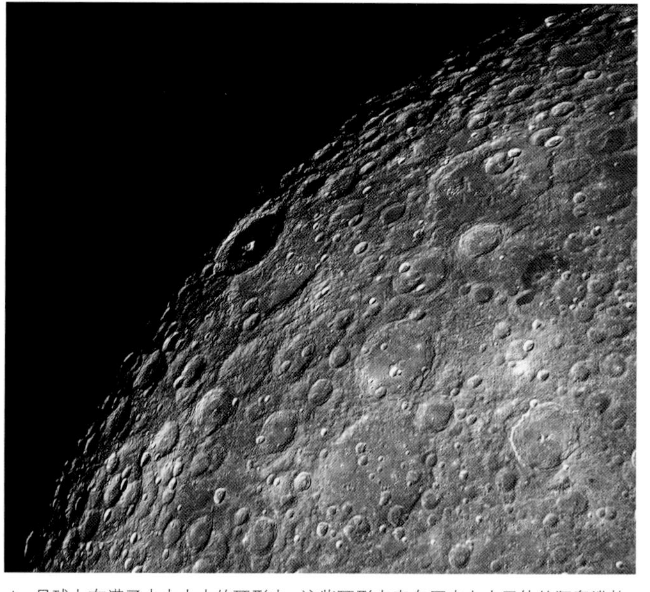

* 月球上布满了大大小小的环形山，这些环形山来自历史上小天体的狂轰滥炸。

1 这位天文学家的名字应为威廉·劳厄。——译者注

3.2 月相

按照格陵兰岛上因纽特人的说法，月神安宁甘永远在天上追逐着太阳女神。安宁甘如此狂热，以至于都废寝忘食了，变得越来越瘦。最终他下降到地球上来打猎，所以月亮就会在夜空中消失三天。当他重回天上之后，我们就会看到他越来越胖。

这是对月相变化的一种引人入胜的解释。月亮会从细细的新月变成明亮的、圆圆的满月。但真实的原因却乏味得多。

月球自己并不发光，我们看到的都是月球反射的太阳光。当月球围绕地球公转的时候，首先，我们会看到一小条被照亮的表面，之后，照亮的面积越来越大，直到月球运动到了和太阳相反的方向，我们可以看到月球对着我们的整个半球都被太阳照亮。然后，我们看到照亮的部分不断减小，直到月球运动到和太阳相同的方向，最后，我们就看不见它了。

在人工照明出现以前，月光对所有的夜间活动都是必不可少的，尤其是在冬天白昼最短的时候。月亮如此重要以至于人们将一年的时间又按照月亮的盈亏分成了月。

月亮和它的圆缺变化在以往的文学作品中也占有非常重要的地位。威廉·莎士比亚的作品里朱丽叶对罗密欧说：“哦，不要对着变化无常的月亮发誓；它每月的阴晴圆缺，是否也意味着你的爱不能永恒呢？”

* 月相：从新月到满月再到新月。整个过程是一个月“month”，以前曾拼写为“moonth”。

＊ 当月球围绕地球公转的时候，我们看月球上被太阳照亮的部分的角度也在不断变化，产生了“盈”（增长）与“亏”（减小）。按照逆时针方向（从左到右）：新月、上峨眉月、上弦月、凸月、满月、凸月、下弦月、下峨眉月。

月球重要参数

地月距离	384 400 千米
公转周期	27.3 天
直径	3 474 千米
质量（相对地球而言）	1.2%
月球上一天的长度	29.5 天
温度范围	-200 ~ 120℃

3.3 月球轨道

地球和月球之间被引力永恒地锁定在一起，每 27 天多一点的时间互相绕转一圈。业余天文学家用一种叫作“月球掩食”的方法帮助科学家确定月球的精确轨迹，就是记录下月球遮掩住恒星时的准确时间。

月球的引力稍微拉扯了地球一点点，使得海洋每天有两次潮涨潮落。在加拿大芬迪湾，潮水最高可以达到 16 米。（固体陆地表面其实也有潮汐现象，只不过太小了以至于我们根本注意不到。）

地球的引力使得月球稍微偏离球形，变成类似于鸡蛋的形状，其中一端永远指向地球。因此，我们只能看到一半的月球表面。其实这样说也不完全准确。月球是稍稍倾斜的，它的轨道也不是一个完美的圆形。因此我们有时可以从上面、下面或者旁边看到一点月球的背面。这种现象被称作“天平动”。地球上的观测者在不同的时刻有可能会看到最多 59% 的月球表面。

月球绕地球公转的轨道是椭圆形。月球离地球最近的时候会比离地球最远的时候大 14%。当满月正好发生在月球离地球最近的时候，我们就能够享受到“超级月亮”的盛宴。这种现象大约每年一次。

* 月球引力引起的涨潮。这张图上的月亮被一圈月晕环绕。月晕是地球上层大气中的冰晶造成的。

月球背面

大约 41% 的月球表面在地球上是永远看不到的。人们以前对这部分月球一无所知，直到 1959 年苏联的空间探测器“月球 3 号”飞过月球，传回月球背面的第一批照片。月球背面有非常多的环形山，但是并没有月球正面上的那种岩浆形成的平原。阿波罗 8 号的宇航员比尔·安德斯是第一批看到月球背面的宇航员之一。他说道：“月球背面就像我的孩子玩过的沙堆……被完全搅乱了，没有任何清晰的结构，就是一堆坑坑洼洼。”

3.4 月球图

月球是开启太阳系探索之旅的绝佳之处。仅仅用肉眼你就可以辨别出月球表面像人脸一样的有趣暗斑。双筒望远镜可以向你揭示月球表面的巨型山脉。即便是最小的天文望远镜也能让你感觉像是在飞越充满着环形山的月球表面。

人们可能很自然地认为满月是观察我们这个近邻的最佳时机，实际上不是的。这个时候太阳光均匀地点亮月球，几乎没有什么对比度。更好的方案是在不同月相的时候一点一点地观察月亮。每次都集中观察明暗交界附近的区域，在这里暗影会使月球的起伏更加明显。

月亮给人的错觉

月亮在天上会显得很大，尤其是在靠近地平线的时候。实际上这是一个错觉：月球其实很小。拿一根铅笔伸到一臂远处，它就能够遮住月亮。地平线处的满月显得很大只是因为跟远处的景物比较的结果。你可以很有效地纠正这个错觉，只是这个方法有点儿尴尬：弯下腰去从两腿之间看月亮，你会发现它突然变小了。

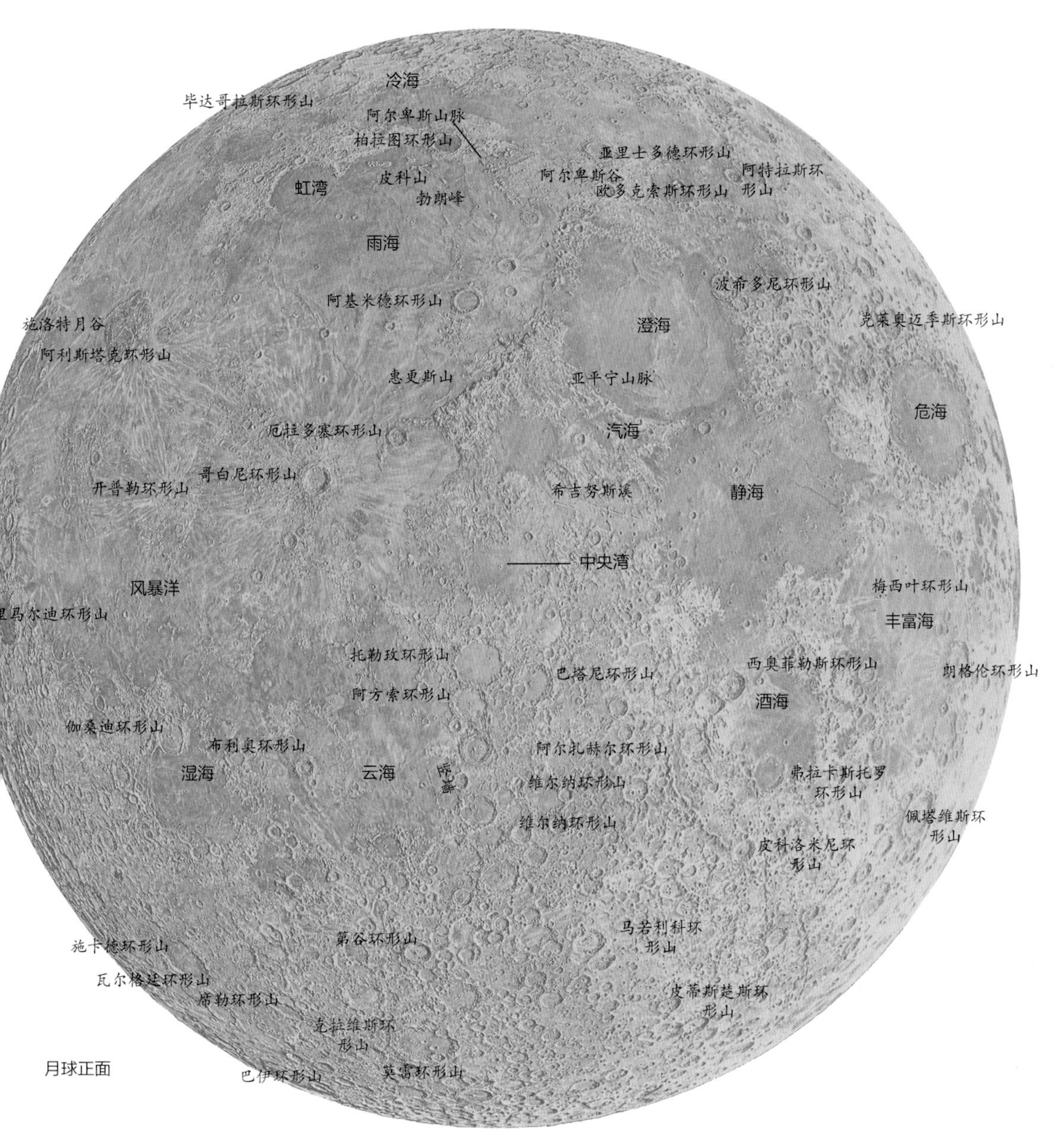

冷海
毕达哥拉斯环形山
阿尔卑斯山脉
柏拉图环形山
亚里士多德环形山
阿特拉斯环
形山
虹湾
皮科山
勃朗峰
阿尔卑斯谷
欧多克索斯环形山
雨海
波希多尼环形山
阿基米德环形山
施洛特月谷
澄海
克莱奥迈季斯环形山
阿利斯塔克环形山
惠更斯山
亚平宁山脉
危海
厄拉多塞环形山
汽海
哥白尼环形山
开普勒环形山
希吉努斯溪
静海
中央湾
风暴洋
梅西叶环形山
里马尔迪环形山
丰富海
托勒玫环形山
巴塔尼环形山
西奥菲勒斯环形山
朗格伦环形山
阿方索环形山
酒海
伽桑迪环形山
布利奥环形山
阿尔扎赫尔环形山
湿海
云海
竖墙
维尔纳环形山
弗拉卡斯托罗
环形山
维尔纳环形山
佩塔维斯环
形山
皮科洛米尼环
形山
施卡德环形山
第谷环形山
马若利科环
形山
瓦尔格廷环形山
席勒环形山
皮蒂斯楚斯环
形山
克拉维斯环
形山
巴伊环形山
莫雷环形山

月球正面

3.5 月球上的“海”

瞥一眼月亮，你能看见什么？你可能会认出一个圆圆的发亮的人脸，有黑黑的眼睛和偏向一边的大嘴巴：这就是著名的“月中人”。但是在地球上的不同角落，人们把月亮上的暗斑看作很多不同的东西。最容易看出来的是“月兔”（月亮升起的时候注意看它右边的“兔子耳朵”）。在古代欧洲，人们把它看作一个人扛着一捆树枝，而古代中国人认为那是一只三条腿的蟾蜍。

事实上，月亮上的暗斑是巨大的平原，由岩浆凝固而成。当早期的意大利天文学家乔瓦尼·巴蒂斯塔·里乔利用那时候刚发明的望远镜看到这些平原的时候，他误以为这些平滑的暗区是巨大的水体，于是就用拉丁文中的“海”(mare，复数为 maria) 将它们命名。

“雨海”构成了“月中人”的一只眼睛，另一只眼睛是由两个相邻的平原“澄海”和“静海”所组成。“月中人”歪向一边的嘴则由“云海”和“湿海”组成。

用双筒望远镜就能得到不错的月海图像。注意寻找很小但是形状完美的“危海”，在新月后太阳最开始点亮的月球边缘就可以看到。而在月球的另一边可以看到广袤的“风暴洋”。

* 月球上的“海”其实是岩浆平原，由大约40亿年前的撞击形成。

* 月海的伪彩色图：静海（左）呈现蓝色是由于钛元素的富集；橙色的澄海（右下角）中的钛元素较少。

面积较大的月海

月海名称	直径 / 千米	最佳观测时间
风暴洋	2 568	满月前两天
冷海	1 596	上弦月
雨海	1 123	上弦月后一天
丰富海	909	新月后三天
静海	873	上弦月前两天
云海	715	上弦月后一天

3.6 月球上的山脉

在上弦月之后的夜晚，你会看到太阳逐渐照亮“月中人”一只眼睛周围的眼眶。用双筒望远镜就能看到这究竟是什么：雨海平原周围一条高耸的山脉。月球亚平宁山脉从北到南，分隔开雨海和澄海。这条山脉中还包含月球的最高峰。

再往北你会看到月球阿尔卑斯山脉。就像地球上同名的山脉一样，它的最高峰也叫作勃朗峰。用天文望远镜能够看到奇异的阿尔卑斯谷：横穿山脉的一条裂口。

在附近，几个包括皮科山在内的孤立山头从雨海平原上突兀而起。当太阳从月球地平线上升起的时候，它们在望远镜里看起来非常壮观。

月球上的沧海桑田

在月球刚刚形成不久，巨大的小行星猛烈地撞击月球表面，凿出宽广的环形山，称作“陨击盆地”。其中最大的是南极－艾特肯盆地，位于月球背面，直径 2 500 千米（几乎和澳大利亚一样大）。

月球的正面曾经有一层更薄的月壳。这一壳层被高含量的放射性元素加热。结果是撞击的小行星融化了下面的岩石，这些熔岩从下面喷上来充满了盆地，于是就形成了被称作月海的发暗的平原。

地球上的山脉通常形成于火山喷发或者地壳板块的相互挤压，而月球的山脉则仅仅是古老陨击盆地的残余边缘。所以我们会在月海的周围看到山脉。尤其是雨海，它是月球正面最猛烈的小行星撞击形成的。

* 柏拉图环形山在图中最显眼的位置上。在它的右边延伸着月球阿尔卑斯山脉，被阿尔卑斯谷横穿。雨海表面上点缀着孤立的山峰。

有名的月球山峰

名称	命名来源	位置	高度 / 米
惠更斯山	克里斯蒂安 · 惠更斯，天文学家	亚平宁山脉	4 700
哈德利山	约翰 · 哈德利，天文仪器制造家	亚平宁山脉	4 600
布拉德利山	詹姆斯 · 布拉德利，天文学家	亚平宁山脉	4 200
勃朗峰	法国与意大利交界的勃朗峰	阿尔卑斯山脉	3 600
皮科山	西班牙语词“顶峰”	雨海	2 400

3.7 月球上的环形山

1609 年，当伽利略将望远镜对准月球的时候，他惊讶地发现月球表面充满了圆形的坑。他用希腊语中意为“碗”或“杯子”的那个词将它们命名为“环形山”。

到了 1651 年，天文学家乔瓦尼·巴蒂斯塔·里乔利以著名的科学家和哲学家命名了 247 座月球环形山。其中也包括他自己的名字！随着望远镜的性能越来越强大，后来又有了宇宙飞船搭载的照相机，现在天文学家已经数出了超过 100 万个环形山，其中 1 500 多个有了自己的名字。环形山的命名不仅包括例如马可·波罗这样的伟大探险家、达尔文和爱因斯坦这样的伟大科学家，还包括不那么有名的业余天文学家，比如来自斯洛伐克的一位名叫“地狱”的牧师。

▽ 环形山的起源

天文学家花了几百年的时间才搞明白环形山是怎么形成的。很长时间以来，人们以为它们是巨型的火山。但是现在我们知道了月球环形山是来自太空中的巨大岩石撞击月球而凿出来的。

最大的那些环形山在 38 亿年前的太阳系历

* 年轻的第谷陨石坑有 1 亿年的历史，周围环绕着明亮的射线——由撞击喷射出的物质。

史早期就形成了。在那个时候，所有的行星都被来来往往的小行星和彗星撞来撞去。这一事件被称为“晚期重轰击”。

地球自然也是难以独善其身。但是在我们的这颗蓝色行星上，古老的环形山已经被河流、冰川以及大陆的漂移销蚀了。月球这片没有大气的死寂世界则成了所有行星都经受过的原初撞击的博物馆。这些大大小小的环形山就散落在月球明亮的高地上。

与之相对，月球上的低地，也就是现在被称为“月海”的地方（见 3.5 节），则被“晚期重轰击”所产生的熔岩填满。这些平原上的环形山较少，而且通常更小。但是因为月海中的环形山往往与其他山体隔绝，反而更能使人印象深刻。一个例子就是风暴洋中的哥白尼环形山，“仅仅”形成于 8 亿年前。

▽ 简单环形山与复合环形山

月球上最小的环形山就是那些很平常的碗的形状，因此被称为“简单环形山”非常合适。当然，有时候即便是最简单的环形山也有它的耀眼之处：当撞击发生时，成列的浅色岩石被抛射出去，横贯月球表面。在满月时，你甚至可以用肉眼看到从年轻的环形山延伸出来的“射线”。明亮的阿利斯塔克环形山就是一个例子。

当撞击月球的小行星直径超过 15 千米的时候，情况就复杂多了。这种繁乱的爆炸会产生“复合环形山”。它们每一个都很独特，以至于月球专家们一眼就能分辨出来。

首先，环形山中心的岩石在碰撞后会向上反弹，在中心形成一个山尖，就像我们在第谷环形山中看到的那样。其次，环形山周围巨大的山墙无法承受其自身的重力而向内坍塌，形成一系列的阶梯，就像哥白尼环形山很显著的部分一样。最后，碰撞产生的熔岩填充在环形山的底部，形成又宽又平的山底。有时候，旁边月海中的熔岩会把环形山底向上推起来，产生一系列的裂纹（像伽桑迪环形山看到的那样），或者会形成一个暗色的环形山底（像柏拉图环形山那样）。

有名的月球环形山

名称	命名来源	直径 / 千米	最佳观测时间	备注
巴伊环形山	让 · 西尔万 · 巴伊，法国天文学家	287	满月	在月面的边缘
克拉维斯环形山	克里斯托弗 · 克拉维斯，德国天文学家	245	上弦月后 2 天	内部包含更小的环形山
席勒环形山	弗里德里希 · 席勒，德国哲学家	180	上弦月后 4 天	形状很像鹅卵石
柏拉图环形山	柏拉图，希腊哲学家	109	上弦月后 1 天	罕见的暗色岩浆山底
哥白尼环形山	尼古拉斯 · 哥白尼，波兰天文学家	93	上弦月后 2 天	周围碎片环绕
伽桑迪环形山	皮埃尔 · 伽桑迪，法国哲学家	101	上弦月后 4 天	山底有巨大的裂缝
瓦尔格廷环形山	佩尔 · 瓦尔格廷，瑞典天文学家	84	上弦月后 4 天	完全被岩浆充满
阿利斯塔克环形山	阿利斯塔克，希腊哲学家	40	上弦月后 4 天	非常明亮
梅西叶环形山	夏尔 · 梅西叶，法国天文学家	11	满月后 3 天	长长的彗星形状的射线

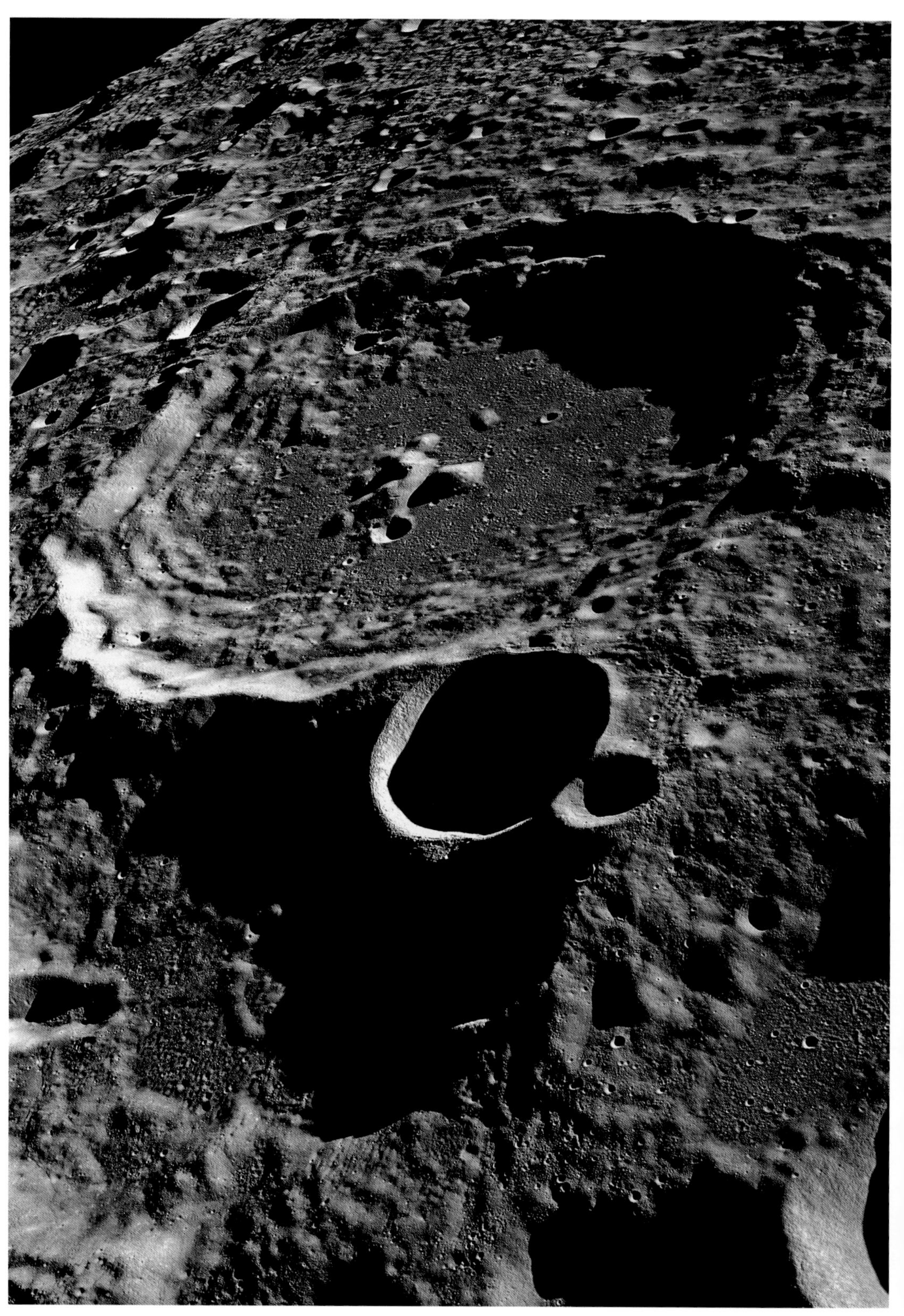

* 壮丽的代达罗斯环形山，直径接近 100 千米。这个环形山位于月球背面，在地球上永远无法看到。这张照片是由环绕月球飞行的宇航员拍摄的。

3.8 岩浆与火山

如果近距离观察月球，会发现月球表面上有很多火山造成的壮丽景象。

▽ 褶皱与山墙

即便是双筒望远镜也可以清晰地展现月海中变化多端的暗影，这是含不同成分的岩浆流造成的。澄海的形状就像一个标靶，浅色的圆心外面环绕着一圈暗色的岩浆。

进一步用天文望远镜可以看到，月海的表面实际上崎岖不平；看看那长长的阴影，更清晰地显出了高高低低的地形。在很多地方，粗糙表面上的熔岩不均匀地冷却，产生长长的褶皱。这些特征常常会揭示埋在底下的环形山的圆环状轮廓。

在恰当的月相（上弦月后一天），注意观察云海的“直墙”。它是一条 100 千米长的陡坡，看起来像巨大的悬崖峭壁：实际上它只是 300 米高的缓缓的斜坡。这是由于岩浆的重量将一大块表面岩石压了下去，于是形成了斜坡。

▽ 岩浆河道

在明亮的阿利斯塔克环形山附近，有一道弯弯曲曲的河谷，从一个名叫“眼镜蛇头”的洼地中延伸出来。以其发现者命名的施洛特月谷就是一条岩浆河道。以前熔化的岩石从月球内部流出，流向了周围的平原。

天文学家认为在希吉努斯环形山周围那一排奇怪的凹陷也是岩浆的杰作。以前在这个地区，熔岩从地下的岩浆管道里流过，管道上面的月球表面就塌陷了成了今天的希吉努斯沟纹。

▽ 火山

如果你能够使用一个中等性能的望远镜，用它扫过哥白尼环形山附近的风暴洋，你会看到一些小的圆顶形状。这些都是月球上的火山。这些火山只有几百米高，跟地球上的那些火山相比可以说是小巫见大巫了。

＊ 施洛特月谷从“眼镜蛇头”洼地出发，逶迤在月球表面。它是熔岩蚀刻月球表面的产物。

月球的瞬变现象

有些天文学家声称他们看到了月球上明亮的爆发，往往出现在施洛特月谷的岩浆爆发旧地，因此表明月球仍然有活跃的火山活动。但是现在还没有确凿的科学测量证据来支持这个观点。不过天文学家倒是记录下了流星击中月球表面产生的短暂亮光。

3.9 载人登月

“这里真是太壮观了”，尼尔·阿姆斯特朗赞叹道。“壮观的荒凉”，巴兹·奥尔德林补充道。他也加入了阿姆斯特朗在月球表面行走。这些第一批踏上月球的人给出的充满敬畏的评论，恰如其分地总结了月球表面散落着大大小小岩石的荒凉世界。

1969—1972 年，12 位宇航员在月球表面行走、跳跃、开月球车，甚至是打高尔夫球。“阿波罗计划”是 20 世纪 60 年代太空竞赛的高潮。这一太空竞赛中，美国人下决心要赶在苏联人之前登上月球。这些宇航员基本上都是久经考验的飞行员，只有最后一次登月任务的宇航员中有一位科学家杰克·施密特。

尽管如此，阿波罗计划的科学成果还是很丰硕的。每一次登月任务都携带了一系列的科学仪器，可以测量月震、探寻月球大气、精确测量月球与地球的距离，甚至还发现了月球正在以每年 4 厘米的速度离我们而去。

最重要的是，宇航员从月球带回来了 1/3 吨的月岩样本。

▽ 月球的起源

通过分析阿波罗宇航员带回来的月岩，科学家发现了关于月球如何诞生的惊人结果。一直相伴我们的月球实际上诞生于一场几乎毁灭了地球的灾难。大约 40 亿年前，一颗火星大小的行星猛烈地撞向地球。这一剧烈的碰撞实际上已经让地球分崩离析了。幸运的是，这些部分又重新聚集在一起形成了一个熔岩球。

部分炽热的碎片飞溅到空中，形成了一道闪亮的光环（像是火热版的土星光环）。这些碎片最终聚集到一起形成了我们的月球。过往的激情已经隐藏在如今安详的表面之下。

* 巴兹·奥尔德林站在一个月震仪旁边。这个仪器是第一次载人登月任务“阿波罗 11 号”的宇航员安放的。背景远处是“鹰”着陆器。

3.10 月食

在美国加利福尼亚州的胡帕人的传说里，月亮是一个伟大的猎人，把鹿带回家给他的宠物狮子和响尾蛇享用。但是有时候这些宠物并不满足，于是就把月亮吃了，只留下一摊血迹。月亮猎人的20位妻子赶走了宠物，清理了血迹，月亮又恢复了他的光亮。

很显然这一神话传说指的是月全食。当月球运行到地球的阴影之中时就会产生月食。由于月球的轨道有一个偏角，月球通常并不正好运行到地球的后面。但是每年有两次“月食季”。在满月的时候，月球闯进了地球的阴影之中。

当照亮月球的太阳光被地球挡住的时候，我们看到月球表面的一部分变暗消失了。通常月球只是部分被遮挡（“月偏食”），但是月球也有可能完全进入地球阴影而全部变暗，这就是“月全食”。

不过如果更仔细地观察，你会发现月球也不是完全变黑：它会发出暗淡的红光，就像胡帕人传说中所刻画的一样。这是因为即便是在月全食中，地球的大气折射的太阳光里也有一小部分会照到月球上。

斜穿过地球大气的太阳光会变红（就像我们在日落时看到的一样）。因此，月食中落到月球上的太阳光会呈现独特的血红色。

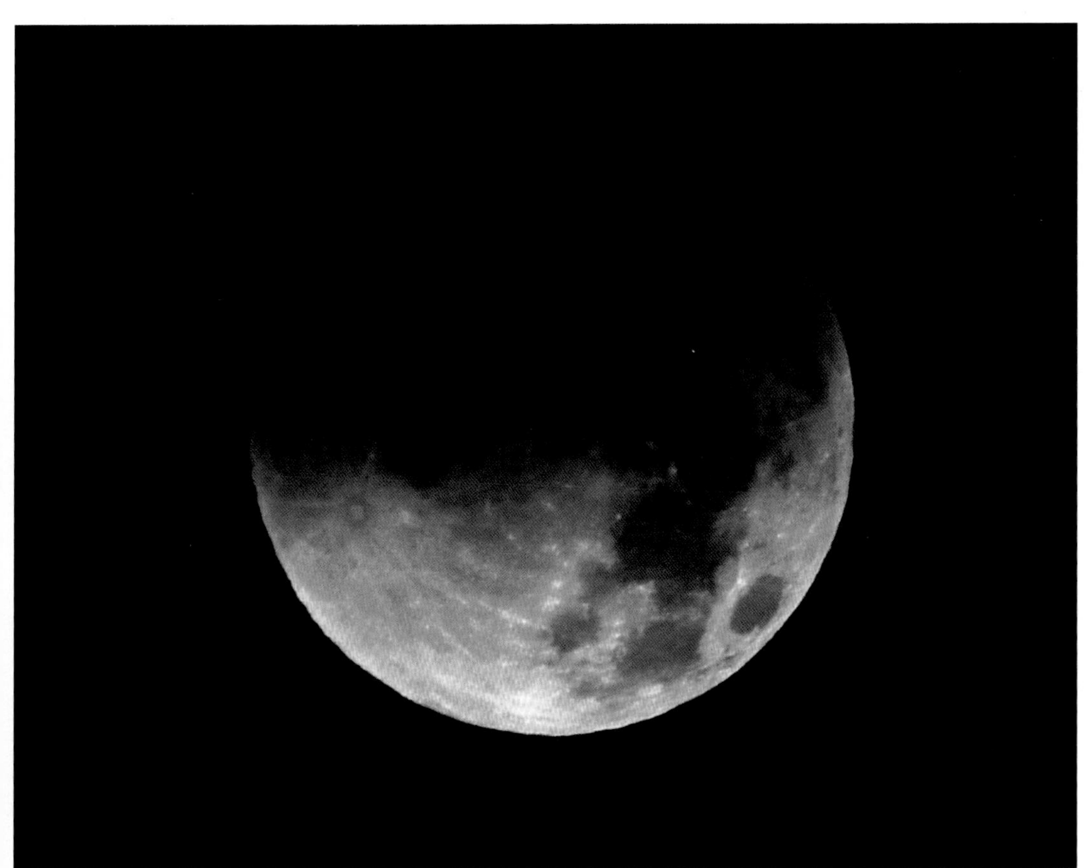

* 在这张月食的图片中，地球的阴影缓缓地扫过月球。

第四章

八大行星

4.1 引言

太阳系是我们在宇宙中的家园。在太阳强大的引力作用下，八大行星围绕太阳公转，有的快到令人晕眩,有的又是无精打采慢吞吞的，这是由于它们与太阳的距离不同。离太阳最近的水星绕太阳公转一周只需要 88 天，而最远的海王星则需要 165 年。

我们用肉眼能看到八大行星中的七颗：从水星到天王星。不过要想看到天王星的话，夜空需要非常暗。

区分恒星和行星是很容易的。行星离我们很近，因此会在天幕上的背景恒星之间穿行。而且，行星不会像恒星那样闪烁，除非它们已经非常接近地平线。这是因为行星看起来是个小圆盘，即便大气产生抖动，它们的光也保持稳定，而遥远的恒星看起来是个光点，在这时候就会一闪一闪的。

很多人对于用肉眼就能看到行星这件事感到惊奇。事实上，它们能够跻身夜空中较亮的天体之列，是因为它们反射了明亮的太阳光。金星是仅次于太阳和月亮的较亮天体。

太阳系中也有很多这个大家庭诞生之初留下来的遗迹。千万颗微小的行星组成了火星和木星之间的小行星带。在更远处的海王星外面，柯伊伯带里有无数(比小行星)稍大一些的天体，包括之前被降级的冥王星。

在太阳系最远的边缘是彗星的家：当那里的奥尔特云旁边有别的天体经过的时候，就可能突然弹射出来一颗彗星，向太阳系内部进发。这时候我们就会赞叹这意外出现的宇宙脏雪球和在阳光下蒸腾出来的明亮彗尾。

* 在远处银河系的背景下，太阳系的八大行星在围绕太阳公转。

4.2 太阳系的行星家族

太阳系的八颗行星形态各异。离太阳最近的四颗行星（水星、金星、地球、火星）相对而言较小，主要由岩石组成。它们都是坑坑洼洼的，这是这些行星在太阳系诞生早期遭受到小行星的猛烈撞击形成的。

▽ 岩石世界

所有的内行星表面都有大气层（变化范围可以从水星几乎不存在的大气到金星厚重又令人窒息的大气）。这些行星都是由岩石组成的，同时拥有金属的核心。四个内行星中的两个是有卫星的：地球有一个（即月球），而火星有两个很小的卫星。

▽ 气态巨行星

相比之下，太阳系外部的行星（木星、土星、天王星和海王星）则是胖胖的气体球。这些行星没有固态的表面。在行星的核心也许会有一个小的岩石核，跟岩石内行星大小差不多。但是它们的主要成分是氢、氦、甲烷和水。

每一个气态巨行星周围都有很多卫星，就像蜜蜂一样围绕它们的母星飞来飞去。木星这颗太阳系中最大的行星，至少有 67 颗卫星；土星至少有 62 颗；天王星有 27 颗而海王星则有 14 颗。

这些卫星磕磕绊绊，撞来撞去，所以在行星周围充满了碎片和残骸。这些碎片和残骸渐渐演变成了我们现在看到的巨行星周围的美丽光环。

* 按大小比例画出的八大行星——四个靠内的“岩石世界”和四个靠外的“气态巨行星”。

4.3 水星

要想找到难以寻觅的水星需要非常细心。相传我们太阳系的设计师尼古拉·哥白尼从来没有观察到水星，这是因为在他附近的波兰维斯瓦河谷总是水雾蒸腾。作为离太阳最近的行星，水星总是淹没在耀眼的阳光中。

水星到太阳的距离只有日地距离的三分之一。水星焦干的表面在它的正午的时候可以达到 450℃，而在夜间可以剧烈降温至 -180℃。跟它围绕太阳公转相比，水星的自转是非常缓慢的。水星上的一“天”（从中午到下一个中午来计算）是 176 个地球日，而水星的一“年”只有 88 个地球日。因此，在水星上，你每天都可以过两次生日！

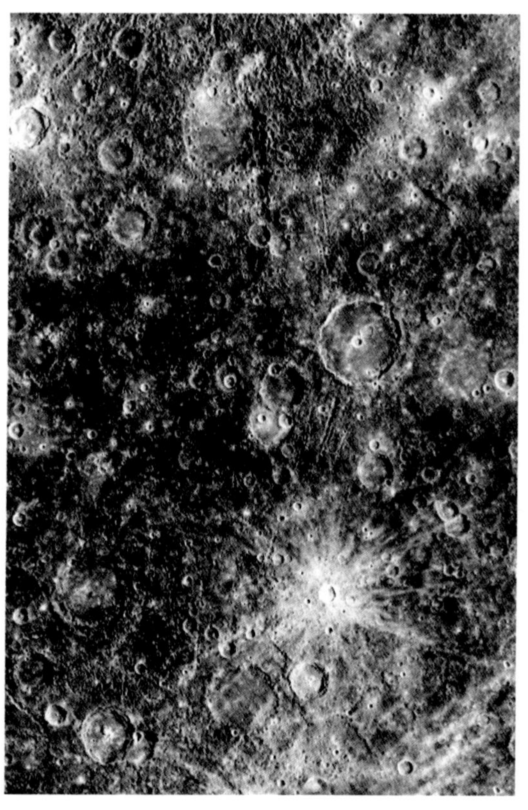

早期的空间探测器“水手 10 号”在 1974 年飞越水星的时候传回了这个遍布环形山的小小世界的照片。通过照片，专家发现水星粗糙的表面遍布褶皱，就像一个干苹果。天文学家认为当水星变冷的时候，它的体积会缩小，于是表面的壳层相互挤压出褶皱。

这个直径只有地球直径三分之一的小小星球上遍布着环形山。这是太阳系形成之后千万年里宇宙天体不断撞击的产物。最大的一块伤痕是宽达 1 300 千米的巨型卡路里盆地。它是由一颗巨大的小行星撞击而成的。

但是在 2011 年当美国国家航空航天局“信使号”探测器环绕水星飞行并发回大量数据时，水星研究的潮流汹涌而来。“信使号”（Messenger，是“水星表面空间环境地化学搜寻计划”的缩写）这个名字对应罗马神话中行走如飞的墨丘利，他被称为神的信使。[1]

“信使号”发现小小的水星有一个巨大的熔化的铁核。这个探测器发现了水星过去火山活动的证据，也在水星稀薄的大气中探测到了水的成分。最令人兴奋的是，在水星北极永远见不到太阳光的环形山深坑里，“信使号”发现了有机化合物的迹象，还有 20 厘米厚的冰层。

* 美国国家航空航天局“信使号”探测器拍摄的水星图像。这颗行星几乎没有大气层，因此表面布满了环形山。这张图片显示了大约 1 000 千米的区域。

1 水星的英文名称 Mercury 就是来自罗马神话中的十二主神之一墨丘利（英文为 Mercury）。——译者注

4.4 观察水星

水星是非常难捕捉的。水星的亮度跟猎户腰带上的三颗星是相当的，所以它并不暗弱，但是水星这个小小世界太靠近太阳了，只有在它靠近地平线的时候才能看到。你只有在黄昏或者黎明的时候才能看到它。一年中水星会有三次出现在傍晚，还有一些时候出现在清晨。观测水星的最佳时机是在春分（三月）和秋分（九月）前后；这时候水星在天空中能达到最大高度。要想知道水星在天空中的位置也可以求助于天文学软件或者年度观星手册。

如果用双筒望远镜观察水星，不要期望看到太多。水星和我们的月球差不多大小，但是遥远得多；所以它看起来就是一个光点。如果你有一个好一点的天文望远镜，那会好一些。你能够观察到水星环绕太阳时产生的相的变化，从月牙状到满圆再到月牙状。

▽ 水星凌日

水星是太阳系中距离太阳最近的行星；在地球上可以观察到水星像是从太阳表面划过。下一次的“水星凌日”会出现在 2032 年 11 月 13 日[1]。这时的水星看起来像一个黑色的圆点，在太阳光芒四射的表面上移动。但是，你绝对不能直视太阳，这样会灼伤你的眼睛。请使用6.5 节所描述的安全方法。

水星的一个有趣事实是它是太阳系内运行最快的行星。如果你的地平线视野很好，在日落之后（或日出之前）就能看到水星的位置每天都在变化。

水星参数

到太阳的距离	5 790 万千米
水星年	88 地球日
水星日	59 地球日（自转周期） 176 地球日（水星的正午到正午间隔）
自转轴偏角	0°
直径	4 879 千米
质量	地球质量的 5.5%
密度	水的密度的 5.4 倍
表面重力	地球表面重力的 38%
温度范围	-180 ~ 450℃
卫星数目	0

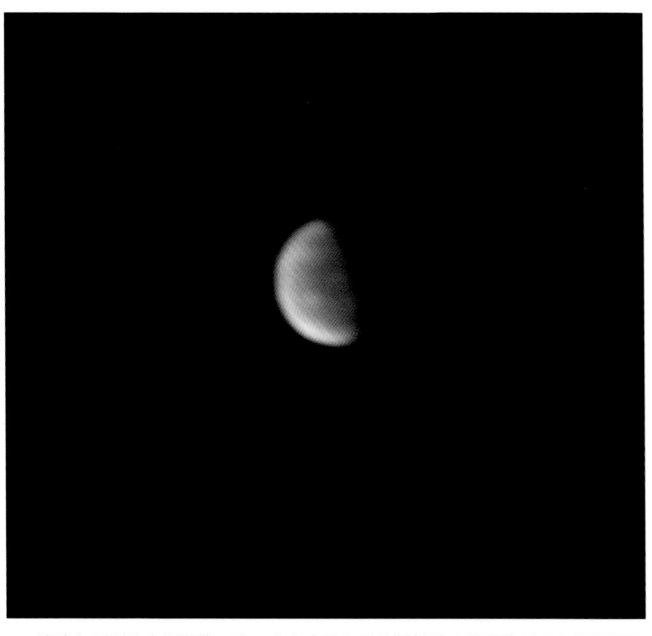

* 地球上看到的水星影像。这一由业余天文学家拍摄的水星图像是 2 815 张照片叠加而成的，才使得水星表面的细节显露出来。

1 原文是下面的“水星凌日”会出现在 2016 年和 2019 年。——译者注

4.5 金星

在夜空中绚烂夺目的金星是以罗马神话中的爱神来命名的。金星是除了太阳和月亮之外最明亮的天体，它经常会被误认为是“不明飞行物”（UFO）。金星是如此光彩照人，以至于在晴朗黑暗的夜空中会投下影子。像高耸于天边的灯塔一样明亮的金星无疑是诱人的，但是这只是一种假象而已。

金星的大小和地球相差无几，它本应和我们的地球一样是一个温暖而湿润的世界。金星的光彩来自其厚厚的高反射率的云层。这些充满硫酸的云层覆盖了金星的表面，云层的下面则是地狱般的世界。

金星上的火山是罪魁祸首。它们造成了一种失控的温室效应，导致金星成为太阳系中最热也是毒害最大的行星。金星表面可达 460℃，比烤炉里还热。金星拥有厚重的、令人窒息的大气层；主要成分是二氧化碳，并掺有硫酸；表面大气压强高达地球标准大气压的 90 倍。如果你造访金星表面，你会同时被烤熟、压碎、腐蚀和窒息。

苏联宇航局向金星发射了很多（无人！）着陆器。它们之中的大部分都被金星的大气压压碎了。尽管如此，它们最终还是成功了，并且拍摄到了金星灼热的岩石表面。

美国国家航空航天局的“麦哲伦号”探测器在 1990—1994 年环绕着这颗行星，并为金星 98% 的表面绘制了地图。这一探测器利用类似机场雷达的技术来勘测金星表面，发现了一个遍布火山的平原世界，高地横亘其间。雷达还显示金星的自转方向与别的行星相反。人们认为这有可能是它在诞生初期与另外一个行星发生斜碰造成的。

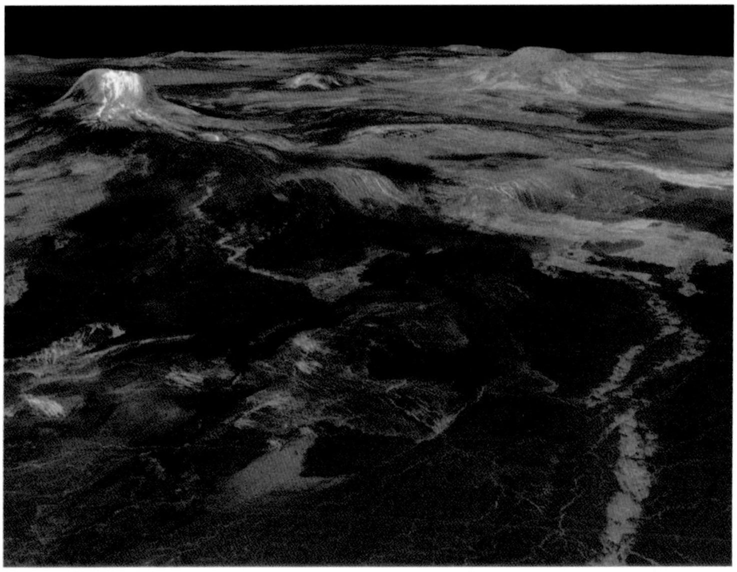

为什么金星和地球发展到今天如此不同？金星与太阳的距离更近，只有日地距离的 72%。这一关键性的额外热量输入打破了平衡。温室效应完全失控，烤干了这颗行星，也毁掉了任何生命存在的机会。

* “麦哲伦号”的雷达显示了熔岩覆盖的金星艾斯特拉区[1]。图片左侧的火山是 3 000 米高的古拉山。

1 原书中是 Eistia，这是一个拼写错误，应为 Eistla。——译者注

4.6 观察金星

观察金星一点儿都不难，你只需要在傍晚望向西方，或者在清晨望向东方（金星离太阳很近，因此总会追随太阳在天空的轨迹）。它的光芒十分耀眼，是肉眼能看到的夜空美景之一。要想知道金星在天空中的位置，可以求助于天文学软件或者年度观星手册。

双筒望远镜给不了你关于我们的邻居（金星是离地球最近的行星）的太多细节，但是天文望远镜可以。金星围绕太阳公转的时候也会产生相位的变化，就像月球一样。在某一时刻它是新月的形状，散发着微弱的光，然后会涨到半圆形，最终会变成满圆。但是不管你用多大的望远镜，也不要期望太多。正因为金星表面被厚密的云层覆盖，你永远也看不到它的表面。不过你或许可以隐约看到金星云层中的造型。

像水星一样，金星也会发生“凌日”现象。这时，金星像太阳不断翻滚的大气层背景下的一个黑点。1769 年，欧洲人长途跋涉到地球的偏远角落来观测金星凌日。这次观测的目标是根据金星凌日时在太阳表面的运动测量太阳到地球的距离。得出的结果是 1.53 亿千米，仅和现今大家所接受的数值（1.496 亿千米）差了 0.034 亿千米。

2004 年和 2012 年发生了两次金星凌日，但是下一次金星凌日要等到 2117 年了。

金星参数

到太阳的距离	10 820 万千米
金星年	225 地球日
金星日	243 地球日（自转周期，从东至西） 117 地球日（金星的正午到正午间隔）
自转轴偏角	3°
直径	1.210 3 万千米
质量	地球质量的 81%
密度	水的密度的 5.2 倍
表面重力	地球表面重力的 90%
温度范围	460 ℃左右
卫星数目	0

* 业余天文学家拍摄的黄昏时分的月亮和金星；摄于英国白金汉郡。

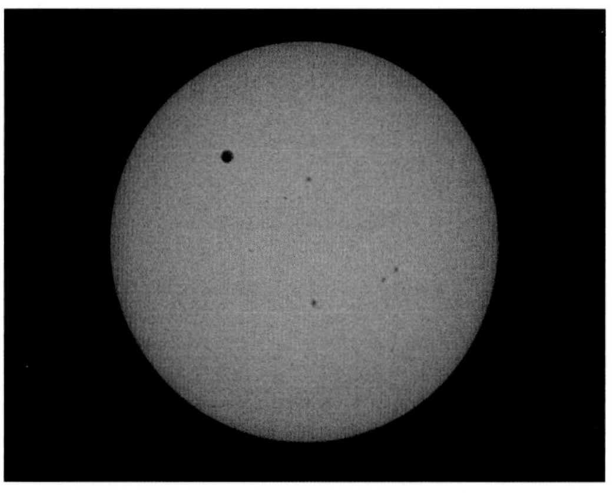

* 国际空间站拍摄的 2012 年金星凌日。像黑色圆盘一样的金星很容易和暗弱的太阳黑子区分开来。

4.7 地球

“一颗闪耀的蓝白色宝石；一颗轻盈的天蓝色圆球，上面相间着缓缓舒卷的白纱……就像厚重黑色迷雾之中的一颗珍珠。”到底宇航员埃德·米切尔在描述一个怎样的神奇世界呢？

他继续说道：“你需要花一些时间才会真正意识到，那就是地球——我们的家。”米切尔是仅有的几位能在月球那么远的地方凝视地球的人。不仅如此，在太阳系的众多行星中，地球也是如此与众不同。太阳温暖地照耀着地球，所以地球既未变成万世的焦土，也免于被永恒地冰封。太阳系的第三颗行星（从内往外数），是唯一一颗在表面拥有广袤的液态水海洋的行星，它独特的蓝色就是由此而来的。

地球本身也是一颗活跃的行星，能量来源于其炽热的核心。地球的表面也在不断地变化：剧烈喷发的火山，还有使大地猛烈颤抖的地震。

尽管如此，地球真正独一无二的是它上面栖息的生命。植物制造了它不同寻常的充满新鲜氧气的大气层。地球上的物种进化产生了整个宇宙间迄今为止唯一所知的智慧生命。

▽ 观察地球

当然，想要观察地球，只要朝你的脚下看就是了。只有宇航员拥有在宇宙空间中遥望地球的特权，就像遥望其他七颗行星一样。但是，下一次当你看到气象卫星拍摄的图片或者国际空间站上的宇航员拍摄的壮丽图像时，就把它想象成是一个外星探测器在观察地球，就像我们用卡西尼号观察土星一样。这时候，我们就开始像埃德·米切尔一样意识到我们的行星是多么的美丽、绝妙和与众不同。

地球参数

到太阳的距离	1.496 亿千米
地球年	365 地球日
地球日	24 小时
自转轴偏角	23°
直径	1.275 6 万千米
质量	1 倍地球质量
密度	水密度的 5.5 倍
表面重力	1 倍地球表面重力
温度范围	-93 ~ 71℃
卫星数目	1

* 从月球上看地球升起。由 1968 年在阿波罗 8 号上执行绕月任务的威廉·安德斯拍摄。

4.8 火星

在所有的行星中，火星是最神秘莫测的。在过去的几个世纪中，人们总是把火星和外星生命联系起来。意大利天文学家乔瓦尼·斯基亚帕雷利在 1877 年火星离地球最近的时候绘制了它的地图。通过望远镜，他在火星平原的表面上看到了长长的直线，他称之为“水道”。但是当消息传到美国的时候，波士顿的富商巨贾帕西瓦尔·洛厄尔认为那是火星上的智慧生命开凿的“运河”。他甚至在亚利桑那州的弗拉格斯塔夫建造了一个天文台来研究我们的红色邻居。

火星离太阳的距离比地球离太阳的距离远 52%，因此它比地球冷得多。火星也比地球小。但是这颗红色行星和地球还是有很多相似之处。它有大气层（尽管很稀薄）、极冠和壮美的地质结构。火星有一个大峡谷，被称为“水手谷”，这个大峡谷有 4 000 千米长、7 千米深。它还有一个令人惊讶的火山网络，有些甚至要开始活跃起来。最大的一个叫奥林匹斯山。它有珠穆朗玛峰的 3 倍高，所占的面积足足有整个西班牙那么大。

火星呈现红色是因为它是一颗生了锈的星球。早期，火星土壤里的水和表面的铁相互作用，导致火星表面呈现红色。有时候红色的表面会被沙尘暴所掩盖。尽管如此，在太阳系除地球之外的所有行星中，火星是最活跃、最吸引人的星球。

火星的卫星

火星有两颗小小的卫星，几乎可以肯定它们是被红色行星的引力捕获来的小行星。在西方，火星是以罗马神话中的战神来命名的，所以它的卫星的名字也是代表着暴力冲突。火卫一（英文名 Phobos，来自希腊语的“畏惧”）和火卫二（英文名 Deimos，来自希腊语的“恐慌”）都像是表面布满环形山的土豆。火卫一有 27 千米长，而火卫二只有火卫一的一半大小。火卫一的轨道很低，在大约 5 000 万年之后会坠入火星，砸出一个直径 300 千米的环形山。

* 火星塔尔西斯地区火山上空的蓝白色冰晶云。这张图片摄于 1999 年 4 月，是由“火星全球探勘者号”飞船搭载的“火星轨道摄影机”完成的。

4.9 火星生命

1938 年 10 月 30 日，23 岁的奥逊・威尔斯向美国的腹地播撒了恐惧。这种恐惧甚至使人逃离了家园。演员威尔斯声称自己是电台节目联合主持人，他打断了哥伦比亚广播公司的电台节目，说："女士们，先生们，我有一个重大新闻要宣布。在新泽西州格罗佛斯山坠落的奇怪物体不是陨石。虽然听起来不可思议，但它里面装着奇怪的生物。相信是火星来的先遣队。"华盛顿的记者描述了由降落在地球上的"三脚架"飞船进行的大屠杀，于是恐慌蔓延开来。

但实际情况是，这只是由 H.G. 威尔斯所著的小说《世界之战》改编而来。这个恶作剧是为了提升哥伦比亚广播公司的收听率，它使得奥逊・威尔斯成了一个传奇人物，也使得人们开始思考火星这颗红色星球上到底有没有生命。

不过第一个造访火星的探测器既没有看到"三脚架"也没有看到"小绿人"；相反，它只看到了一个冰冷贫瘠的沙漠。

1976 年，美国国家航空航天局的两个"海盗"号探测器在火星上着陆，上面搭载了四个实验设备，专门用来探索生命的痕迹。其中一个实验得到了正面的结果：虽然结果本身还有争议，但是我们在这些数据中找了很强的细菌存在的证据，称之为"小绿泥"[1]。

现在我们对于在邻近的火星上找到生命有了更多的希望。现今的一系列在火星表面运行或围绕火星运行的空间探测器无一例外都发现了火星过去或现在存在水这一生命必要元素的证据。

美国国家航空航天局的"好奇号"探测器于 2012 年 8 月登陆火星，如今正在积极地探索盖尔环形山周围的地区。"好奇号"的火星车跟一辆小型轿车差不多大。它的任务是研究火星的地质、成分信息和存在生命的可能性。美国国家航空航天局也第一次声称这一项目是以人类登陆火星的愿景来设计的。荷兰非营利组织"火星 1 号"[2] 有希望最早在 2024 年将人类送上这颗红色星球。那个时候，我们就会知道火星上是否有生命了。

1　尽管原书作者对于"海盗"号在火星找到细菌存在的证据持正面态度，但科学界现在普遍认为此结果尚无定论。——译者注

2　"火星 1 号"运营组织 Mars One 已于 2019 年 1 月 15 日宣布破产。——译者注

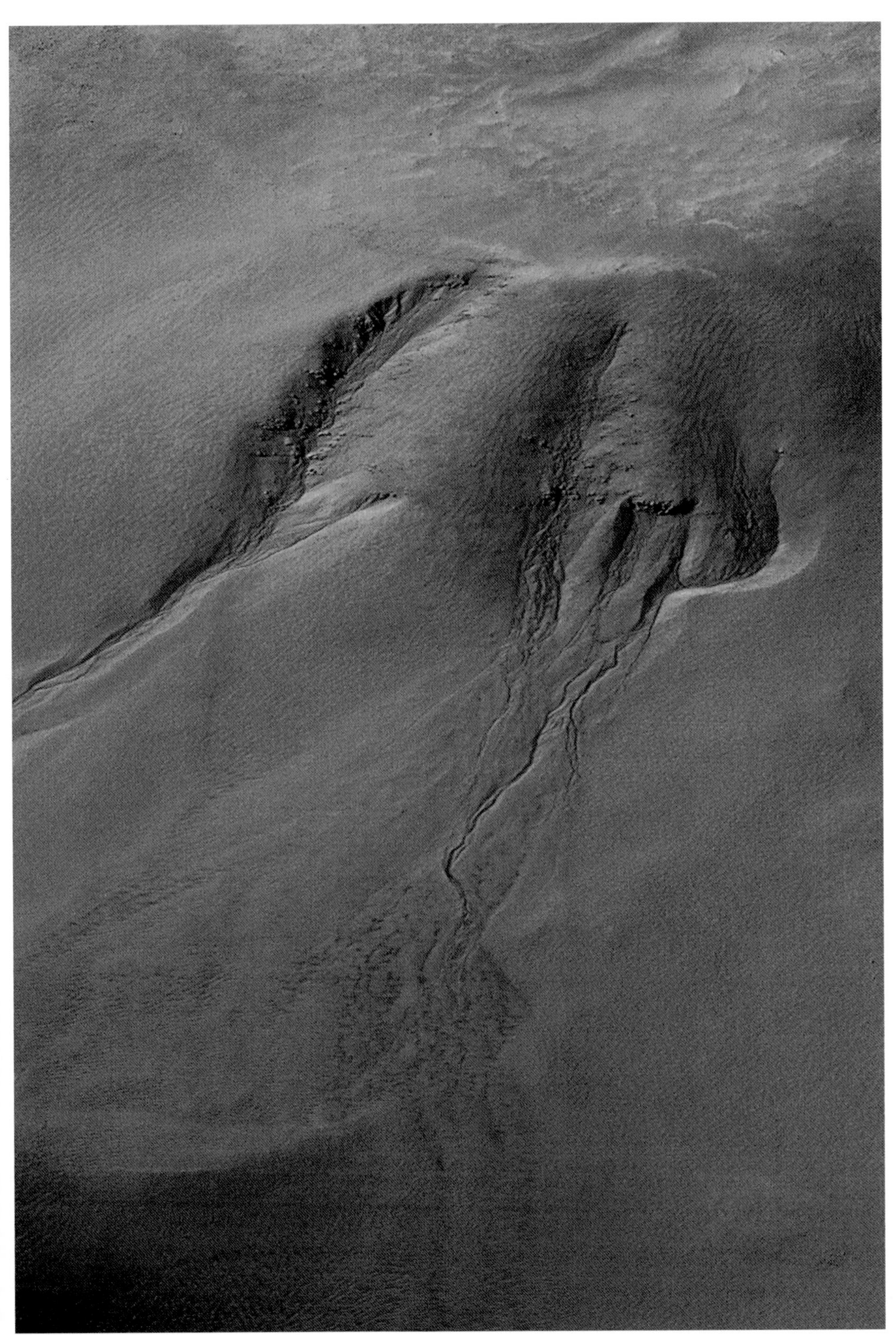

* 火星上一座环形山壁上的沟渠，有可能是近期由流水冲积而成的。这也意味着现今火星上有能够孕育生命的地下水。

4.10 火星图

虽然火星只有地球一半大小，但它的地质地貌却比地球更为极端：深深的峡谷、巨大的火山，还有一条干旱贫瘠的横跨整个行星的沙漠。尽管如此，火星探测器返回的证据表明火星的过去拥有丰富的水，甚至如今在沙漠下面仍然存在。下面是火星上主要的地质特征：

▽ 奥林匹斯山

以地球上的奥林匹斯山给这个火山命名确实恰如其分——它是整个太阳系中最大的火山。这个火山高达 26 千米，是珠穆朗玛峰高度的三倍。火山的底座可以完全覆盖英格兰，它中心的环形火山口可以吞下两个伦敦。虽然现在普遍认为它已经是一座死火山，但也有专家研究结果显示它会再一次喷发。

▽ 塔尔西斯突出部

这是火星上主要的火山区域，也是水手谷裂口的成因。当岩浆从地下涌出，火星表面裂开了，就像是熟透了的西红柿表皮

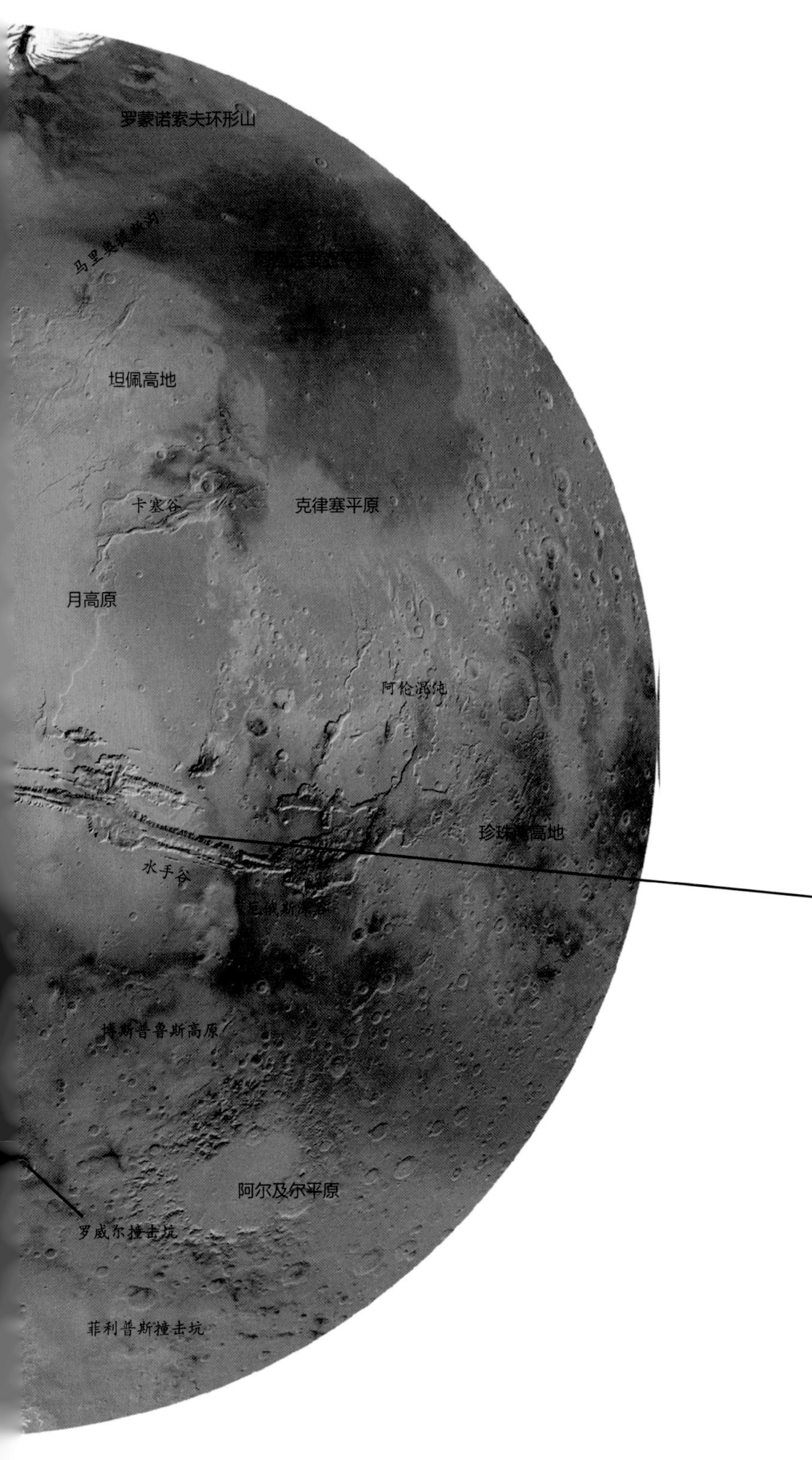

上的裂口一样。塔尔西斯突出部大约4 000千米宽，高出火星大平原10千米。它上面有三个火山，每一个都比地球上任何一座火山大。

▽ 水手谷

这个火星表面上的裂口如此之大，你可以把地球上的阿尔卑斯山整个塞进去，然后还有剩余的空间。它是以在1971年首次环绕火星的“水手9号”探测器命名。这个大峡谷有4 000千米长，比美国的科罗拉多大峡谷长10倍。它大约是200千米宽、7千米深。

▽ 大瑟提斯高原

这是火星表面最显著的暗区。天文学家曾一度以为火星上的暗斑是植被，因为它们会随火星上的季节变化。现在我们知道了这些变化是由风从沙漠吹出的沙尘造成的，这些沙尘会周期性地覆盖和显露出这些线条。大瑟提斯高原呈三角形，大约 1 000 千米宽。空中探测器揭示出它是一个低平火山口。它的暗色来自它本身的玄武岩。

▽ 希腊平原

这个火星表面上巨大的环形坑洞是整个太阳系中三大撞击坑之一，以“希腊”这个国家命名。这是通过望远镜最先能被观察到的火星地表特征之一。这个坑洞有 7 000 米[1] 深，2 300 千米宽，比整个加勒比海还要大。它是由大约 40亿年前的“晚期重轰击”时期的一颗小行星撞出的。这个撞击坑表面的沟壑揭示了过去的冰山活动。

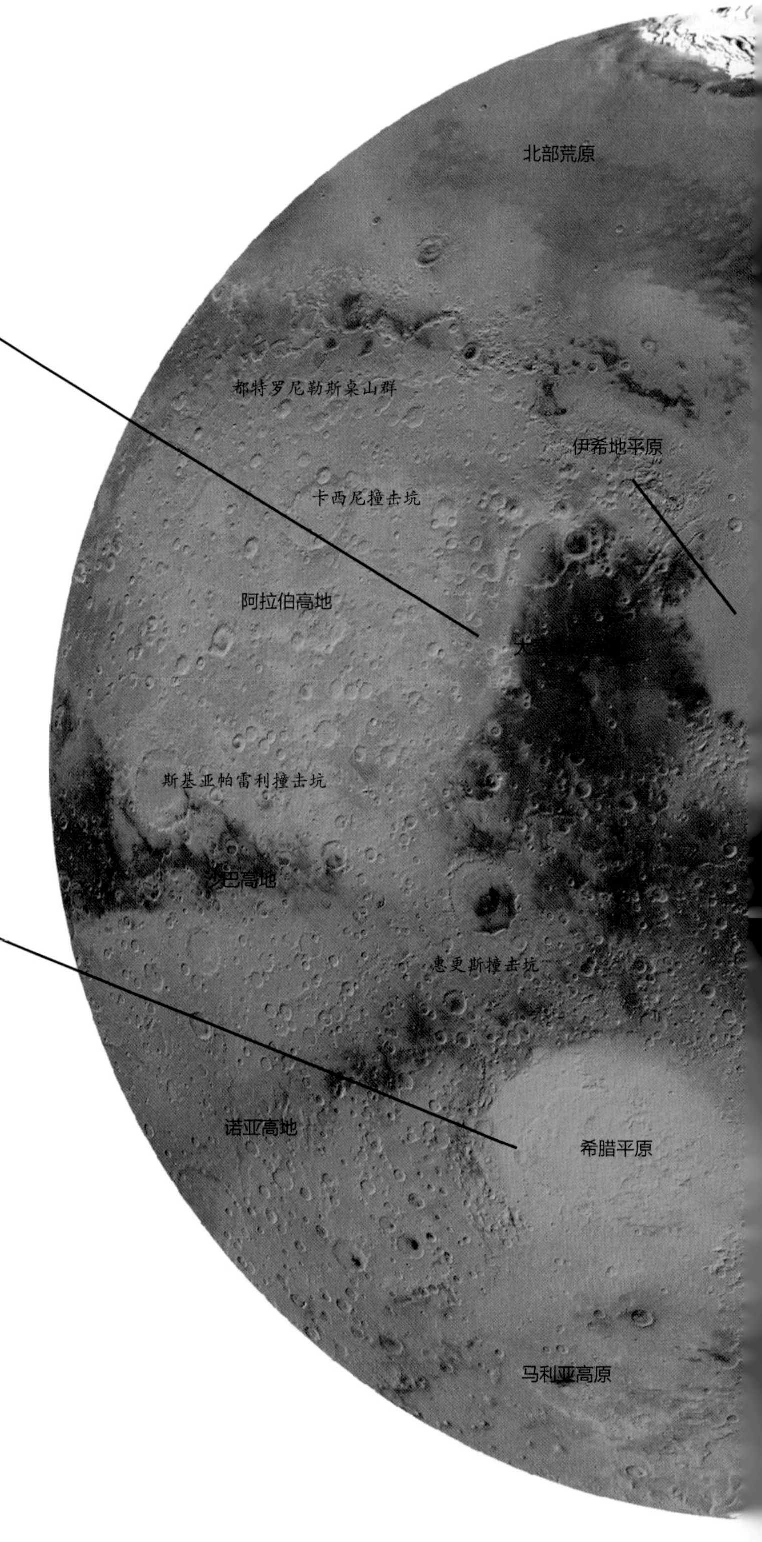

1 此处原文有误。原文是“7000 千米”，应为“7000 米”。——译者注

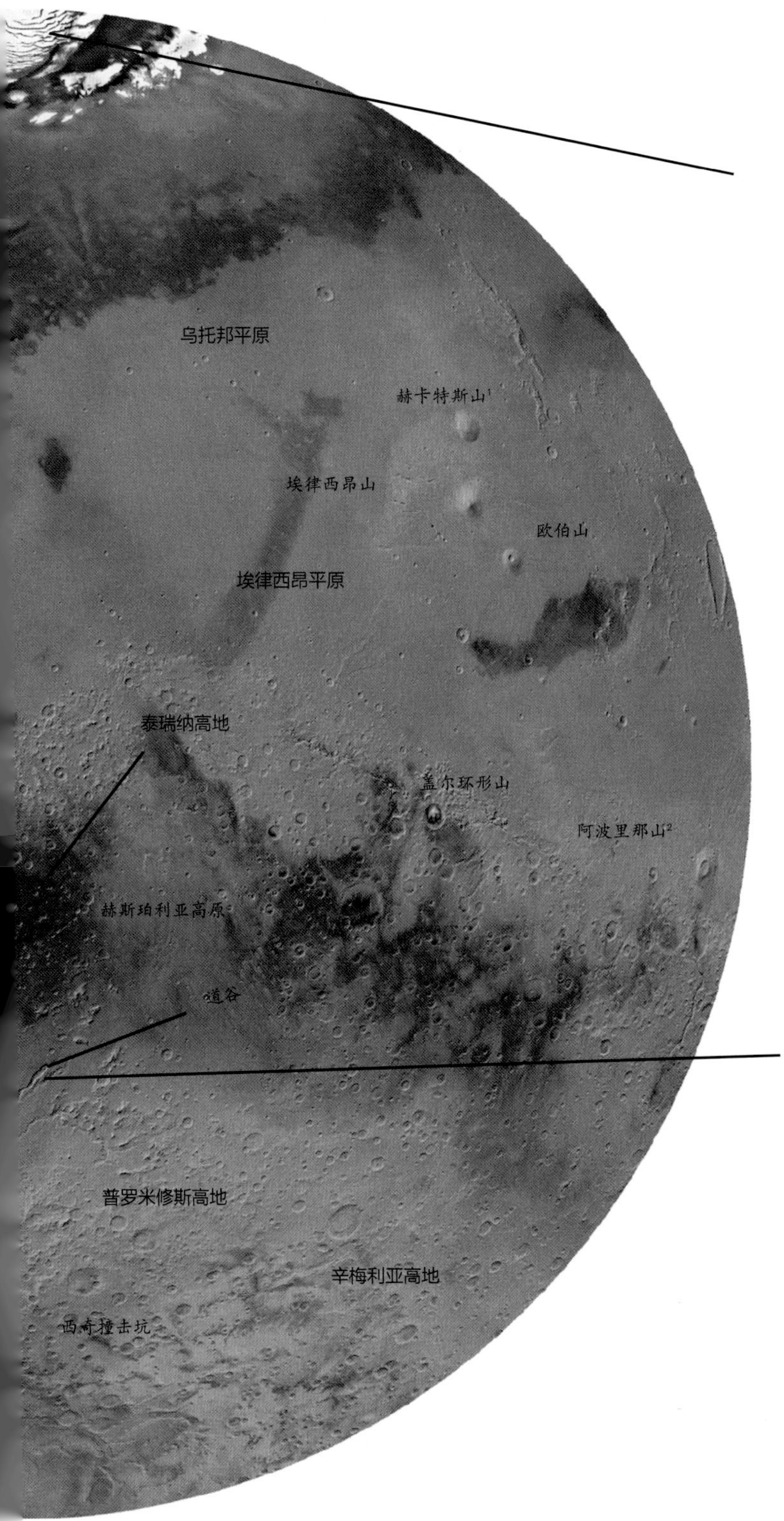

▽ 极冠

火星像地球一样在两极也有冰盖。火星北极的冰盖比南极的规模更大。北极冰盖有 1 100 千米宽，而南极冰盖的跨度只有 400 千米。南北极冠都是主要由水冰构成的，表面覆盖了一层二氧化碳冰（即“干冰”）。混杂在这些化学成分里的还有层层的火星沙尘。所有的这些或许能够帮助未来的探索者为火星的历史纪年。每到火星的春季，极冠的二氧化碳冰蒸发，就会产生猛烈的风，风速可以高达每小时 400 千米。

▽ 河道

每当提到火星，你永远无法回避水的问题。空间探测器的发现让人们确信火星有一个湿润的过去。精细的图像显示出这颗红色行星上的干涸水道。道谷和它的支流尼日谷延伸超过 1 200 千米长。有些河谷在几千万年前还有水流——用天文学的时标衡量，这是非常近的事情了。

1 此处原文拼写有误，应为“Hecates Tholus”。——译者注
2 此处原文拼写有误，应为“Apollinaris Patera”。——译者注

4.11 观察火星

火星上的一“年”是687天，所以地球和这颗红色星球每两年才能（在太阳同侧）排成一条线。在火星出现在夜空的那几个月里，它确实光耀夺目。它的那一抹红色比绝大多数的星星都更加耀眼。在能够被肉眼看到的星星中，它也是非同寻常的。

想要知道这颗红色星球会出现在天空的什么地方，请参考智能设备上的天文学软件或者年度观星手册。

尽管如此，对于从光学设备中观察我们的邻居星球不要抱太高的期望。在双筒望远镜中什么细节也看不到，毕竟火星太小太远了。一个中等大小的天文望远镜可以揭示大部分的暗斑特征，比如大瑟提斯高原。你可以追踪这些特征随着火星自转的变化（火星上的一“天”只比地球上的一天长半个小时）。

当然要注意“全白”事件。火星有可能会被沙尘暴掩盖，这时它的表面特征就都消失了。就像我们地球上的飓风和龙卷风一样，火星上的沙尘暴是季节性的，爆发的时候会破坏掉所有的表面特征。

火星上产生季节的原因和地球上是一样的：火星的自转轴和围绕太阳公转的方向有一个夹角，因此南北两个半球接收到的太阳能量随着火星的公转会产生变化。这种变化会影响火星的极冠，在火星的一年中会膨胀或缩小。如果你有一个天文望远镜的话，这种变化值得一看。

我们能看到火星的卫星吗？火卫一虽然比火卫二要大，但是很难看到，因为它离火星太近了。那个小个儿的卫星反倒更容易被看到，当然我们推荐用250毫米口径或者更大的望远镜去看它。

火星参数

到太阳的距离	2.279亿千米
火星年	687地球日
火星日	24小时37分钟
自转轴偏角	25°
直径	6 792千米
质量	地球质量的11%
密度	水的密度的3.9倍
表面重力	地球表面重力的38%
温度范围	-143 ~ 35℃
卫星数目	2

* 在这张由天文爱好者拍摄的火星照片上，三角形的大瑟提斯高原占据了主要的位置，暗淡的圆形希腊盆地在其上方。图片的上方是南方（这在天文爱好者用倒像望远镜拍摄的图片中比较常见）。

4.12 木星

木星以罗马神话中的主神朱庇特来命名。它是太阳系的行星之王。木星大到可以装下 1 300 个地球。木星几乎全部是由气体构成的，因此它在反射太阳光方面非常强。虽然木星个头巨大，但它却是太阳系中自转最快的行星。木星上的一天还不到 10 小时。这么快的自转使得木星在赤道方向有些许凸出。

木星那令人生畏的磁场在两极处产生了壮美的极光。但是没有任何宇航员能在这种辐射下存活，更不要说那些暴烈的闪电风暴了。

▽ 木星核心

木星的核心释放出的能量比它从太阳接收到的还要多。木星神秘的内核大部分都是由氢组成的，在巨大的压力下表现出液态金属的性质，在 35 000℃下保持接近沸腾的状态。如果木星的质量比现在大 75 倍，那么它的核心温度就足够使得氢聚变成为氦。这样木星就会变成一颗恒星。

* 木星令人生畏的快速自转将表面的云伸展成了环绕这颗巨行星的条带状。“大红斑”（图的左下方）是木星大气表面的一个巨大漩涡。

木星探测器

虽然木星距离我们十分遥远（到太阳的距离是日地距离的五倍还更多），但这颗气体行星被地球发射的无人深空探测器造访过多次。首先是两艘先驱者号，其次是两艘旅行者号飞船。旅行者 1 号发现木星周围有三个非常暗淡的环，是由从它的卫星木卫十五和木卫十六上剥离下来的尘埃颗粒构成的。

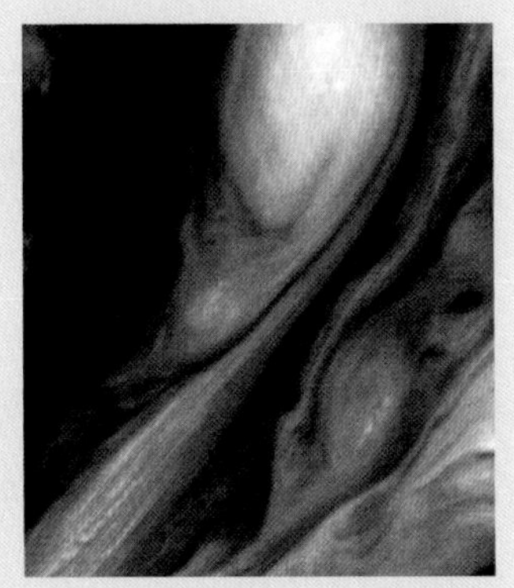

第一个环绕木星的探测器是 1995 年的“伽利略”号。1994 年，在“伽利略”号飞往木星的途中，它记录下了倒霉的舒梅克·列维 9 号卫星撞向木星的壮观场面。“伽利略”号环绕这个行星和它的众多卫星飞行了七年。最终为了避免它撞向有可能存在生命的木卫二，这个探测器在受控状态下坠入木星。

“伽利略”号向木星的大气层中投放了一个探测器研究木星大气的结构和成分。这一探测器坠入木星大气层深处，气压相当于地球标准大气压的 22 倍，温度达到 150℃。几乎可以肯定这一探测器完全“蒸发”了，但探测任务是成功的。

4.13 木星图

通过小型天文望远镜看过去，木星就像是覆盖了双色条纹的橘子一样。这些双色条纹是木星快速自转所造成的氨气和甲烷云带。木星表面就被这些条纹分成了暗带和亮区。这些暗带是你可以更深入探测木星大气的地方。

对于木星这颗巨行星来说，你永远不可能绘制一张准确的地图。因为木星的云带永远在变化中。不过有几个主要的特征还是很明显的。

▽ 大红斑

17 世纪，意大利天文学家乔凡尼·多美尼科·卡西尼在木星的表面发现了一个暗斑，但是它随后在视野中变暗，最后消失了。现今的大红斑已经存在大约两个世纪。大红斑是一个巨大的反气旋风暴，位于木星赤道以南 22° 。大红斑的顶部盘旋在木星主要云层上方 8 千米，这使得它比周围地区温度更低。

大红斑本身是有自转的，周期大约为 6 个地球日。大红斑是由剧烈的风驱动的：边缘风速可达每小时 430 千米。向上漩涡状的风将木星的气体带到很高的位置，从而与太阳光发生相互作用。

这一巨大的红斑直径大约 4 万千米，可以吞下三个地球。但是近年来，这一令人赞叹的特征逐渐缩小。尽管如此，研究木星气候的天文学家预言大红斑并不会完全消失。

大红斑为什么是红色的？人们还不是非常清楚，因为大红斑的颜色实际上是会变的，从红色到三文鱼似的粉色，再到接近白色。最有可能的答案是其中的磷原子与太阳辐射发生作用而呈现红色。

▽ 北极区

这里有成千上万个风暴环绕木星的北极。

▽ 北温带

最北面的主要条带，大约每隔十年就会从视野中消失。

▽ 北热带区

木星大气中最高的区域，在条带结构的上方。有的时候旁边有“红色鹅卵石”——就是木星大气中的小型涡流，但是也有半个地球那么大。

▽ 北赤道带

这一卷曲的结构是由剧烈的风所造成。木星的风的构型非常复杂，常会有邻近的气流从相反的方向呼啸而过。

▽ 赤道区

此区域拥有比较稳定的云层环绕着木星的赤道。

▽ 南赤道带

这一时亮时暗的条带是大红斑的家园。

▽ 南热带区

这些高层的云是由白色氨气结晶构成的。

▽ 南极区

这一充满了复杂湍流的区域经常是“白鹅卵石”——巨星暂现风暴系统的家园。

▽ 小红斑（视野之外）

小红斑在大红斑的南侧，是木星剧烈变化的大气层的最佳例证。2000 年，三个白色椭圆形风暴逐渐开始合并。到 2005 年，它们的合并体开始变红，有可能是太阳光的作用。天文学家给它起了个可爱的昵称“小红斑”。这个特征会一直持续下去吗？只有木星这一永不停歇的大气层能给我们答案。

4.14 木星的卫星

木星号令着它自己的小型“太阳系”：一个由将近70颗卫星组成的大家庭[1]。最大的四颗卫星可以用双筒望远镜看到。视力极好的人甚至可以用肉眼看到。伽利略很有可能是第一个通过新发明的望远镜看到这四颗卫星的人（在1610年）。

这些世界有它们自己的独特之处：木卫三甚至比水星还大，另外两个则更是“超级明星”：木卫一表面充满了爆发的火山，木卫二在它表面的冰层下面有液态水的海洋。这四颗以朱庇特[2]的情人命名的最大的卫星分述如下：

▽ 木卫一

木卫一看着就像太空中的一张比萨饼。它上面一块一块的红色、橙色、黄色（直径3 640千米）是火山爆发的烟羽造成，这些火山将二氧化硫喷射到300千米的高空。这颗卫星是我们太阳系中最活跃的世界。这些活跃的火山是木星巨大的引力搅动卫星内部结构造成的。

▽ 木卫二

木卫二是四颗卫星中最小的那个（直径3 100千米），我们对它的了解却最少。它的表面比台球还光滑，是一个厚厚的冰层。在冰层下面是巨大的海洋——也许外星鱼类正游弋其中。

▽ 木卫三

木卫三是太阳系中最大的卫星，直径达5 268千米。它表面的冰壳充满了它形成之后不久遭受撞击所形成的环形山。除此之外，木卫三的表面还纵横交错着复杂的凸起和凹槽，显示了更近期的地质活动。

▽ 木卫四

在直径4 820千米的木卫四表面找不到一块平原——上面充满了撞击坑。300千米宽的瓦哈拉盆地是其中最大的一个。木卫四看起来很像我们的月球，只不过它表面的撞击坑凿在了冰层上，而不是岩石上。

＊ 遍布火山的木卫一

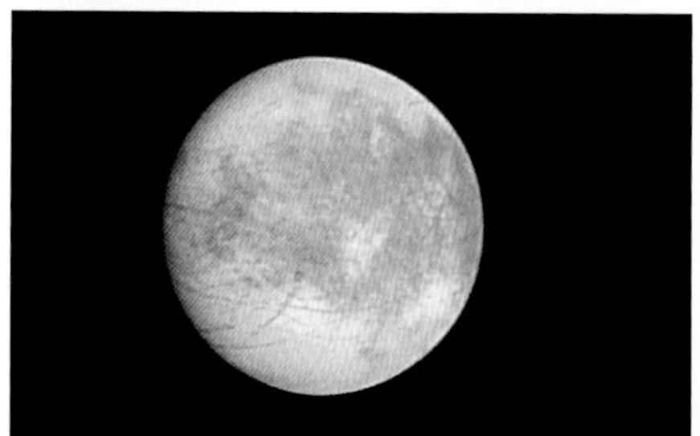

＊ 光亮的木卫二

＊ 巨大的木卫三

＊ 充满环形山的木卫四

---

1 2018年的研究结果给出木星拥有79颗卫星。——译者注

2 木星的英文就是罗马神话中众神之王朱庇特。——译者注

4.15 观察木星

对于观星者来说，不管是用肉眼、双筒望远镜，还是小型天文望远镜，木星都是一个激动人心的观察目标。它还有一群卫星环绕左右，更增加了观赏乐趣。

木星是夜空中第三亮的天体，仅次于月亮和金星。你很难注意到它每夜的移动；木星环绕太阳一圈要将近 12 年，使得它在星空中看起来几乎是不动的。但木星是夜空中一幕壮丽的景象。

要想知道木星在哪儿，可以向智能设备中的天文学软件或者年度观星手册寻求帮助。

如果用肉眼，你将看到一颗非常明亮，而且不闪烁的“星”。跟其他行星一样，木星其实呈现出一个“盘”的形状，而不像遥远恒星一样只是一个“点”。

通过双筒望远镜你可以看到木卫一、木卫二、木卫三和木卫四。每夜都观察你就能发现它们的位置会改变。有的时候你能够看到全部四颗卫星，但是它们环绕木星的舞步使得它们经常消失在这个大块头后面。

如果你有一架天文望远镜，那么迎接你的将是星空大餐。首先，木星会呈现惊人的椭球状，赤道部位稍稍突起，这是木星的快速自转造成的。其次，你会看到木星奇妙的条带结构。如果盯着木星看几个小时，你真的会发现木星在自转。

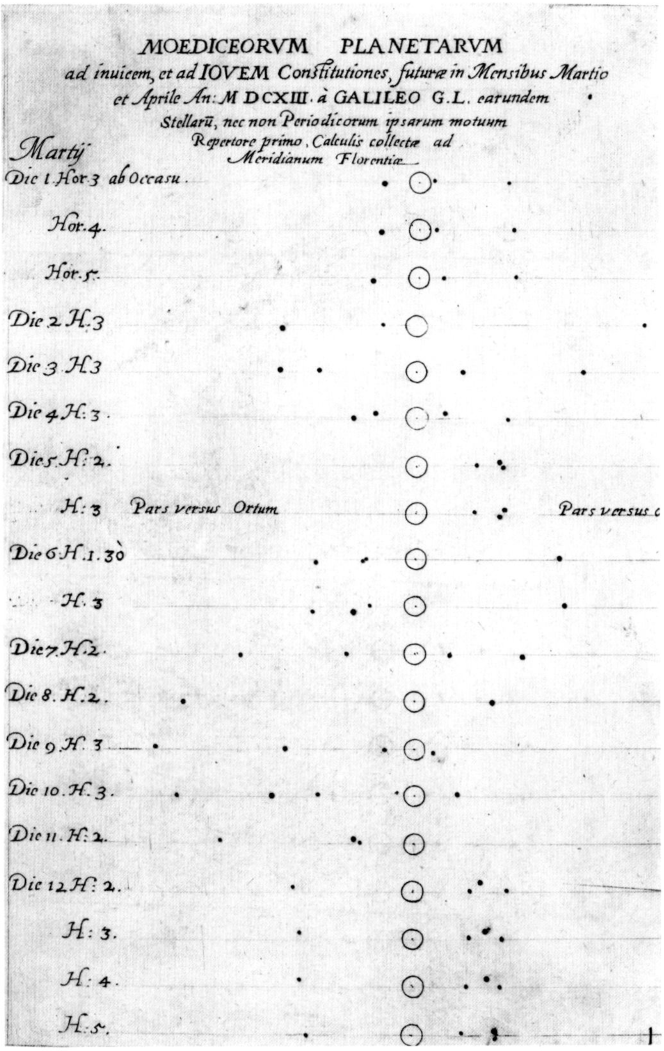

用天文望远镜你还会发现木星卫星更多的运动。在它们围着这颗巨行星绕转时，时而从它们的母星前经过，看起来像一个小圆盘，伴随着在木星湍流云层上留下的暗影。

木星的大气层每天都在变化，就像地球的大气一样。但研究出木星大气运作规律的功绩却要归功于全世界的业余天

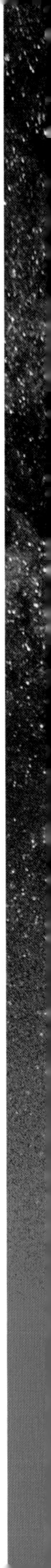

* 伽利略的望远镜日志，揭示了木星四颗最大卫星不同夜晚的运动。

文学家。他们记录下了木星云层的显著变化。每天夜里都有业余天文学家到户外观察这颗巨行星，记录下条带区域的湍动和新出现的白色“鹅卵石”结构。

木星是一个超乎寻常活跃的世界，因此至少须有一个中端望远镜。

木星参数

到太阳的距离	7.78 亿千米
木星年	11.9 地球年
木星日	9 小时 55 分钟
自转轴偏角	3°
直径	14.298 万千米
质量	地球质量的 318 倍
密度	水的密度的 1.3 倍
表面重力	地球表面重力的 2.5 倍
温度范围	-110℃
卫星数目	67 个（2014 年的数据）

* 业余天文学家拍摄的显示木星细节的照片。照片中的大红斑出现在木星上部。观察者更愿意保持传统望远镜中上下颠倒的视野。

* 一位业余天文学家绘制的木星图（同样上下颠倒）。观察者使用了一架 250 毫米口径的望远镜，并写下：“木卫三就要被木星掩食了。大红斑确实红得很出众；其他颜色并不显著。”

4.16 土星

缓慢旋转的土星以其巨大的环系统而闻名。伽利略用他简单原始的望远镜观察土星，只看到一幅令他困惑的景象；由于他望远镜的低分辨率，他以为土星是一个三合星系统。

1665年，克里斯蒂安·惠更斯用他自己设计的放大倍数为50的望远镜发现了土星“伴星”的真实面目：“土星是被一个薄薄的、扁平的环围绕着，环与土星没有接触。”

土星环是太阳系内最大的环系统：它的宽度几乎等于地球到月球的距离。土星环主要由不同大小冰粒组成，小的比冻豌豆还要小，大的却有冰箱那么大。因此几乎可以肯定这个环系统是一个冰卫星被土星引力撕裂后的残余。

土星本身是仅次于木星的第二大行星。但是土星密度很低，如果你能把土星放进海洋里的话，它甚至可以浮起来。土星像木星一样自转得很快，转一圈只需要10小时34分钟。土星上的风速可达每小时1 800千米。

不过，土星奶黄色的大气层相比木星的大气层就平淡多了。这很可能是土星大气上层氨气结晶形成的薄雾造成的。

在这层薄雾的下面，土星显现出和木星相同的条带状轮廓，只是它的特征没有那么显著。不过，大约每隔30年，当土星来到它自己的“夏至”，也就是它的北半球向太阳方向倾斜之时，土星大气上面会布满白色的斑块。

迄今为止有四艘飞船跨越了到土星的广袤空间来探访这一被环围绕的世界——土星到太阳的距离差不多有日地距离的十倍。先驱者11号以及旅行者1号和2号仅仅是从土星边飞速掠过。卡西尼号正在环绕土星运行[1]，研究它的本体、环系统和62个或者更多的卫星[2]。卡西尼号发现土星并不像看起来那么安静：它的大气里充满了闪电，比地球上的闪电强度高1 000倍。

* 卡西尼号环绕土星时在一个特殊的角度拍摄的赭石色（橙黄）的土星。

1 卡西尼号已经于2017年9月15日坠入土星大气层中销毁。——译者注

2 最新（2019年）的研究结果给出土星拥有82颗卫星。——译者注

4.17 土星图

任何土星图一定是被它壮丽的环系统所主导。意大利天文学家乔凡尼·多美尼科·卡西尼在1675年发现土星实际上是由几个分开的环围绕着。空间探测器近距离地仔细观察发现每个环是由无数很窄的小环组成，每个小环的成分都是小的冰粒和大冰块。

▽ A环

这是土星最亮的三个环中最靠外的一个。它的中间有一条300千米宽的环缝，称作“恩克环缝”。这条环缝是由土星的小卫星土卫十八清空了轨道上的微小颗粒所形成的。相对于它们巨大的宽度而言，土星环就像纸一样薄：A环也就10~30米厚。

▽ 卡西尼环缝

卡西尼环缝宽度将近5 000千米，就像是在A环和B环之间划开了一个巨大的口子。这条环缝是卡西尼用他6.1米长的望远镜发现的。它是土星卫星土卫一的引力吸引环中的颗粒造成的。

▽ B环

这条环是土星所有环中最宽、最亮，也是最致密的。B环上有暗的轮辐特征横跨B环表面（只有太空探测器才能看到）。这些轮辐是细小的尘埃颗粒在静电的作用下排成条状形成的。

▽ C环

这条所谓的“黑纱环”是由比A环和B环更暗的颗粒组成的，只有5米厚。

▽ F环

这条最靠外的土星环是由先驱者11号于1979年发现的。F环位于A环之外3 000千米处，是土星环系统中最活跃的一个。这是一个窄而卷曲的结构，它的样子每小时都在变化。组成它的颗粒被两颗小卫星土卫十六和土卫十七约束在这细微幽暗的冰席中。

▽ 土星本体

与木星相比，土星要平淡得多。土星的两极有一些令人兴奋的东西，尽管你需要在飞船里才能看见。在土星北极，云层构成一个巨大的六边形结构。南极那里有一个极地漩涡，风速高达每小时550千米。

4.18 土星的卫星

标志性的土星环只是土星大家庭的一部分。包括巨型的土卫六在内，土星已知的卫星有 62 个。2014 年，天文学家在土星主环系统的边界发现了另一个小卫星正在从冰块中形成的迹象，给它取个昵称叫“佩吉”。国际“卡西尼 - 惠更斯”号飞船发现土星的卫星比地球的卫星（月球）有趣得多，有些甚至可能有生命存在。下面是最重要的五个。

* 土卫二表面上的山脊和裂纹，由美国国家航空航天局的“卡西尼号”飞船于 2009 年拍摄。

▽ 土卫六

土卫六比水星还要大，它是太阳系中唯一一个拥有厚厚大气层的卫星。它的大气压比地球标准大气压大 50%。土卫六的大气主要由氮组成，就像我们地球的大气一样，但这是仅有的相似性了。土卫六是一个冰封的极寒世界，温度低至 -180℃。2005 年，欧洲的“惠更斯”号探测器穿过土卫六昏暗的橙黄色大气，在它的表面着陆。“惠更斯”号发现土卫六表面是由液态乙烷和甲烷组成的海洋，这是产生出未来生命的理想环境。

▽ 土卫二

土卫二直径只有 500 千米，跟土卫六相比小多了。不过科学家相信它是太阳系中最有可能存在地外生命的地方。有证据表明在土卫二的冰壳下存在着液态水，会向宇宙空间中喷射出巨型羽状物。这些爆发的冰火山喷出的颗粒形成了土星的一个暗环。

▽ 土卫一

土卫一体积很小，直径只有 400 千米。它是英国天文学家威廉·赫歇尔于 1789 年发现的。它的主要特征是一个巨大的环形山，就像一只宇宙之眼。它是在一次几乎摧毁了这颗卫星的撞击中形成的。这个环形山就以赫歇尔的名字命名。

▽ 土卫七

土卫七是太阳系中变形最厉害的卫星之一了：一个不规则形状的星体上遍布着环形山。它有可能诞生于卫星之间的相互碰撞中。虽然它表面很暗，布满岩石，但它和土星的大部分卫星一样，主要是冰构成的。

▽ 土卫八

土卫八总是使天文学家感到困惑。它的一边黑得像煤炭，另一边却像刚落下的雪一样白。这种颜色的鲜明对比很有可能是卫星表面的冰升华所致：冰晶升华会使表面变暗。邻近土卫八的卫星爆裂的碎片也可能是这种颜色形成的原因之一。

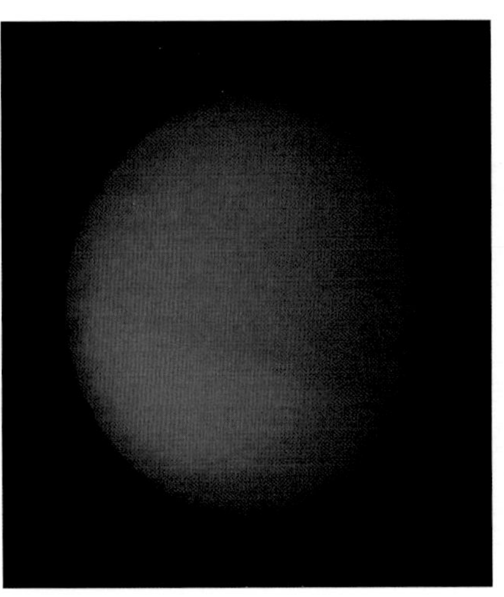

* 云层遮掩下的土卫六

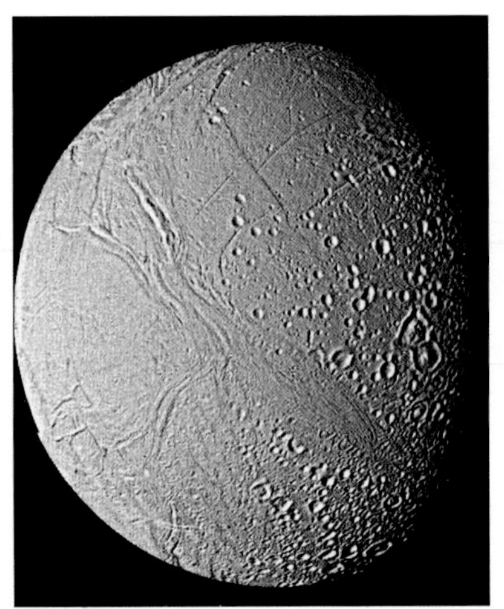

* 冰层覆盖的土卫二

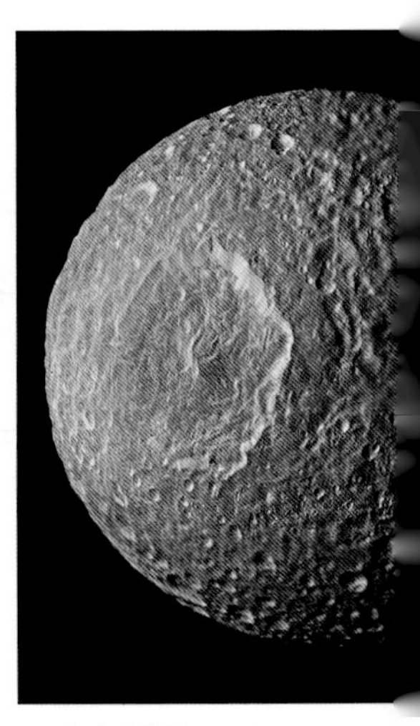

* 惨遭冲撞的土卫一

4.19 观察土星

夜空中从金星到木星的各个行星可以比任何恒星都亮，但土星就暗淡多了：肉眼看就是一颗颜色发黄，不闪烁的光点，比大部分的亮星都暗一些。

要想在夜空中找到土星，可以向手机天文应用或者观星手册寻求帮助。

虽然如此，借助一个小型天文望远镜你就可以看到土星的壮观景象。它是如此的与众不同：一个被光环围绕的世界高悬在漆黑的夜空中。看起来是那么的不真实，像是一件卡通艺术品。由于它的快速自转，土星是太阳系中最扁的行星。用一个中型天文望远镜（口径大于150毫米）很容易看到它赤道处的突起。

不要期待在土星的圆盘上看到太多的细节。它的特征都被一层薄雾所笼罩，它的云带跟木星相比要细微得多。不过如果你看赤道部分，会发现它的腰线上有一条很宽的云带。

土星有时能显示出一些出人意料的特征，比如大约每30年出现的白斑。最有名的事件发生在1933年，一位喜剧演员，同时也是业余天文学家的威尔·海在这颗通常很乏味的行星表面发现了一个大白斑。最近又有几次白斑爆发，包括2011年遍布土星全球的那次。你永远无法预知什么时候土星又变得活跃起来。

土星的光环观察起来赏心悦目。在土星长长的公转周期内，土星环向我们呈现的角度是变化的。有时候它们整个盘都非常显著和明亮，其他时候这些环只有边缘对着我们，在视野中消失不见了。

土星参数

到太阳的距离	14.33 亿千米
土星年	29.5 地球年
土星日	10 小时 34 分钟
自转轴偏角	27°
直径	12.054 万千米
质量	地球质量的 95 倍
密度	水的密度的 70%
表面重力	地球表面重力的 1.1 倍
温度范围	-140℃
卫星数目	62 个（2014 年的数据）

当土星处于冲日的位置（即太阳、地球、土星三者呈一条直线，太阳和土星分列地球两边）时，环中的冰粒短暂地反射太阳光到我们的视线中，所以土星会显著地增亮。你甚至可以用肉眼看到这一现象。

通过中等大小的天文望远镜可以看到土星较大的几个卫星的运动，其中最大的是土卫六。你甚至可以用小型望远镜看到这颗卫星。其次是土卫五、土卫四、土卫三和土卫八。由于土卫八黑白相间的色彩，它的亮度会有很大的变化，因此如果你第一次没有看到它，不要失望。

* 土星上猛烈的风暴，由业余天文学家 2011 年 3 月拍摄于英国苏塞克斯郡。

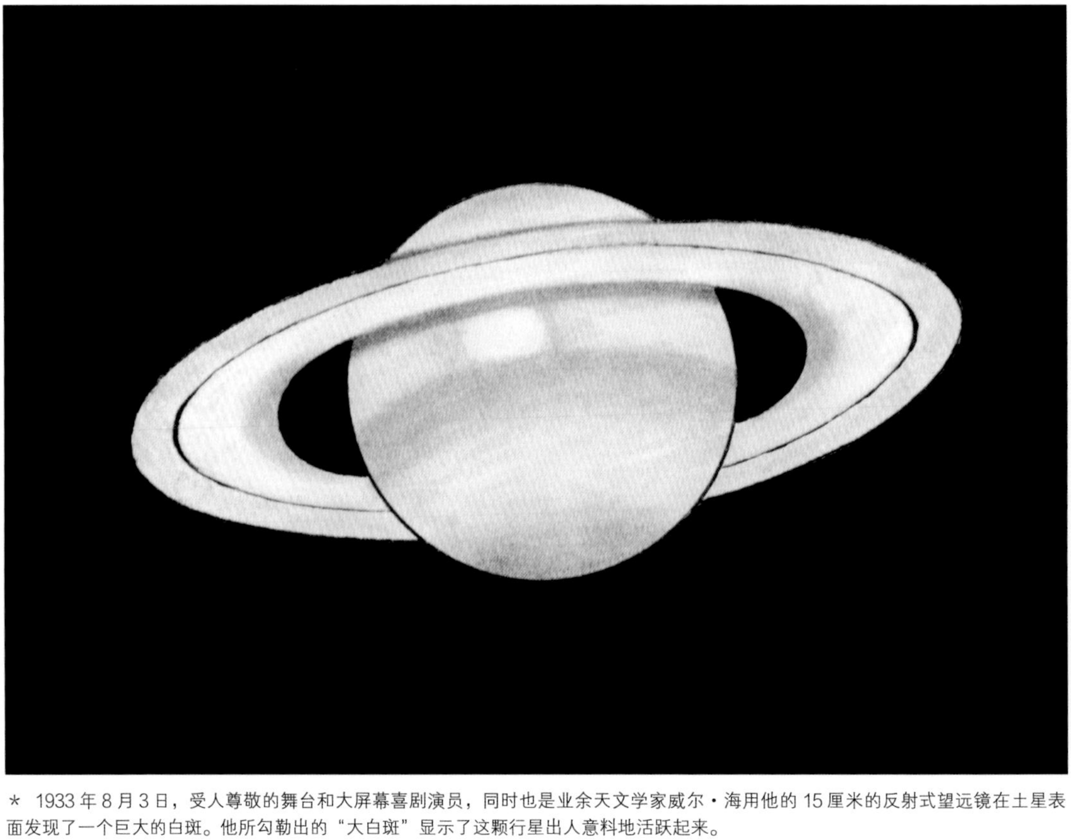

* 1933 年 8 月 3 日，受人尊敬的舞台和大屏幕喜剧演员，同时也是业余天文学家威尔 · 海用他的 15 厘米的反射式望远镜在土星表面发现了一个巨大的白斑。他所勾勒出的“大白斑”显示了这颗行星出人意料地活跃起来。

4.20 天王星

这本是一个不太可能成真的发现。英国巴斯八角教堂的音乐家、作曲家和风琴演奏家威廉·赫歇尔当时也是一个狂热的业余天文学家。他痴迷于建造越来越大的望远镜来巡察夜空。

1781 年的一个夜晚，赫歇尔观察到了一个暗淡的、之前未知的绿色光点。第二天晚上，他发现这个光点相对于附近的星移动了一点儿。赫歇尔以为他偶然发现了一颗彗星,后来证实这其实是一颗行星。

天王星是自远古时代以来发现的第一颗行星。它的发现实际上将当时已知的太阳系的半径翻了一番：天王星到太阳的距离是日地距离的 19 倍。

天王星是类似木星和土星一样的气态巨行星。它的直径是地球的 4 倍，而且因为一个奇特的性质而闻名：它是躺着围绕太阳公转的[1]。这很有可能是它诞生之初遭遇一次碰撞的后果——它的自转轴被撞歪了。

天王星和其他气态巨行星一样拥有一个环系统，不过跟土星的壮丽环带无法相提并论：天王星的十三个环很窄也很暗。当 1986 年旅行者号飞越天王星时，揭示了一个乏味无趣的世界，人们都很失望。不过当天王星产生季节变化时会更活跃一些，大气层中会有云和条纹产生。2014年8月天王星上发生了一次巨型风暴。

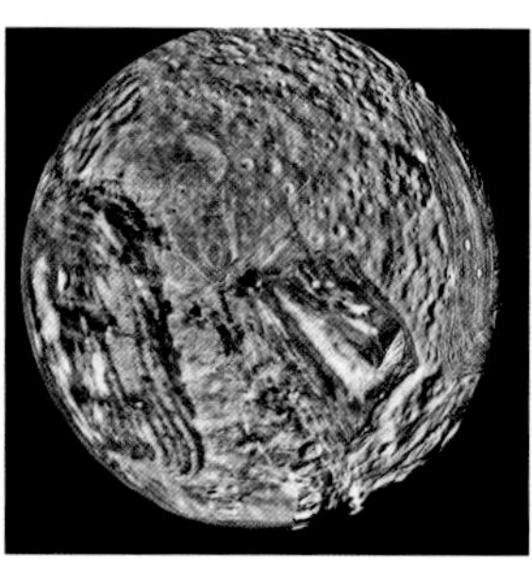

* 旅行者 2 号拍摄的平淡无奇的天王星（左图）和连遭打击的天卫五（右图）。

▽ 天王星的卫星

天王星拥有至少 27 颗卫星，都是以莎士比亚和亚历山大·蒲柏笔下的人物命名的。最主要的四颗卫星如下。

▽ 天卫五

这颗小小的卫星只有 500 千米宽，看起来一团糟，皱巴巴的，布满了凹槽、环形山和悬崖峭壁。它很有可能在一次巨大的碰撞中被撞碎了，但是又自己聚积了起来。

▽ 天卫一

这颗小卫星的表面布满了裂纹，有些可达 200 千米长。但同时也有平原，有可能是过去的火山活动造成的。

▽ 天卫二

这是天王星卫星中第三大的，也是最暗的。天卫二表面布满了环形山。

▽ 天卫三

天卫三是天王星最大的卫星，直径达 1 600 千米。天卫三部分是岩石，部分是冰。它拥有一个巨大的环形山，以“格特鲁德”（哈姆雷特的母亲）命名，这个环形山的直径是 326 千米。

1 即天王星像一个车轮一样，它的自转轴和围绕太阳公转的方向呈大约 90° 角。——译者注

4.21 海王星

当冥王星被降级为“矮行星”之后，海王星就正式成为我们太阳系中最遥远的行星了。它离太阳的距离是日地距离的 30 倍，处在太阳系大家庭的边缘地带，围绕太阳公转一圈需要将近 165 年的时间。

海王星是一颗倚赖数学的力量发现的行星。在天王星被发现之后，人们意识到它在一种未知的引力作用下脱离既定轨道，这种未知引力可能是来自更远处的一颗行星。

两位数学家——英国的约翰·柯西·亚当斯和法国的奥本·勒维耶，分别独立计算出了这颗行星的位置。根据这些计算结果，德国天文学家约翰·伽勒在 1846 年找到了这颗行星。

要近距离观察这颗行星需要空间探测器。1989 年，旅行者 2 号飞船揭开了这颗绿松石色行星的面纱。海王星比地球重 17 倍，表面覆盖了由甲烷和氨组成的云层。

对于这颗离太阳如此遥远的行星，它的活动性是超乎寻常的。海王星的核心温度接近 5 000℃，几乎和太阳表面一样热。这一内部的热源驱动了表面的剧烈风暴、暗斑，还有时速高达 2 000 千米的风：这是太阳系内速度最快的风。

和其他所有遥远的气态巨行星一样，海王星也有一个环系统。尽管比不上土星环那样壮美，但海王星有三个暗淡的环。这一最遥远的行星拥有 14 颗卫星，包括海卫一这一太阳系内最冷的天体。

▽ 海卫一

海卫一很大，直径有 2 700 千米。它是太阳系内第七大卫星。这样一个冰封的世界，却有异常活跃的地质活动。它的间歇泉会向太空喷射含有氮和尘埃的羽状物。

海卫一在一个逆行轨道上环绕海王星（即它的公转方向与海王星的自转方向相反）运行，意味着它很有可能是海王星从邻近的柯伊伯带（见 5.7 节）中捕获来的。考虑到海王星距离海卫一很近，这可能也预示着海卫一的厄运：海王星的潮汐力以及海卫一与轨道上其他残片的相互作用可能导致海卫一在 36 亿年后逐渐螺旋坠入海王星。它或者直接和海王星碰撞，或者被海王星的引力撕碎成另一个环。

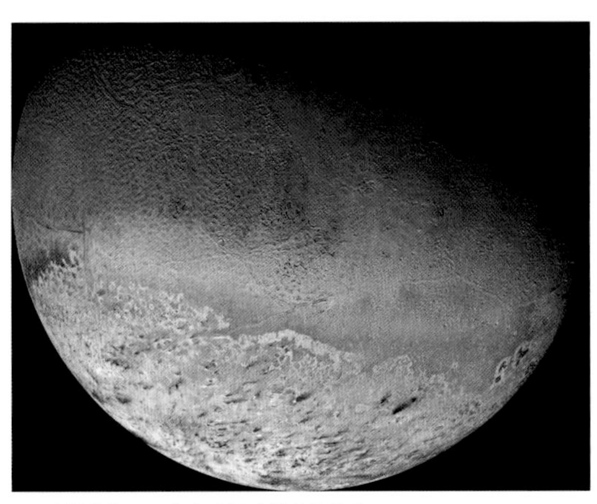

* 冰封的海卫一也有喷射冰块的间歇泉。

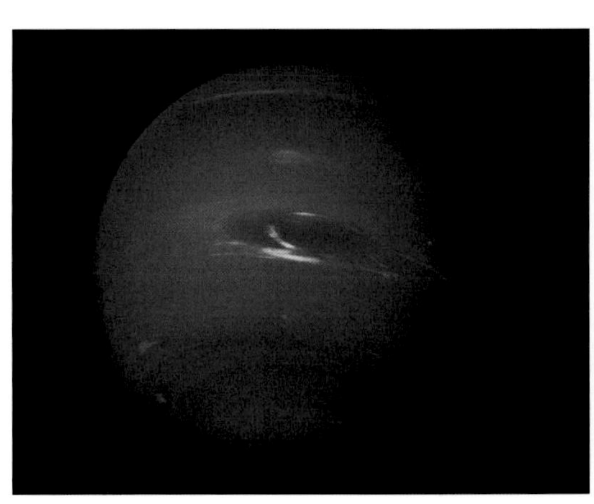

* 海王星通常比天王星更活跃。1989 年当旅行者 2 号飞越海王星时拍摄到了“大暗斑”。

4.22 观察天王星和海王星

如果你的视力特别好，在一个完全黑暗、云层又稀薄的地方，你用肉眼刚好可以看到天王星。双筒望远镜会有很大的帮助：你能够发现这颗与众不同的“绿色”行星，它相对于天幕上的背景恒星会缓慢地移动。不过，即便是通过天文望远镜，也不要期待看到天王星表面的任何特征：它通常是太阳系内最无趣的行星。它的卫星也很难看到，除非你很幸运能够拥有一个大口径望远镜。

海王星则只有通过天文望远镜才能看到。肉眼是无法看到这颗太阳系内最遥远的行星的，必须要借助光学设备。不过，一个好的天文望远镜还能给你带来海卫一作为额外的奖赏。

怎样去寻找这些遥远的世界呢？你需要一个具体的说明手册来找到它们每一天的位置，你可以用观星软件打印出一幅星图，也可以使用一架具备寻星功能（GOTO，见2.8节）的望远镜，它会自动为你找到行星的位置。

能看到太阳系边缘这些孤独世界的感觉棒极了。如果你能够自己找到它们，你会觉得自己真正站到了科学的前沿。

* 天王星和它最亮的卫星——大望远镜的必看目标。

天王星参数

到太阳的距离	28.77 亿千米
天王星年	84 地球年
天王星日	17 小时 14 分钟
自转轴偏角	82°
直径	5.112 万千米
质量	地球质量的 15 倍
密度	水的密度的 1.3 倍
表面重力	地球表面重力的 90%
表面温度	-197℃
卫星数目	27 个（2014 年的数据）

海王星参数

到太阳的距离	45.03 亿千米
海王星年	165 地球年
海王星日	16 小时 6 分钟
自转轴偏角	28°
直径	4.953 万千米
质量	地球质量的 17 倍
密度	水的密度的 1.6 倍
表面重力	地球表面重力的 1.1 倍
表面温度	-201℃
卫星数目	14 个（2014 年的数据）

第五章

宇宙精灵

5.1 引言

1803 年，法国莱格勒镇的居民们惊讶地看到成千上万的石头从天空中坠落地面。人们不敢相信自己的眼睛。很多著名的科学家也不相信人们所述说的情景：天上有行星有恒星，但是没有石头啊！

他们猜测这些石头也许是火山喷发出来的，或者是像冰雹一样在高空中碰撞并合在一起的。但是一位年轻的科学家让－巴蒂斯特·毕奥去了现场。在那里，他采访了目击者，分析了石头样本，进而证明了这些石头来自太空。

如今，我们知道了太阳系中到处都是岩石类的物质，小的用显微镜才能看到，大的有美国得克萨斯州那么大[1]。大块的冰坨在绕过太阳的时候会喷射出大量的气体，我们看起来就是彗星。在行星之外更远处，一大群冰块和岩石一直延伸到最近恒星距离的一半处。

太阳系的诞生

大约 46 亿年前，太阳和行星还不存在。之后，星际空间中的一大团气体和尘埃在引力的作用下聚积在一起。这一团物质在体积逐渐缩小的过程中越转越快，使得它自己变成扁平的盘状，就像是一位意大利厨师在宇宙中做比萨饼一样。

这个盘的中心区域凝聚成一团闪耀的气体火球：太阳。在旋转的盘中，小尘埃颗粒互相聚积在一起，变成岩石。在离太阳更远也更冷的地方，冰晶凝结成了宇宙空间中的雪球。

引力将这些固体大块进一步聚集在一起：石块组成了太阳附近的岩石行星，更远处的无数雪球组成了气态巨行星。不过，数量巨大的各种碎片就成了建造行星时遗留下来的残砖断瓦。

这些所有种类的宇宙瓦砾都有一个共同之处：它们都是太阳和行星形成时遗留下来的残片。

* 正在形成中的世界：在年幼的太阳周围，尘埃和碎片猛烈地撞击在一起形成行星。

1 得克萨斯州面积约为 70 万平方公里。——译者注

5.2 小行星

仔细看太阳系各大行星的地图，你会发现在火星和木星之间有一条乏味无趣的空白地带。18世纪的德国天文学家约翰·波得推测这中间一定还应该存在一个行星。他敦促他遍布欧洲的同事组建一支“天空巡警”这样的组织去找寻这颗失踪的行星。

1801年，西西里岛的朱塞普·皮亚齐在那里找到了一个天体，他将之命名为“谷神星”。但是谷神星太暗了，它一定很小。在之后的几年内，“天空巡警”在火星和木星之间找到了更多的微小天体。根据它们在天文望远镜中的样子，这些天体被命名为“小行星”（asteroids，意为“像星星一样”）。当天文学家进行长时间曝光拍摄暗弱的星云和星系时，他们经常发现来之不易的图像被经过的小行星留下的轨迹破坏掉了。因此，在那个时候小行星被贬低为“天上的害虫”。

时至今日，天文学家已经发现了60多万颗小行星。在火星和木星轨道之间可能有10亿颗太空石块环绕太阳运行。这一地区我们称之为小行星带。

在小行星带之外也发现了很多小行星。特洛伊小行星与木星共用一个轨道，运行在木星前后。其他小行星的环形轨迹会带它们穿过火星和地球轨道，来到离太阳更近的地方。

* 农业和丰收女神色列斯催促皮亚齐用他的望远镜观测。

命名小行星

借助自动化望远镜每晚的巡天观测，天文学家现在每周都可以发现一千颗新的小行星！它们之中的大部分都只有星表编号，不过较大的那些小行星是有名字的。

最开始的时候，它们是以古老神祇的名字命名的，比如谷神星、智神星、婚神星和灶神星。但是很快众神的名讳就用完了。天文学家又以著名的科学家、政治家、城市和国家为小行星命名。但是这一传统又遭到滥用：有的小行星的发现者选择以他们的情人甚至是他们的猫的名字来命名小行星。现在小行星的命名由国际天文学联合会决定（因此对于以我们的名字命名的编号3795的小行星“奈格尔”和编号3922的小行星“海瑟”，我们感到十分荣幸）[1]。

朱赛普·皮亚齐

1 这里本书的两位作者是在谈论以他们的名字命名的小行星。——译者注

5.3 小行星近距离特写

1991 年，空间探测器“伽利略号”在它与巨行星木星相会的途中快速飞过小行星加斯普拉，给出了人类第一张小行星近距离特写照。人们发现加斯普拉是一大块土豆形状的岩石，直径只有 18 千米。这颗小行星太小了，以至于无法在重力的作用下形成一个球状。

然后“伽利略号”飞越了更大的小行星艾达，发现艾达还有一颗自己的卫星环绕它公转。天文学家现在发现了 150 颗拥有自己卫星的小行星。

空间探测器现在已经造访了 10 颗小行星。这些小行星表面粗糙，形状怪异。“近地小行星交会－舒梅克”号探测器在爱神星上着陆，而日本的“隼鸟号”探测器从小行星糸川上取得了一些尘埃样本并带回地球进行分析。

“曙光号”探测器环绕灶神星飞行，前所未有地细致研究了这颗大块头的小行星充满撞击坑的表面。它的图像上显示出从上到下的沟壑，有可能来自流水的侵蚀。

较大的那些小行星通常是岩石构成的：灶神星甚至像地球一样有一个金属的核心。大约有灶神星三分之一大小的灵神星则是一块纯金属体。毫无疑问，它应该是一颗更大的在很久以前碰撞碎裂的小行星的金属内核。

但是绝大多数较小的小行星是原初的瓦砾堆砌起来的，仅仅靠引力维系在一起。它们通常颜色很暗，说明它们表面的岩石上覆盖了有机分子，这些富碳的原料是生命的基础。

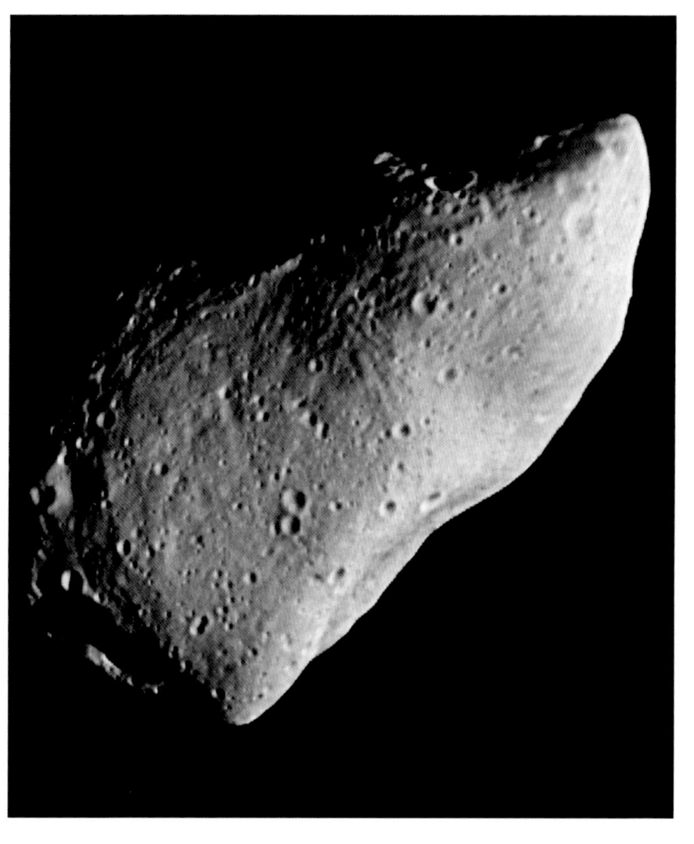

矮行星谷神星

2006 年，天文学家将最大的小行星谷神星重新归类为“矮行星”。这意味着它自身的引力可以强大到使它本身成为一个球形——这有别于其他更小的形状各异的小行星——但它并没有生长成为一个完全的大行星。成为大行星意味着它的引力要强大到能够将其他的小行星都清除出它的轨道，使它成为火星和木星之间区域的绝对统治者。

＊ 由从旁边掠过的伽利略号探测器拍摄的表面充满撞击坑的岩石小行星加斯普拉，大小为 18.9 千米 × 10.5 千米 × 8.9 千米。

5.4 观察小行星

小行星是太阳系中最难观测的天体之一。只有灶神星这一颗小行星亮到能够用肉眼观测到，即便这样，你也需要一个足够暗的晴朗天空。不过，如果有一个双筒望远镜的话，就能很容易观测到好几颗小行星了。

小行星是不断移动的天体，这使得观测它们变得更难。知晓小行星轨迹的最佳方案是利用你智能电子设备上的星图软件或者手机/平板电脑中的应用。一些天文杂志通常会给出最亮的那些小行星每个月出现在天空中的位置。

但是正是小行星的运动使得它们暴露了自己的身份。就像它们的英文名字 asteroid 蕴含的意思一样，小行星看起来像恒星。所以如果你怀疑某片天区藏着一颗小行星，就把这片星空的图样画出来。第二天晚上再看一下，如果某颗星星的位置移动了，那它就是小行星。

▽ 在后院研究小行星科学

拥有天体亮度测量设备的业余天文学家对小行星的研究有着重要的贡献。通过研究小行星的亮度变化，它们能够计算出小行星的自转周期。以休神星为例，对它的观测证明它实际上是两颗小行星在引力的作用下互相紧密绕转的系统。

小行星恰巧经过一颗恒星前面时会使恒星先消失后又重新出现。通过对这种小行星掩星时长的观测，后院天文学家同样可以推导出这颗小行星的大小和形状。

十大小行星[1]

名称	命名来源	发现年份/年	直径/千米	成分	备注
谷神星	西西里岛的守护神	1801	975	富碳	最大的小行星，也被归类为“矮行星”
智神星	智慧女神	1802	582	富碳	很高的轨道倾角（34°）
灶神星	炉灶和家庭的守护神	1807	573	岩石	在它的南极附近发现了一个巨大的环形山
灵神星	丘比特的恋人	1852	240	铁镍	可以满足人类几百万年对金属的需求
艳后星	埃及艳后克利奥帕特拉	1880	217	金属/岩石	形状像狗骨头
艾女星	希腊神话中的宁芙	1884	56	岩石	第一颗被发现有卫星的小行星
爱神星	希腊神话中的爱神	1898	34	岩石	第一颗被发现的近地小行星
赫克特	特洛伊战争中的英雄	1907	93	富碳	与木星共享轨道
法厄同	希腊神话中的太阳神之子	1983	5	富碳	最接近太阳的小行星；双子座流星雨的来源
$2010TK_7$	星表编号	2010	0.3	未知	与地球共享轨道

* 直径 525 千米的灶神星是第二大的小行星，也是最亮的小行星。这张图像是由环绕它的“曙光号”探测器拍摄的。

1 这是原作者挑选的最有特点的十颗小行星，并非十颗体积最大的小行星。——译者注

5.5 撞击地球

2013 年 2 月 15 日上午 9 点 20 分，俄罗斯车里雅宾斯克的市民以为世界末日来临了。一个明亮的火球穿越天空，在惊恐的居民上空爆炸。楼房被毁坏，飞溅的玻璃使得 1 500 人受伤。

这难道是核导弹吗？不是的，这是一颗从小行星带游荡出来的重达 1 万吨的陨石。车里雅宾斯克爆炸事件提醒人们小行星有可能在相互碰撞或者木星引力的作用下从它们本来的轨道中逃离出来。

从地球近处掠过的小行星被称作“近地天体”。我们现在已经发现了将近一千颗直径大于 1 千米的近地天体——这样大的近地天体可以毁灭一座城市。不过幸运的是，没有任何一颗是在与地球相撞的轨迹上。

当我们确实发现一颗向我们飞来的危险小行星时，太空工程师有各种各样的方案改变它的轨迹。他们可以利用无人宇宙飞船发射亮激光束使它稍微偏离轨道，或者在时间很紧迫的情况下用核武器将它炸到另外的轨道上去。

* 车里雅宾斯克火球穿过晴空的轨迹。

* 车里雅宾斯克陨石着陆的地点——一个冰封的湖泊。

大规模生物灭绝

从太空来的比车里雅宾斯克陨石大得多的石头有时会撞击我们的地球——就像恐龙的惨痛经历那样。大约 6 500 万年前，一颗直径 10 千米的小行星砸向地球上现今属于墨西哥的一个地方。它炸出了一个直径 180 千米的撞击坑，引发了巨大的海啸，同时爆炸产生的冲击波和热浪灼烧了整个地球，包括恐龙在内的大型陆生动物全部灭绝。

这样大的小行星大约每一亿年撞击地球一次。之前来自太空的撞击事件可能是大规模生物灭绝事件的主要肇因。下一次这种事情发生时，人类也许会是被瞄准的目标……

5.6 陨石

1938 年，一个纳粹科学家来到中国西藏，带回去了一个刻有卍字的古老佛像。当这座金属塑像在 2007 年重新出现的时候，科学家们有了更加重大的发现：它是用太空中掉落的一大块金属雕刻而成的。这尊佛像是真正的天外信使。

这块金属只是地球上成千上万块陨石中的一块。大部分的陨石是从小行星上掉落下来的小块，它们提供了母体横断面的样子。主要的类型有：

▽ 石陨石

大部分的陨石就是小行星外部碎裂下来的石块，也称这种陨石为石陨石。有些石陨石跟地球上的玄武岩类似，它们是灶神星经历那一次古老的撞击时炸出来的；那次撞击在灶神星上留下了一个巨大的环形山。其他一些石陨石包含陨石球粒[1]，是太阳系火热诞生时期熔化的岩石形成的小颗粒。

▽ 铁陨石

人们总是珍视金属陨石：因纽特人用 31 吨重的约克角陨石制造工具和鱼叉。这些大块的铁镍合金是一颗完全碎裂的小行星的金属内核的碎片。

▽ 石铁陨石

就像其名称所示的那样，石铁陨石是岩石和铁镍金属的混合体。

▽ 碳质球粒陨石

对科学家们的终极“奖赏”是“碳质球粒陨石”：在数十亿年间未曾变化的小行星表面的富碳岩石。它们是探索太阳系诞生时期的时间机器。

你可以在博物馆参观陨石，也可以购买陨石碎片。不过，罕见的陨石或者有着特别历史的陨石（比如车里雅宾斯克陨石的碎片）则是价值连城的：有些比同等质量的黄金还要贵。

不过从很多方面讲，陨石都是无价之宝。陨石是唯一你能握在手中但不是地球一部分的物体。

* 亚利桑那陨石坑，产生于 5 万年前一颗铁陨石的撞击，直径 1.2 千米。

1 原文 chrondrule 是拼写错误，应为 chondrule。——译者注

5.7 冥王星与柯伊伯带天体

T恤衫上写着“救救冥王星”“停止行星歧视”这样的标语。汽车保险杠上贴着“你觉得冥王星仍然是大行星，你就摁喇叭”。

这是在2006年，人们都热情地关注遥远外太空深处的一个微小世界。美国天文学家克莱德·汤博于1930年发现了冥王星，人们欢呼“第九大行星”被发现了。但是在2006年，国际天文学联合会将这颗小天体降级。现在只有八大行星，海王星是最遥远的那一颗。

到底发生了什么？天文学家发现冥王星其实并不孤单，它的身旁有数以千计的冰封世界，就像是在八大行星之外的冰冻版的小行星带。两位天文学家肯尼斯·埃奇沃斯和杰拉德·柯伊伯预言了这一区域的存在，现在通常就称之为“柯伊伯带”（虽然有些不公平）。

▽ “不和谐”的行星

2005年，美国加利福尼亚州的迈克·布朗发现了一个后来被命名为“阋神星”（Eris，英文原意为“不和”）的天体，比冥王星略大。毫无疑问，柯伊伯带肯定还有很多像阋神星一样的天体。如果它们都被归类为行星的话，行星的数目或许会超过50个。

天文学家通过投票确认“行星”这个术语仅指太阳系中最大的那些天体（除太阳以外）。冥王星和阋神星现在都被归类为“矮行星”，与小行星带中的矮行星谷神星一样。

柯伊伯带很可能有10万个直径大于100千米的天体，如果所有大小都算的话，估计有数十亿个。

＊ 冥王星（左下角）和它最大的卫星冥卫一。现今已经发现冥王星的卫星有五颗。

冥王星的卫星

对于冥王星这么小的天体，它竟然拥有一个大家庭。冥卫一“卡戎”是1978年在照相底片上被发现的。对于卫星而言，它的块头非常大，有冥王星的一半大。因此天文学家将冥王星－冥卫系统称作“双矮行星”。在那之后，天文学家用哈勃太空望远镜又发现了四颗微小的卫星，将冥王星卫星的总数增加到五个。它们可能都是在另一个天体撞击冥王星的过程中形成的；撞击出的冰块最终凝结成了卫星。

5.8 彗星

在莎士比亚的戏剧《恺撒大帝》中，这位罗马领袖的妻子卡尔普尼亚警告她那万人敬仰的丈夫说一颗闪耀的彗星预言了他的结局：“乞丐死的时候，天上不会有彗星出现；君王的凋陨才会上感天象。”

全世界的人都视彗星为不祥之兆。古代中国人将彗星称为“扫把星”，会扫除一切已存秩序。

彗星就像一把闪亮的弯曲的利剑高悬在夜空，美丽而又神秘。很多人仍然记得1997年海尔·波普彗星闪耀夜空长达数个星期。

早先科学家以为彗星是大气层的气体散发现象，直到丹麦天文学家第谷·布拉赫证明了1577年的彗星是比月球更遥远的天体。英国科学家艾萨克·牛顿坚持认为彗星也像行星一样遵从他新发现的万有引力定律。他的朋友埃德蒙·哈雷则完成了繁杂冗长的计算。哈雷发现彗星在长长的但仍然成闭环的轨道上运行，从比行星还要遥远得多的地方开始，一遍一遍地来到太阳附近。

哈雷彗星

* 贝叶挂毯上描述的哈雷彗星在1066年出现时的情景。

当哈雷开始分析那些以往的彗星观测记录时，他发现他在1682年度蜜月时看到的那颗明亮彗星与1531年和1607年发现的彗星遵从完全相同的轨道。

哈雷断定这些记录的其实是同一颗彗星在不同的时间来到太阳附近的轨迹。通过进一步的计算，哈雷认为这颗彗星会在1758年再度回来。到了那一年，这颗彗星真的又出现了。虽然那时哈雷已经过世很久，但他的名字却永远与天上的这颗彗星连在一起。

哈雷彗星是“一生仅有一次”的现象，每隔76年出现在我们的天空。哈雷彗星上一次在1986年造访的时候离地球很远，因此很暗。2061年，哈雷彗星回归的时候会更好地显现出来；而到了2134年再度回归的时候，会成为真正壮观的星空大秀。

* 1986 年 3 月上旬，回归的哈雷彗星在复活节岛那引人注目的石像上空闪耀。

5.9 彗星的一生

一颗彗星的一生从一个混杂着尘埃的冰雪球开始。这颗遥远的脏雪球与一大群冰山一起环绕在太阳系的周围，距离相当于离我们最近的恒星的一半。这一彗星的家园最早是由爱沙尼亚天文学家恩斯特·奥匹克与荷兰天文学家扬·奥尔特预言的，现在被称作“奥尔特云”。

偶尔，一颗经过的恒星的引力，或者银河系本身的引力效应会使一颗彗星脱离奥尔特云，开始它飞向太阳的旅程。

当它接近太阳的时候，太阳的热量使得这颗娇小固态核中的冰开始升华，逐渐增大成为一团发光的气体围绕彗星“头部”，同时还有一些细小的尘埃斑块，这被称为“彗发”。2007年，“霍姆斯”彗星蓬松空洞的彗发甚至跟太阳一样大。

太阳风，也就是从太阳源源不断吹出的带电粒子，打在彗发上，产生出一个长长的、笔直的、散发着荧光的彗尾。与此同时，彗星的尘埃颗粒被太阳光的辐射压力向外推，形成第二条有些弯曲的彗尾。

在彗星的彩色图像上，你可以看到气体彗尾发出蓝色的光，而尘埃彗尾则显现黄色。它们基本上都位于背离太阳的方向。当彗星从太阳附近重新返回深空时，它的彗尾是在前面的。

如果一颗彗星重复接近太阳，就像哈雷彗星那样，天文学家可以很精确地预言它会有多亮。不过，对于头一次接近太阳的彗星，这个任务就难多了。当2012年艾森彗星被发现的时候，天文学家预言它会是百年一遇的“世纪彗星”。但是它变亮的过程比人们想象的慢得多，而且在2013年接近太阳的时候完全碎裂了。

* 明亮的海尔－波普彗星的轨迹照亮了1997年的夜空。它有两条彗尾：蓝色的气体彗尾正指背离太阳的方向；尘埃彗尾则稍微弯曲。

5.10 彗星的近距离特写

1986 年 3 月，一架名为“乔托号”的欧洲空间探测器以百倍于步枪子弹的速度视死如归地直接跳进哈雷彗星的彗发中。彗星的尘埃颗粒擦伤了这架探测器，但它仍然完成了它的独特使命：在彗星的内部拍摄第一张固态彗核的近距离特写。

“乔托号”发现哈雷彗星的彗核大约 15 千米长，形状像花生，混杂着冰和岩石，并不断向外喷发气体和尘埃。令天文学家颇感意外的是，这颗脏雪球几乎是全黑的，它的表面覆盖着暗色的焦油复合物。

从那以后，深空探测器一共拍摄了其他五颗彗星的彗核。“星尘号”探测器在飞越维尔特 2 号彗星的时候还收集了它的尘埃颗粒样本带回地球进行分析。“深度撞击号”探测器以极其壮观的方式探索了坦普尔 1 号彗星：它向彗核发射了一个很重的铜制撞击器来看看彗核里面有什么。

2014 年，“罗塞塔号”探测器进入环绕丘留莫夫 - 格拉西缅科彗星的轨道，从而能够近距离观察彗星逐渐被太阳加热的情况。这架探测器发现这颗仅有几千米大的彗星[1]看起来像一只橡胶鸭玩具。它的“身体”和“头”像是分立的彗核融合在一起。“罗塞塔号”释放了一个着陆器进一步研究彗星的表面。

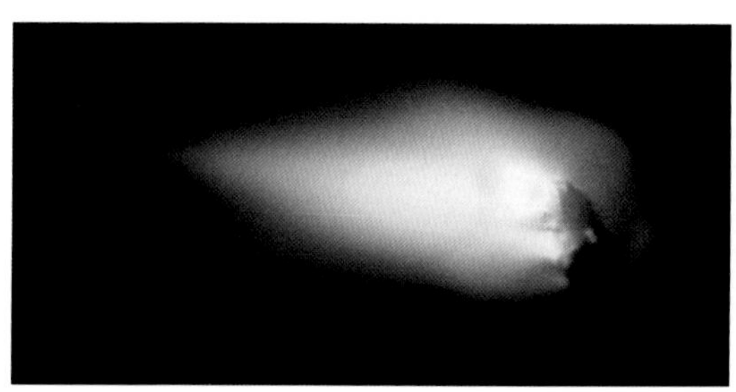

* 近距离接触哈雷彗星：乔托号拍摄的晦暗彗核。

十大彗星[2]

名称	发现年份 / 年	最近一次飞越太阳	周期 / 年	备注
哈雷彗星	公元前 240	1986	76	第一颗计算出轨道的彗星
1106 年大彗星	1106	1106	1 000 ?	明亮的掠日彗星：1882 年大彗星和池谷 - 关彗星的母体
莱克塞尔彗星	1770	1770	6	距离地球最近的彗星（现已失踪）
恩克彗星	1786	2013	3.3	周期最短的彗星
1882 年大彗星	1882	1882	800	迄今为止最亮的彗星（亮度超过满月）
1910 年 1 月大彗星	1910	1910	57 000	比同在 1910 年回归的哈雷彗星更亮
池谷 - 关彗星	1965	1965	1 000	20 世纪最亮的彗星
舒梅克 - 列维 9 号彗星	1993	1994	2（环绕木星）	坠入木星
海尔 - 波普彗星	1995	1997	2 500	肉眼可见时间最长的彗星（1.5 年）
艾森彗星	2012	2013	新发现的彗星	掠过太阳时解体

1 原文 coment 是拼写错误，应为 comet。——译者注

2 这是原作者挑选的最有特点的十颗彗星，并非十颗体积最大的彗星。——译者注

5.11 观察彗星

彗星是夜空中最不可思议的天象之一——尤其是像海尔－波普彗星那种可以统治夜空的明亮彗星。观察彗星的困难之处在于肉眼可见的彗星是很少的，间隔也很长，而且无法预测。

时常关注一下天文媒体和科学网站，你有可能提前知晓可能会很亮的彗星。这些地方还会提供预报和星表。大部分的星图软件和应用都会通过自动更新给出新彗星的位置，也会给出已经飞越过太阳很多次的已知彗星的轨迹。这些彗星只能用双筒望远镜或者天文望远镜看到。

观察彗星有一条黄金法则：你需要一个非常非常暗的夜空。一点点的光污染都会将彗星的弥散光淹没掉。用肉眼观察长长的彗尾是最好的，双筒望远镜最好用来观察彗发。

即便是最强大的望远镜也无法揭示出微小的雪球彗核，但你有可能看到彗核向彗发喷射出的气体。

最令人神往的是你不知道下一刻会发生什么。彗发有可能突然膨胀增大。你可能会看到彗尾中的条条光带，或者太阳风将气体彗尾完全吹离。就像重要的彗星发现者大卫·列维所说：“彗星就像猫一样，它们有尾巴，它们总是随心所欲。”

发现彗星

新的彗星有可能在任何时间出现在夜空中的任何地方。很多彗星都是业余天文学家发现的。传统上，彗星以发现者来命名，比如1997年明亮的海尔－波普彗星是分别由经验丰富的彗星猎手阿兰·海尔和菜鸟天文学家汤姆·波普独立发现的。

现在寻找彗星已经没有那么浪漫了。这是由于大规模自动化的巡天望远镜在深空中发现了越来越多的彗星。有很多彗星以发现它们的天文台命名，例如2013年泛星彗星。即便如此，近几个世纪以来最亮的彗星之一麦克诺特彗星是机警的天文学家罗伯特·麦克诺特在他寻找近地小行星的过程中于2006年发现的。

* 一位业余天文学家用小型望远镜研究海尔－波普彗星。在北半球的夜空，这颗彗星比除天狼星之外的所有恒星都要亮。

5.12 流星

“1833 年 11 月 12—13 日夜间，如暴风雨般的星星坠落在天空中爆发……在波士顿，流星坠落的频率已经赶上一次典型暴风雪的雪花坠落频率的一半了。流星的数目……数也数不清。”这就是天文作家艾格尼兹·克勒克对那场壮丽的天空焰火秀的描述。那场秀将天文学家的注意力转移到流星上来。

直到那以前，天文学家认为流星不过是大气里的闪光，就像闪电一样。这时，人们明白了流星实际上是从天空中来的。今天，我们知道了流星是年老彗星掉落下来的尘埃碎片。它们闯入地球的大气层，在我们上空大约 100 千米处燃烧殆尽。

尽管这些尘埃碎片带来了壮美的星空秀，但它们其实很小，并不比速溶咖啡的颗粒大多少。它们的速度最高可达每小时 25 万千米，因此携带巨大的能量。这些能量转化成为它们燃烧的光和热，留下一条长长的闪亮的轨迹。有些还留下明亮的余晖、一连串的烟尘。

大部分的流星都是亮白色的，不过有些显现出更加鲜活生动的颜色。这些色调可能来自大气中被加热的原子，就像是绿色或者红色的极光那样；又或者来自流星本身所带的各种矿物质；金属钠产生黄色，金属铜则产生绿色。本书的原作者之一海瑟·库珀就是在年轻时看到一颗明亮的绿色流星之后成为天文学家的。

火流星

那些最亮的流星比夜空中所有的恒星和行星都要亮，称作“火流星”。火流星的产生原因有可能是从小行星上掉落下来的一大块岩石进入地球大气层燃烧最终变成陨石（见 5.5～5.6 节），或者是人造卫星重新进入大气层之后燃烧自己（见 5.17 节）。

* 一颗流星闪耀在位于智利阿塔卡马沙漠的阿塔卡马大型毫米波/亚毫米波望远镜阵列（ALMA）上方。

5.13 流星雨

258 年 8 月 10 日，一位名叫劳伦斯的基督教执事在罗马殉教。其间，意大利的居民充满敬畏地看着燃烧的“圣劳伦斯眼泪”从天空中坠落如雨。

这些流星确实是在燃烧，尽管它们是固体岩石颗粒而非眼泪。这些颗粒是来自斯威夫特－塔特尔彗星的碎片。当地球在每年的同一天运行到这颗彗星的碎片径迹中时，我们就会看到这场流星雨。根据观看者的视角，这些流星像是从天空中的某一点散发出来的（称为“辐射点”）；这一点位于英仙座，因此这场天空焰火秀就被称为英仙座流星雨。

每一年地球都会穿过包括哈雷彗星在内的几颗不同彗星的径迹。因此，在特定的日期前后我们都能够看到流星雨。像英仙座流星雨一样，每次流星雨都是以其辐射点所在的星座命名的。（有一个壮观出现在一月份的流星雨是以一个取消了的星座命名的：象限仪座。这个星座现在是牧夫座的一部分，位于大熊座的熊尾附近。）

主要的流星雨

名称	母体	峰值日期	每小时流星颗数	备注
象限仪座流星雨	消失的彗星 2003 EH1	1 月 3—4 日	80	明亮的多彩流星
天琴座流星雨	佘契尔彗星	4 月 22 日	10	尘埃颗粒比例高
宝瓶座 η 流星雨	哈雷彗星	5 月 5—6 日	40	流星速度快
英仙座流星雨	斯威夫特－塔特尔彗星	8 月 12—13 日	80	火流星比例高
猎户座流星雨	哈雷彗星	10 月 21—22 日	25	流星速度快；遗迹存在时间长
狮子座流星雨	坦普尔－塔特尔彗星	11 月 17—18 日	30	非常快速的流星
双子座流星雨	小行星法厄同	12 月 13—14 日	100	慢速明亮的流星

流星暴

偶尔的情况下地球正好闯入致密的彗星碎片带中，我们就会看到流星暴。1966 年，美国西部的人很惊讶地看到通常稳定的狮子座流星雨变成了一次名副其实的大暴发——每秒钟都有数十颗流星。

* 流星雨：这幅 1799 年 11 月 12 日的版画描述了海洋上空狮子座流星暴发的场景。

5.14 观察流星

后院观测家们通过监测流星雨对天文学做出了极为有价值的贡献。流星可能在任何时间出现在任何地方，因此人眼，而非望远镜，是观测流星的最好工具。

要想最好地观察这天上的焰火秀，最好远离城市灯光。为自己准备一把舒服的躺椅，穿暖和些，然后躺下欣赏这一场大秀。不要只集中在辐射点上；你会发现大部分的流星会出现在任何方向的 45° 仰角处。最好的观测时机是在午夜 12 点之后，因为这时你就在地球绕太阳公转运动的前方了。

* 2002 年于西班牙拍摄的狮子座流星雨。辐射点清晰可见，就在狮子座的“镰刀”里[1]。

▽ 流星派对

你自己的眼睛只能看到部分天空，所以估计你能看到的流星只有 5.13 节的表格中所列数目的一半。为了捕捉到尽可能多的流星，也为了享受到更多的乐趣，开一个流星派对吧。跟朋友们聚在一起，分别看不同方向的天空。参加派对的其中一位成员负责记录下来所有看到的流星；记得要用发红光的手电照明和一个准确的钟来计时。

当你看到流星时，要大声喊出来。你应该说出来它跟附近的恒星比有多亮（参见 7.1 节恒星的星等），以及它是从辐射点出来的还是从其他任意方向出来的零散流星。最理想的情况是拿根线对准流星，记住它的位置，然后在星图上把流星的运行轨迹画出来。同时也记录下来任何不寻常之处，比如持续发光的尘埃带。

最后一点，也要仔细地听。你有可能会听到碎裂或者嘶嘶的声音。这很可能是流星发射出的低频无线电波使你附近的物体振动起来，比如松针、干草，甚至是你眼镜的金属框架。

---

1 指狮子座头部和前腿部的几颗亮星组成的镰刀形状。——译者注

5.15 黄道光

在一个日落之后的晴朗傍晚，找一处远离城市灯光的地方，你可以在西方看到一条很高的金字塔状的光带。它比暮光持续的时间长得多，而且它不是紧贴着地平线，而是形成一条向上的暗淡光带。仔细看，你会发现这条光带穿过黄道十二星座（黄道是行星的运行轨迹）。

能看到黄道光是幸运的。这一光带很难被发现，很多天文学家从来就没有这样的运气看到它。除了需要一个非常晴朗和黑暗的夜空之外，黄道光只有在春季和秋季才能看到。这时黄道光与地平线所呈的夹角比较大。

在黎明之前的东方也有可能看到黄道光。12 世纪的诗人和天文学家欧玛尔·海亚姆在波斯沙漠的夜空很清晰地看到了被他称为“假黎明”的黄道光，并认为这值得用葡萄酒来庆贺：“当虚假的黎明以东方灰冷的光破晓，把葡萄藤的纯净血液倾入你的杯中吧。”

* 黄道光锥点亮了智利帕瑞纳山周围荒漠的夜空。这里有欧洲南方天文台的甚大望远镜。

对日照

非常暗淡的黄道光延伸到整个天空。其中在和太阳正好相对的位置，有一块面积很大、略微更亮的光斑，被称作“对日照”(Gegenschein；德语词，意为“对着发光”)。这是太阳光被更强地反射造成的，就像汽车的大灯被高速公路的指示牌反射。你只能在“对日照”高悬在夜空并且远离更亮的银河时才能看到它，通常是在晚秋或者早春。

黄道光是太阳系中总体呈扁平煎饼状分布直到火星轨道的尘埃颗粒反射出的光雾。这些尘埃颗粒是年老的彗星和小行星碰撞产生的。地球在围绕太阳公转的过程中，每年都会收集 4 万吨这样的尘埃。

5.16　夜光云

在炎热的夏夜，你有可能非常幸运地捕捉到最鬼魅的天象——夜光云。Noctilucent Clouds这个名字来自拉丁语，意为“在夜晚闪亮”。这些冰晶构成的云散发出蓝白色微光。这些云是被地平线之下的太阳照亮的，通常在南北纬50°—70° 可以看到它们。夜光云是在地球两极上空形成的，所以你要对着两极的方向看。

我们为什么要在这样一本天文学书籍里讨论“云”呢？首先，这是地球上最高的云层。在80千米的高度，这里已经是太空的边界。其次，宇宙来的尘埃有可能是形成夜光云的原因。

在如此寒冷的高度，水蒸气冻结成微小的冰晶，但这些冰晶需要凝聚在固体的核上。很多科学家认为从太空慢慢飘落进地球大气层的宇宙尘埃就充当了这样的固体核。

不过夜光云的起源仍然是有争议的。它们最初是在1885年被发现，那时正值东印度洋的喀拉喀托火山爆发后不久。因此固体核有可能来自火山灰尘。一些其他科学家将其归因于工业革命以及由此增加的大气污染，其他科学家将其归因于火箭发射向太空排放的尾气。

无论夜光云是如何产生的，它们变得越来越常见了。所以我们可以在夏天的夜晚期待看到更多这种绚丽的彩云了。

* 令人眼花缭乱的夜光云，拍摄于加拿大艾伯塔省的布拉格溪的午夜。

5.17 人造卫星

你在户外观察时，用不了多久你就能发现一颗“星”缓慢又稳定地划过天空，也许会忽明忽暗，但最终还是会从视野中消失。你看到的是数以千计的人造卫星中的一个。人类将这些卫星发射到太空。它们正在环绕地球运行。

绝大部分的人造卫星都运行在“近地轨道”，距离地面仅有几百千米。你看到它们是因为它们反射了阳光，就像那些飞得很高的飞机。在傍晚看到的人造卫星通常都会进入地球阴影消失不见。另外，在日出之前，你有可能看到人造卫星突然出现，这是因为它们脱离了地球的阴影，沐浴到了拂晓的阳光。

> 国际空间站
>
> 如果你看到一个比任何星都要亮的光点威严地划过天空，向它招招手。这就是通常会搭载大约六位宇航员的国际空间站经过你的上空。这一空间站从 2000 年 11 月起就持续不断地有来自 15 个不同国家的宇航员驻站，进行失重状态下的科学研究，以及通过他们独特的视角观察我们的地球和宇宙。

通常来讲，人造卫星的运行轨道是从西向东。这样的话，它们发射的时候可以借助地球本身的自转速度。如果你看到一颗从北向南运行的卫星，那么它是被放到可以巡视地球表面的所有区域的轨道上的，用来观察天气、监测环境变化，甚至刺探其他国家。

想看到比较亮的卫星的话，你需要在观星 App 上查询一下在你的位置能看到什么。

▽　铱星闪烁

形状不规则的卫星反射阳光时，卫星的亮度会发生变化。最极端的情况是铱星通信卫星。它们通常都非常暗，不容易看到。但是当太阳光正好照射到它的一个巨大的抛光天线板时，铱星会闪耀几秒钟——有的时候甚至比金星还要亮。这些被称作“铱星闪烁”的闪光偶尔可以亮到白天都可见。

*　“回声号”划过天空的轨迹，这一轨迹正好位于银河系中心前面。

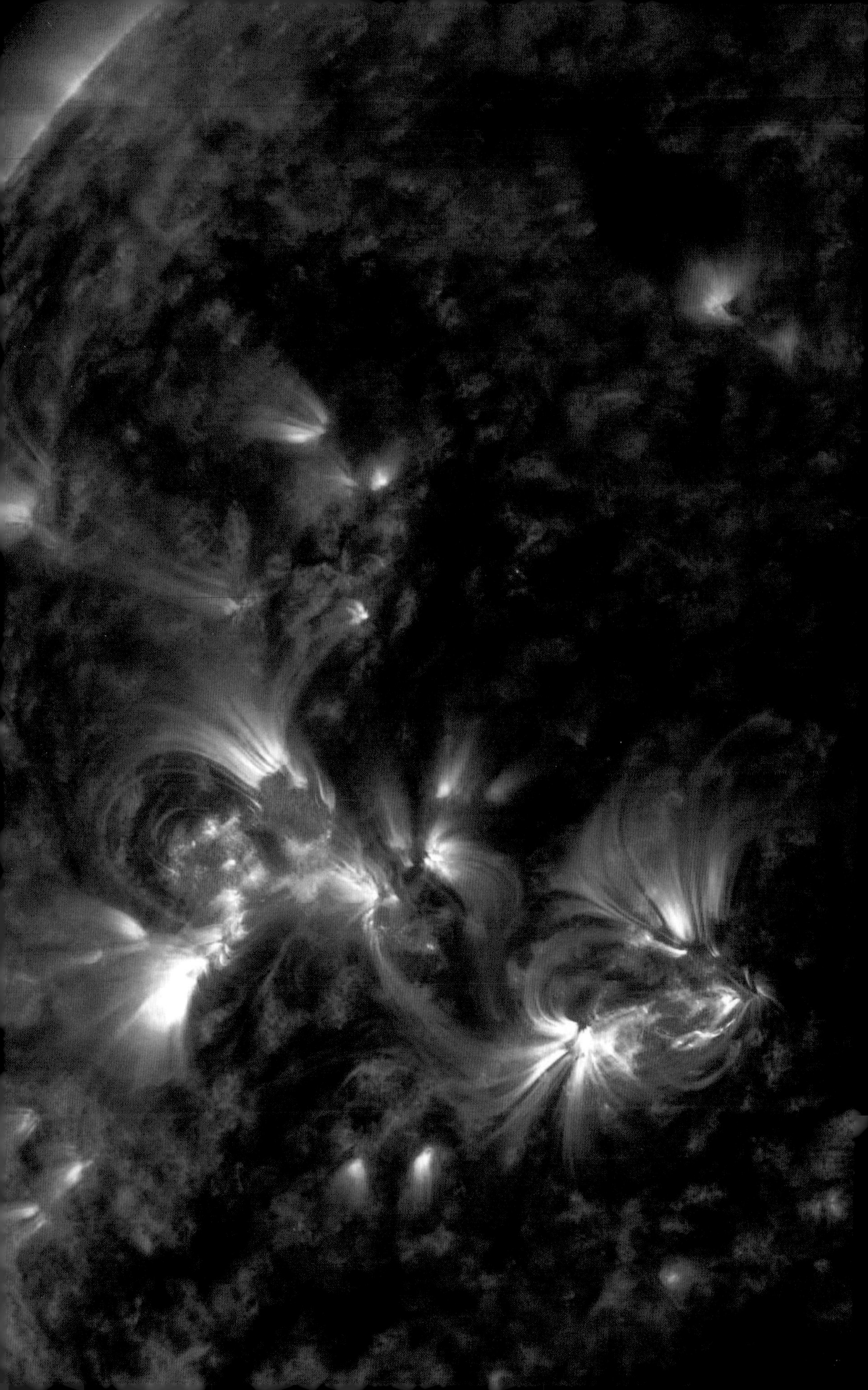

第六章

如火骄阳

6.1 引言

它雄伟而明亮，当它从我们的视线中消失后，我们就坠入阴冷迷乱的黑夜。不难理解为什么在整个人类历史当中，世界各地各个年代的人们都把太阳尊奉为神明。

在丹麦沼泽中发现的一尊骏马拉太阳战车的雕像可以追溯到将近三千年以前。阿兹特克人以人祭来取悦他们的太阳神托蒂纳乌。说点儿令人愉悦的事情：一个澳大利亚的土著部落将太阳视为在黑暗地球上降生的女生，举着燃烧的火炬升上天空。

在宇宙中我们自己的这片角落里，太阳无疑是最重要的天体。除了带给我们光亮之外，太阳还提供热量，使地球不会冰封在寒冷的太空中。太阳的引力使地球保持在安全距离的轨道上运行，同时也控制着其他行星以及太阳系的小天体直到最遥远的彗星。

太阳之“最”数也数不完。太阳的质量比所有行星质量加起来还要大一千倍。太阳大到足可以装下一百万个地球。太阳中心的温度高达 1 500 万摄氏度。在这样的熔炉里，将氢聚变成氦的核反应释放出大量的能量。太阳真的就是一个慢动作的氢弹。

尽管如此，让我们从太阳系退后到宇宙空间，我们发现太阳远远没有那么特别。太阳是一颗恒星，跟我们在夜空中看到的成千上万颗星是一样的。按照天文学的话说就是，诞生于大约 46 亿年前的太阳正值壮年。太阳的各项指标也是中等，有很多恒星比它更热、更亮，也有很多恒星比它更暗、更冷。

对于我们而言，太阳仍然是特别的。太阳是唯一一颗我们能够近距离观察的恒星。没有太阳，也就没有我们。太阳真的很棒。

* 带来生命的太阳——我们自己的恒星。

太阳参数

直径	140 万千米
质量	地球的 33.3 万倍
自转周期	25 天
表面温度	5 500 ℃

6.2 白日之星

太阳主导着我们的生活。我们大概在清晨日出时醒来，这是身体里的激素在日光的作用下的结果。当太阳落山，滋养生命的阳光都消失时，我们会感到困倦，进入梦乡。

古埃及人甚至给一天中各个时刻的太阳赋予不同的名字。太阳升起的时候，它是凯布利，一只神化的圣甲虫推着它的粪球——也就是太阳——升出地平线。在正午的时候，它是伟大的拉——埃及的众神之主——乘坐它的太阳船穿越太空。落山的太阳是阿图姆——创造宇宙的神。

现在我们知道了并不是太阳本身在天空围绕着地球每天转一圈，而是地球每 24 小时自西向东自转一圈，所以太阳看起来在向相反的方向运动，东升西落。

我们将一天分为 24 小时就是从古埃及流传下来的。古埃及人认为太阳落山之后要经过 12 道门，也就是将夜晚划分为 12 小时。白天也是类似的分法，因此一天包含 24 小时。

古埃及人还发明了日晷[1]这一直到 19 世纪仍然很重要的计时工具。当太阳在天空中移动时，它将日晷针的影子投射到基座上。人们识

＊ 歌颂太阳：在埃及帝王谷发现的这幅壁画描绘了太阳神拉和女神玛亚特。

1 日晷在世界各地都有，也分很多种，其中赤道式日晷是由中国人发明的。——译者注

别基座上所标的小时和分钟就知道时间了。

鉴于在每年不同时刻太阳在天空中的高度会有变化，日晷针必须被调整在正确的角度（等于日晷所在的纬度）才能在所有季节都能够准确地指示时间。

* 一天中的时间变化：太阳在天空中运行时日晷能够指示时间。

6.3 地球公转轨道与闰年

这一真相的揭示也许是人类历史上最震撼的时刻：我们脚下坚实的大地实际上正在以比步枪子弹还要快的速度在宇宙空间中穿梭。现在我们对于地球绕着太阳转这一认知早就习以为常了，但是当波兰牧师尼古拉·哥白尼在1543 年提出这一点的时候，他是在挑战几乎所有人的信仰。

地球每年围绕太阳公转一周。不过不太方便的是，一年的长度并不恰好是整数天：我们绕太阳一周并回到原点的时间比 365 天稍微长一点儿。尤利乌斯·恺撒意识到如果我们将每年定为 365 天，用不了多久日期和季节就不同步了。他访问克丽奥佩托拉时请教了埃及的天文学家，而他们建议将能被 4 整除的年份定为“闰年”——这一年的二月会比其他年份多一天。

这样定下来的日历其实是假设每年的长度正好是 365 天 6 个小时，但实际上要比这个短 11 分钟。经过多个世纪之后，这一误差越积越多，日期开始偏离季节了。大约 1100 年的时候，波斯天文学家和诗人欧玛尔·海亚姆发明了一种新的设置闰年的规则。他制定的历法现在仍然在伊朗使用。

远近不同

地球绕太阳公转的轨道不是一个完美的圆，而是像鸡蛋一样的椭圆。我们在 1 月 4 日前后离太阳最近（称为近日点），在 7 月 5 日前后离太阳最远（称为远日点）。

在西方，教皇格里高利十三世在 1582 年重新修订了历法，规定所有的世纪年（即能被 100 整除年份）只有能够被 400 整除（而非被 4 整除）的时候才成为闰年。当新历法颁布的时候，欧洲各地的工人发生了骚乱。因为新历法一下子划掉了好几天，工人这几天的工资也就没有了。不过格里高利历的日期在未来至少 8 000 年内都会和季节保持一致。

* 波斯诗人、天文学家和生活奢靡之人欧玛尔·海亚姆发明了一种历法，其精度可以媲美现代历法。海亚姆历法现今仍然在伊朗使用。

6.4 四季变化

冬天寒冷，夏天炎热。这种季节的变化跟地球距离太阳的远近无关——这是因为我们地球的赤道和公转轨道有一个夹角。6月，北半球这边朝向太阳。人们能看到天上的太阳比较高，阳光直射地面，带给北半球炎热的夏天。同时，南半球背离太阳，那里的国家正在经历寒冷灰暗的冬天。

6个月之后，情况就反过来了。南半球的国家沐浴在夏日高悬在天空中的太阳所给予的光与热中；而北半球则处在寒冷的冬季。

随着季节的变化，我们发现太阳升起和落下的方向也会沿着地平线移动。两千多年前居住在秘鲁查基洛的人在山边建造了一系列的石塔，日落的位置可以作为日历标记着月份。

在6月21日北半球夏至那一天，太阳升起（和落下）在最北边。北半球拥有一年中最长的白天。相反，在12月22日北半球冬至这一天，太阳升起和落下在最南面。在南半球，前述那两个日子分别是冬至和夏至。

大约在冬至和夏至的正中间，太阳直射到赤道上。它在正东方升起，正西方落下。这些日子（大约在3月20日和9月22日前后）称为春分和秋分，因为白天和夜晚长度相等。

太阳的冬季神庙

在爱尔兰的纽格莱奇墓，冬至这一天升起的太阳的光线可以通过长长的通道照射入深藏的墓室。在同一天日落的时候，太阳会照进苏格兰奥克尼群岛上的史前墓葬梅肖韦古墓的内部。世界各地的很多其他石质建筑都会在白天最短的这一天与太阳排成一列，古人会在这一天祈祷太阳的温暖与光亮能够回归大地。现代的德鲁伊教徒会聚集在英格兰南部的巨石阵欢庆夏至，但他们有可能来早了六个月。这个巨大的纪念碑很有可能也是依据冬至的日落而建造的。

* 冬至那天，太阳从这13座石塔中最左边的那一座后面升起。这13座石塔构成了新近在秘鲁查基洛发现的太阳天文台。随着月份的推移，太阳依次从不同的石塔后方升起，标志着一年的演进。

6.5 观察太阳

太阳是最容易观察的天体了。你不需要熬夜，不需要忍受夜晚的寒冷，也不需要担忧光污染。不过，跟夜空中的所有天体不同，观察太阳是危险的。它释放出夺目的光和灼烧的热。

▽ 日食眼镜

在日食发生的时候，商店和当地的天文协会售卖或发放一种特殊的纸板太阳镜，它有颜色很深的镜片来观测太阳的食相。实际上，在任何时候你都可以通过这种“日食眼镜”用肉眼观察太阳。

用肉眼直视太阳是很危险的。永远不要用双筒望远镜或者天文望远镜直接观测太阳，这可能会使眼睛永久失明。在这几页你可以学到一些安全地观察我们自己恒星的方法。

▽ 用双筒望远镜或者天文望远镜投射太阳

不要用望远镜直接去看太阳，而是将望远镜对准太阳，通过最小化它投在地上的影子。然后在望远镜的后端放一块白纸板当作屏幕，调整焦距使太阳的图像最清晰。

▽ 太阳滤光片

太阳滤光片有两种。千万不要把滤光片放在望远镜末端的目镜上。望远镜汇集的太阳的热量有可能会使滤光片碎裂，进而严重伤害你的眼睛。唯一安全的太阳滤光片是一种特殊的镀铝塑料片，称作“麦拉”（Mylar，可以在望远镜经销商那里买到）。这一滤光片要放在望远镜筒的前端。要确保滤光片没有任何刮痕或者破洞，然后将它牢牢地固定在望远镜上，保证它不会掉落。这样你就可以通过望远镜看太阳了。

▽ 太阳双筒望远镜和天文望远镜

具有内置暗色滤光片的特制双筒望远镜可以直接用来观察太阳（但其他的什么也看不了，因为这种双筒望远镜使视野里其他的东西变暗到了不可见的程度）。

你还可以购买一种太阳天文望远镜。这种望远镜配置了“窄带”滤光片，正好可以使某一种原子（通常是氢）的光通过。它可以揭示太阳低层大气那些惊人的细节。

＊ 将太阳的图像安全地投影到一张卡片上。

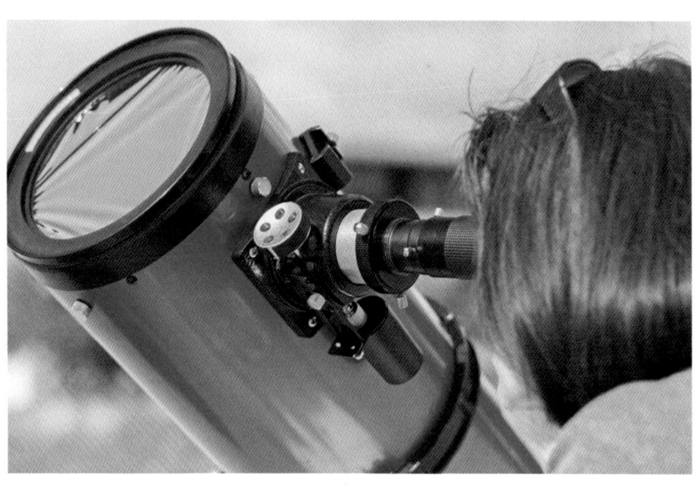

＊ 将一片镀铝的麦拉滤光片放在望远镜的前端来安全地观察太阳。

6.6 太阳内部

太阳从内到外是一整团炽热的气体球。虽然太阳没有固体表面，但我们仍然看不到太阳的内部，因为这一团灼热的气体是不透明的。尽管如此，天文学家还是研究出了太阳的内部结构。他们是通过分析太阳的能量输出，以及太阳表面的波动来研究的，就像地质学家通过地震研究地球的内部结构一样。

	与太阳中心的距离 / 千米	密度（相对于水）	温度 /℃
核心	0 ~ 17.5 万	150	1 500 万
辐射层	17.5 万 ~ 50 万	20 ~ 0.2	700 万 ~ 200 万
差旋层	50 万	0.2	200 万
对流层	50 万 ~ 69.3 万	0.2 ~ 0.000 000 2	200 万 ~ 5 500
光球层	69.3 万	0.000 000 2	5 500

他们发现太阳的内部有这样独特分明的几层：

▽　核心

太阳的核心如同地狱般。太阳中心是如此的致密，以至于它的密度比金的密度还要高 10 倍。温度又是如此之高，使得氢元素聚变成氦元素。这种核反应每秒钟将 400 万吨物质转化为能量。地球上的科学家可以通过探测一种叫作中微子的亚原子粒子来监测这一反应过程。

▽　辐射层

在这一层，太阳核心产生的能量以高能辐射（主要是伽马射线）的方式向外传播。

▽　差旋层

这一薄层中的涡流气体产生了太阳的磁场。

▽　对流层

在这一太阳的外层区域，巨大的气体流向上和向下运动，就像锅里的沸水一样。

▽　光球层

在对流层的上面，热气体变得透明。这就是我们看到的太阳“表面”。

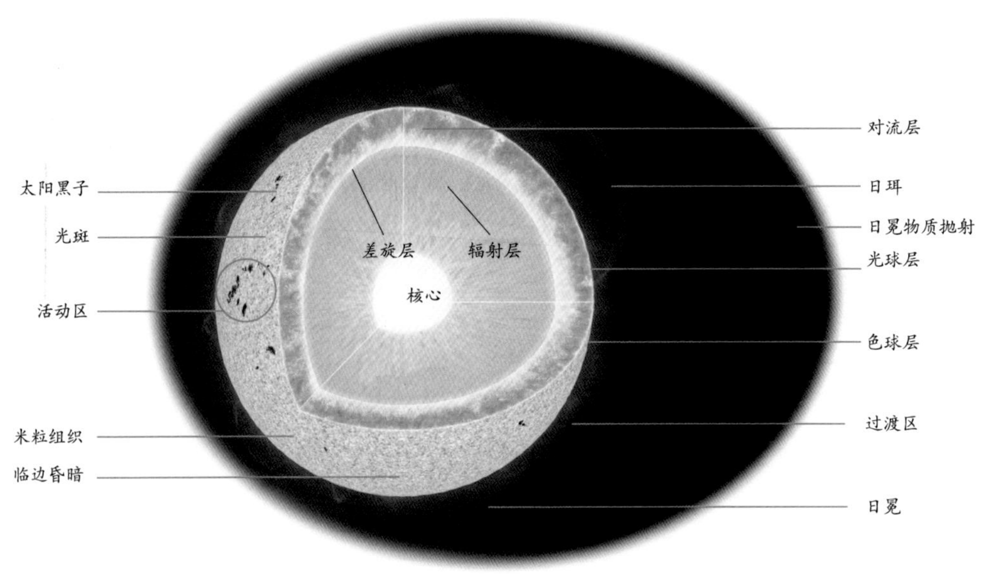

6.7 太阳表面

古代中国人在两千多年前就已经观测太阳表面的暗斑了，尽管是用占星学的语言来描述的：太阳内出现了一只乌鸦表明治理出现混乱或大干旱。

事实上，太阳的表面，也就是光球层，比眼睛看到的那个平淡无奇的圆盘有趣多了。

▽ 临边昏暗

即便是一副日食眼镜也能够让你看出来太阳的中心是最亮的。太阳明亮的光球层并不是一个固体表面，越往太阳的边缘看，越是看到了它更冷、更暗的上部区域。如果有高放大倍数的望远镜，你还有可能看到太阳边缘附近的亮片，那是光斑。

▽ 米粒组织

拉近镜头看太阳会发现它的表面就像一碗米饭。每一个“米粒”都是一股从太阳内部涌出的炽热气体的顶端。延时观测显示这些米粒组织在持续不断地运动中，就像是一锅沸腾的燕麦粥。

在观察太阳之前，一定要首先阅读6.5节的安全警示和指导。

▽ 太阳黑子

太阳黑子是太阳光辉表面的细小的暗色瑕疵。当然这只是相对于太阳这个庞然大物而言。很多太阳黑子跟地球一样大。每个黑子都有一个极黑的中心，即本影，被形似流苏不那么深色的半影包围着。太阳黑子经常成对或者成群出现，这片区域被称为“活动区”。

在黑子区域，太阳的磁场穿过表面。它给下方涌上来的能量加了一个盖子，所以形成了一个更冷、更暗的区域。不过，太阳黑子远远不是全黑的。它只是跟明亮的光球层相比看起来更暗。如果你能够单独只看一个太阳黑子，它大概看起来有月亮那么亮。

通过每天追踪一个显著的太阳黑子可以监测太阳本身的自转。

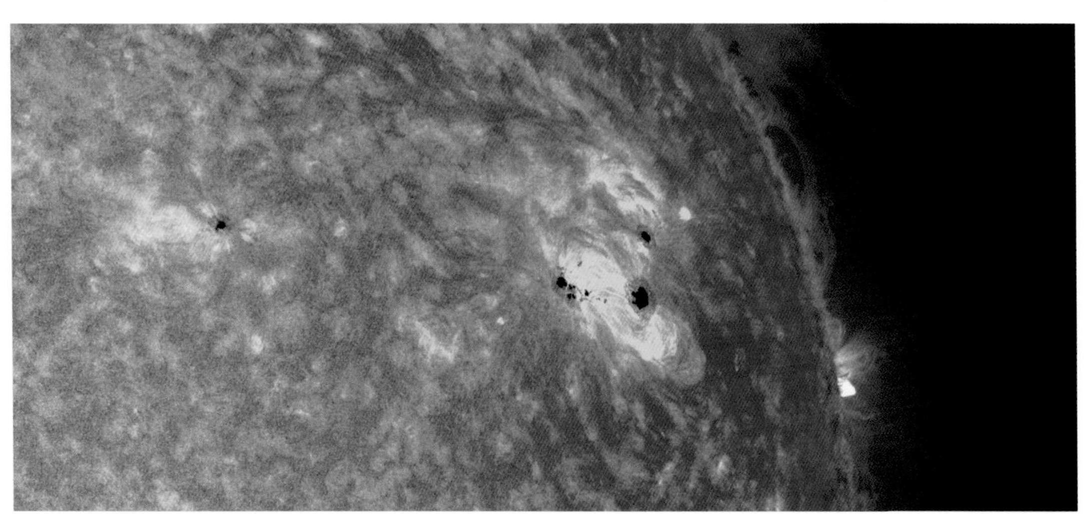

* 黑子在活动的太阳表面留下了斑斑点点。虽然太阳黑子看起来比温度高达5 500℃的光球层要暗，但它本身也有令人生畏的4 000℃的高温。

6.8 太阳大气

在太阳表面——光球层的上方是稀薄的太阳大气，一直延伸到太空深处。事实上，地球的公转轨道也是包含在太阳大气层中的。2012年，高速飞行的旅行者1号飞船终于脱离了遥远的大气边界而进入星际空间。这个边界被称作“日球层顶”，比最遥远的行星海王星的轨道还要远四倍。

▽ 色球层

太阳大气最底层的这一薄层气体闪耀来自氢原子的粉色光芒。色球层通常都是看不到的，但是你可以用一种特殊的太阳望远镜（见6.5节）或者在日全食的时候看到它。

你也许能看到长条形的气体带高悬在色球层的上空，像是一条暗淡的轮廓或者从太阳边缘突出来的粉色闪光带。

▽ 过渡区

就像是厨房里的电磁炉一样，过渡区将太阳表面下的磁能转化为热量，将太阳大气的最外层——日冕的温度提升到100万摄氏度。

▽ 日冕

通常的望远镜是看不到日冕的（除非是在日食期间），但是它发光的磁圈能够在卫星图片里显现出壮丽的景象。像“太阳动力学天文台”这样的卫星能够观测太阳的紫外和X射线辐射。

日冕的温度如此之高，以至于它不停地将气体吹入太空。每一秒，太阳风都吹离100万吨的太阳物质。

	距离太阳表面的高度／千米	温度／℃
光球层	0	5 500
色球层	2 300	4 000 ~ 20 000
过渡区	2 300 ~ 300	2 万 ~ 100 万
日冕／太阳风	3 000 ~ 180 亿	100 万 ~ 10 万
日球层顶	180 亿	10 万

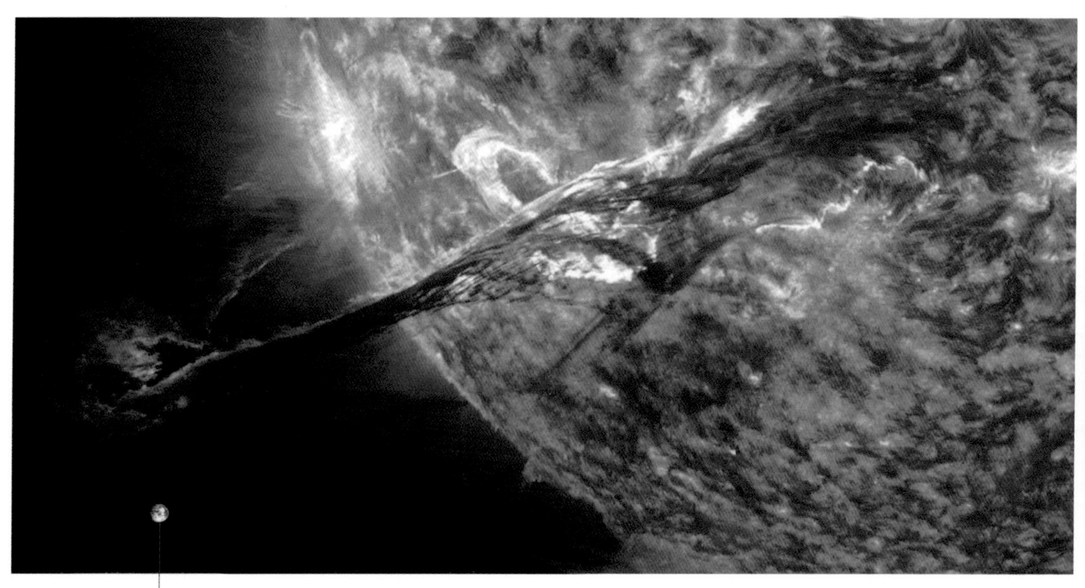

按比例的地球大小

* 2012年8月31日，日冕中飘浮的一长条带状气体被抛射入宇宙空间。这一日冕物质抛射以将近每秒1 500千米的速度奔向地球，触发了极光，见6.11节。

6.9 太阳周期

19 世纪早期，一位德国的业余天文学家海因利希·史瓦贝每天都仔细观察太阳表面的暗斑，坚持了 17 年。他以为他可能看到了一颗未知的行星穿越太阳表面。相反，他发现太阳黑子的数量以 11 年的周期增减。

太阳黑子的周期是由太阳磁场的变化造成的。磁场产生于太阳内部的差旋层，向上延伸穿过外对流层（见 6.6 节）。但是太阳赤道区的自转比极区的气体更快，因此就像拉橡皮筋一样拉伸了磁力线，直到释放出什么。

▽ 极大期和极小期

磁力线就像扭动的橡皮筋一样从一片黑子中穿出太阳表面。在一个新的周期里，最早的一批黑子出现在太阳的极区，随后的几年，黑子渐渐靠近太阳赤道，这时，太阳也即将进入“太阳极大期”。我们有可能同时看到上百个太阳黑子。

最终，磁场和太阳黑子又会消失不见。在太阳极小期，可能几个星期里太阳表面都不会出现任何黑子。

除了黑子之外，太阳还有狂乱高亢的磁场活动。当磁力线圈互相触碰时，它们会爆发出夺目的闪光，就像两根电线短路的时候那样。日冕层高出的磁暴发并不显眼，但是它们会喷射出更加危险的高热气体云，被称为日冕物质抛射。各种太阳风暴喷射出危险的粒子和辐射，肆虐整个太阳系。

太阳风暴的危险性

1989 年，当一场太阳风暴袭击地球时，它在加拿大电网中激发了大量的电流，造成寒冬中的魁北克省大面积停电，600 万人的采暖和采光受到影响。太阳天气状况也可能造成卫星导航系统和手机通信网络停摆。

1994 年 1 月的一场太阳风暴导致两颗通信卫星报废。太阳剧烈的天气变化有可能使地球的大气层膨胀，低轨卫星有可能因此而烧毁。迄今为止，太阳风暴已经对人造卫星造成总计 40 亿美元的损失。

在地球磁层包围之外飞行的宇航员处在很大的风险之中。1972 年一次有可能致命的太阳爆发很幸运地发生在两次阿波罗登月任务之间。但是将来飞向火星的宇航员有可能处在太阳爆发的致命风险中。

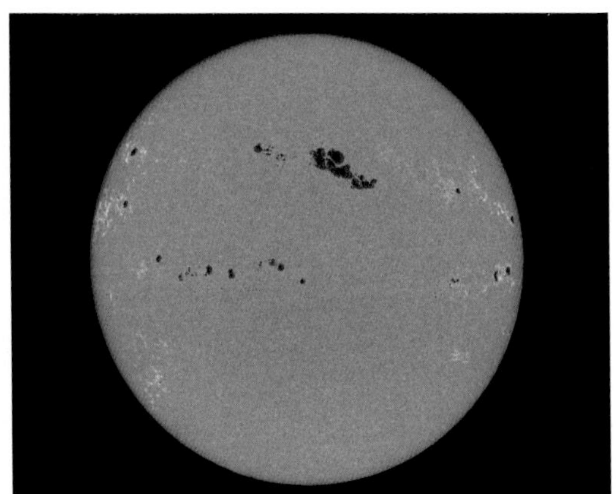

* 在太阳极大期，太阳表面上出现很多黑子。

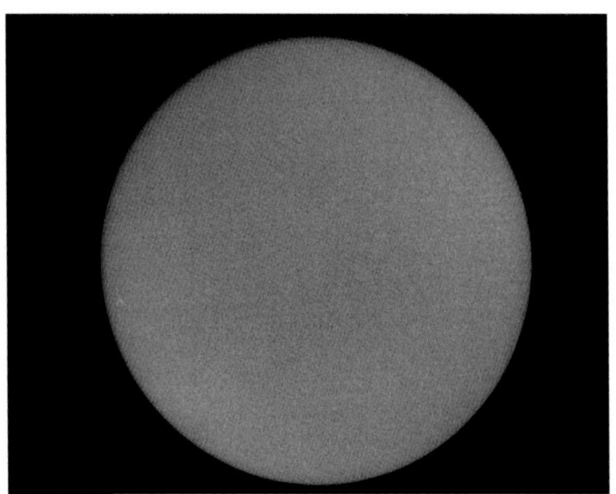

* 在太阳极小期，太阳表面平淡无奇。

6.10 日食

日全食是所有天象中最棒的那一个。灿烂的太阳被吃掉了，取而代之的是你即便在最离奇的梦中也没有见过的东西：也许是一个张着空洞黑暗的大嘴的怪异的龙面具，也许是一朵绚丽的天堂之花。

从科学上解释，我们看到月亮正好移动到了太阳前面，挡住了太阳光。太阳和月亮在天空中看起来差不多一样大。这纯粹是一个巧合（太阳比月亮大 400 倍，但是也远 400 倍）。所以日全食中月亮能全部遮住太阳的发光盘。

当月亮离地球最远时，它看起来也最小。这个时候我们能看到太阳的中心部分黑暗，边缘仍然明亮，形成光环，这就是日环食。更常见的情况是我们会看到月亮只遮住太阳的一部分，这就是日偏食。

▽ 观察日食

你需要正好处在地球上一片很窄的狭长区域才能看到日全食。有些旅行社会组织日食旅游，到天气好的地方观看日食。

在发生日偏食的时候，记得使用日食眼镜（旅行组织者提供）来保护你的眼睛，防止眼睛被太阳灼伤。当发生日全食时，太阳光全部被遮盖起来，你就可以直接用肉眼看太阳了。这时，即便用双筒望远镜或者天文望远镜看也是安全的。

月球黑影周围的一圈窄窄的粉色光带，上面也许还有些突起，这是色球层。再往外延伸着发着暗淡光芒的太阳大气外层——日冕。

这时，还可以看看周围昏暗天空中的行星和亮恒星，然后再回到太阳的壮丽景象上来。日全食阶段以“钻石环”结束：第一块重现的明亮的光球层就像这一圈色球层上闪耀的宝石。这时候要立刻拿开双筒望远镜或天文望远镜，戴上你的日食眼镜来观察我们的白日之星重新出现。

＊ 1995 年 10 月 24 日的日全食。日冕在黑暗的天空中美丽地伸展开来，重新出现的太阳在月影后面产生了“钻石环”效应。

6.11 极光

苏格兰人长期以来敬畏“快乐的舞者”：夜空中盘旋着的红色、绿色光帘和光带。根据民间传说，这些是两极地区冰盖上反射的太阳光。

事实上，太阳的确是起因，不过是通过一种完全不同的方式。每过 11 年，当太阳的磁场逐渐增强，产生更多的黑子和巨大的气体环时，它会以雪崩一样的方式向地球抛射出高温气体和辐射（见 6.9 节）。

幸运的是，我们地球的磁场就像一把看不见的伞，保护我们避免遭受太阳风暴最坏的后果。不过从太阳来的带电粒子会流向地球的磁极。当它们冲击地球大气层时，会激发大气层中的原子，氧原子发出绿光，氮原子发出红光。这时，我们就能看到一场壮美的极光表演。

当太阳风暴足够强烈的时候，像地中海和北美洲南部这样靠近赤道的地区都可以看到极光。不过，这种大自然的电光秀通常只能在靠近两极的地区才能看到：北极附近的被称为北极光，南极附近的被称为南极光。

你可以参加专门定制的飞机或邮轮之旅来充分感受这一独特电光秀的全部光辉；也可以到芬兰，躺在透明的小冰屋中温暖的床上，观看这一壮丽的画卷在你头上的夜空中铺展开来。

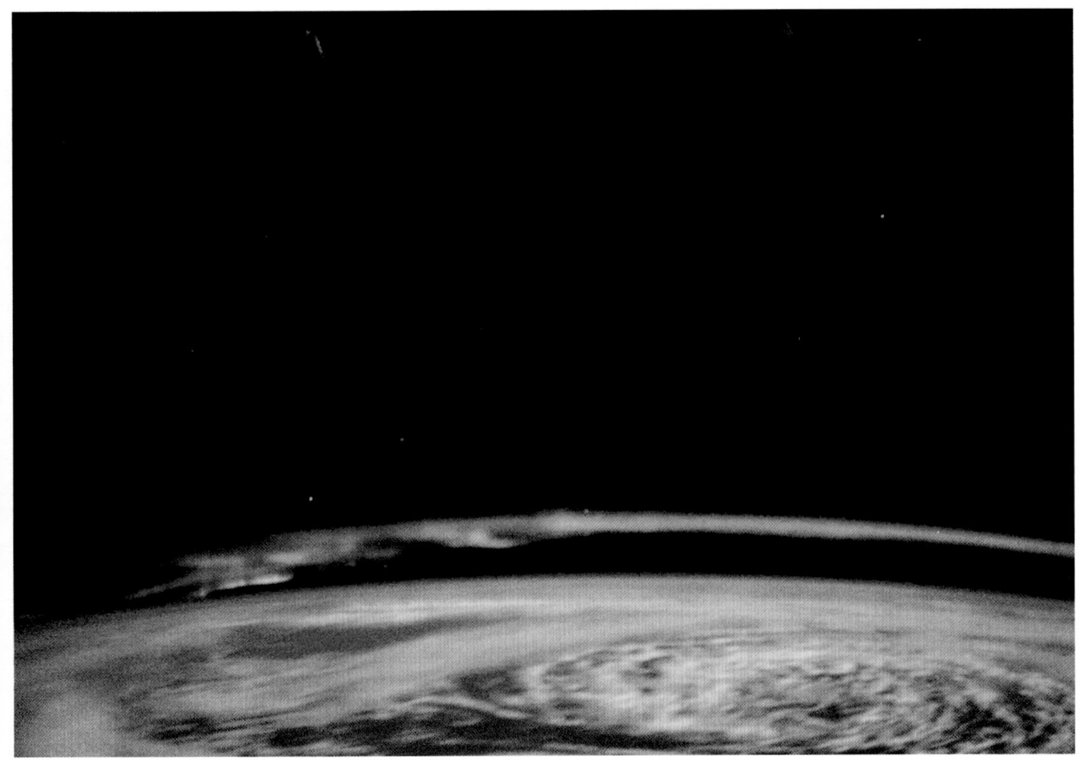

* 2008 年 3 月，“奋进”号航天飞机的宇航员在一次与国际空间站对接的任务中，拍摄到了极光萦绕地球上空的壮美景象。

第七章

璀璨恒星

7.1 引言

透明深邃的星空不仅仅是令人生畏的景象，它也引导着人类穿越了千百万年。由于地球的自转，我们头顶上的繁星周而复始，为我们提供了一个天上的计时器。在一年中，星座的变换指示了四季的变化。自古以来，这些夜空中的微小光点就在帮助人们辨别方向。

第一位将星星按照亮度来排序的人是希腊天文学家和数学家喜帕恰斯[1]。他出生在大约公元前180年，终其一生在天文学和三角学方面做出革命性的发现。喜帕恰斯编纂的星表在1 500年之后仍在被广泛使用。他将星星分成六个亮度等级：一等最亮，六等最暗。

* 标志性的猎户座，代表着强大的猎人俄里翁。在他的腰带三星下悬系着他的剑，镶嵌着猎户星云。那里是恒星的摇篮。

1856年，英国天文学家诺曼·普森将喜帕恰斯的亮度等级量化为我们今天使用的“星等”系统。在普森给出的标度上，一等星比六等星亮100倍。令人困惑的事情是有些星比一等星还要亮，而且这些星的星等是负数（就像明亮的天狼星）。

通过天文望远镜，你可以看到更暗的星。一架典型的口径为150毫米业余天文望远镜可以让你看到最暗至13等星。在大气层外环绕地球飞行的哈勃太空望远镜能够发现31星等的恒星和星系！

不过，光污染已经毁掉了我们观察夜空的视野。在城市里，你最多也就能看到3等星。而在郊外晴朗的夜晚，比如专门开辟的暗夜公园，你能够看到3 000颗星，最暗的有6等（肉眼的极限了）。

对于最亮的星的列表，参见附录A.2节。

1 又译为依巴谷。——译者注

7.2 为恒星命名

为什么最亮的那些恒星都有奇奇怪怪的名字呢？原因是这些名字在古代就已经有了，一代一代地流传到了今天。西方最早的星星的名字，包括最初的一批星座，很有可能来自巴比伦人或者迦勒底人，但这些名字很少有流传下来的。希腊人拿到了接力棒。最亮的恒星的名字 Sirius（即天狼星）就来源于希腊人。它的字面意思是“大热天”，因为它在夏天最炽热的日子里离太阳最近。

不过流传到今天的星星的名字却大多是波斯天文学家的杰作。在 6—10 世纪的“黑暗时代”，他们接过了给星空命名的任务。这也是为什么那么多西方的恒星名字是以“Al”开头（阿拉伯语中的“the”）。Alioth（北斗七星中的“玉衡”）是大熊座尾巴上的第一颗星的名字，它的字面意思是“东方绵羊的肥大尾巴”，或许是因为在中东的沙漠里绵羊比熊更常见吧。天鹅座中的 Deneb（即“天津四”）也来源于阿拉伯语，意思是飞鸟的尾巴。

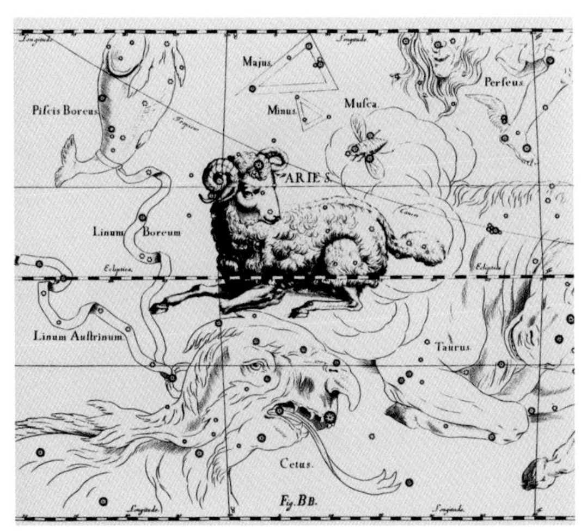

* 一幅刻画了“白羊座”的铜版画，由约翰·拜尔在他雄心勃勃的星图著作《测天图》中所描绘。

希腊字母	中文读音	希腊字母	中文读音
α	阿尔法	ν	纽
β	贝塔	ξ	克西
γ	伽马	ο	奥米克戎
δ	德尔塔	π	派
ε	艾普西隆	ρ	柔
ζ	泽塔	σ	西格马
η	伊塔	τ	陶
θ	西塔	υ	阿普西隆
ι	约塔	φ	斐
κ	卡帕	χ	恺
λ	拉姆达	ψ	普西
μ	谬	ω	奥米伽

不过天空中最有名的星应该是 Betelgeuse（即“参宿四”）了。一代一代的孩子们管它叫“Beetlejuice”（字面意思是“甲壳虫汁”）。这个词能被赋予了一个光荣的含义——“圣人的腋窝”。但是后来发现字母“B”是一个音译错误。所以我们还是不知道遥远的祖先是如何标记这颗亮红色的星的。

以前，一个星座里的暗星很少有属于自己的名字。1603 年，德国天文学家约翰·拜尔想出了一个用希腊字母命名恒星的方法：最亮的星是“α”，第二亮的星是“β”，依次下去……后面加上星座名称的所有格形式（参见附录 A.5 节）。我们在这一节列上了希腊字母表。

随着更大望远镜的建成、更多恒星的发现，天文学家需要借助数字为恒星命名。现在总共有超过 30 万颗恒星有了 HD 星表上的数字序号。这个星表是为了纪念美国天文学家和医生亨利·德雷伯，他的孀妻资助了这个巨大星表的编纂工作。

7.3 星星到底有多远?

这是一个很复杂的问题。但是天文学家知道如果想要了解恒星任何方面的性质，他们必须解决这个问题。虽然测量恒星距离是很困难的，也需要非常精确的望远镜，但是它的基本原理是很简单的。

当地球处在六月所在的位置的时候，观察一颗附近的恒星；到了十二月再观察同一颗恒星。这颗恒星看起来像是在更遥远恒星所组成的背景上跳来跳去：这种现象称为“视差”。测量出这个位置变动的大小，我们又知道地球绕太阳公转轨道的半径，那么只需应用三角学的知识就可以计算出恒星的距离。

这正是德国天文学家弗里德里希·贝塞尔在 1838 年所做的事情。他瞄准了一对名为“天鹅座 61”的暗弱恒星。从它们在天空中的快速移动，他了解到这一对星肯定在附近。在接下来的几年来，贝塞尔仔细地观察了这对星。他成功地测量出了微小的视差，发现这个双星系统竟然离我们 100 万亿千米远。

其实贝塞尔并不知道那个时候已经有人第一次测量出来了恒星的距离，只不过是直到 1839 年才发表。在地球另一端的南非，曾经是律师的苏格兰天文学家托马斯·亨德森测量了南半天球中最显赫的星之一南门二(即半人马座 α)的视差，从而计算出它的距离是 40 万亿千米。

与此同时，在俄国的普尔科沃天文台，瓦西里·斯特鲁维将望远镜对准了北半天球中的一道光束——织女星。他发现织女星比天鹅座 61 还要遥远，有 240 万亿千米。

如果能让你感受好些的话，天文学家也不比其他人能更好地消化这巨大的数字。所以他们发明了一种更为简单的方法来记录。想象一道光从遥远的恒星出发奔向我们。光是以我们宇宙中速度的上限——每秒 30 万千米来传播的。天文学家用光到达我们所需的时间来描述遥远天体的距离。

举例来说，太阳的光需要 8.3 分钟才能到达我们，因此太阳距离我们 8.3 光分。南门二是 4.3 光年远，天鹅座 61 的距离是 11 光年，而织女星则距离我们 26 光年。

其实，织女星是离我们最近的邻居之一了。随着时间的推移，天文学家测量了更多遥远恒星的距离。最新的结果是欧洲于 2013 年发射的盖亚卫星取得的。它所测量的最远的恒星比织女星远一千倍。

距离地球较近的恒星的列表请参见附录 A.3 节。

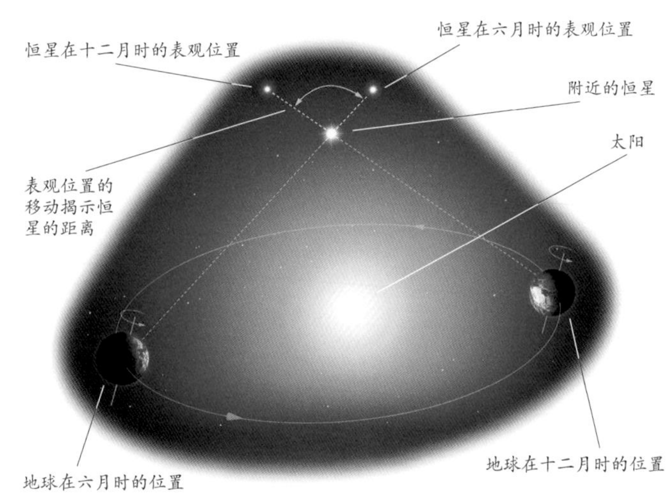

7.4 恒星的本质是什么?

恒星是宇宙中的核聚变熔炉。和太阳一样，恒星的能量来自它炽热核心的原子核聚变反应。这就是星光的来源。能量从恒星核心喷涌而出，创造了这一活跃而又热烈的天体。但是这些凶猛的宇宙怪兽也为行星提供了家园。现在已经发现了上千颗行星，有些甚至可能存在生命。

恒星的故事就是恒星的一生。跟我们人类一样，恒星也会诞生，活出精彩的一生，然后死亡。

恒星诞生于游荡在星系中的星尘和气体组成的暗云中。在引力的作用下，一团气体云开始聚集、凝结。结块的气体迅速地坍缩在一起。在核聚变产生的巨大热量下，婴儿恒星诞生了。

年轻的恒星能够用强大的辐射灼烧周围的气体，照亮它的诞生地，形成绝美的星云（猎户星云是最壮丽的一个）。

恒星在大小、质量、光度和温度方面的分布范围都很广。我们的太阳是一颗正值壮年、中等大小的很平凡的恒星。不过，确实有很极端的恒星。比如室女座最亮的恒星角宿一，它的光度是太阳光度的12 100倍。

最大的恒星有超过太阳一千倍那么大。当恒星到达年老的红巨星阶段，它们就会变得难以捉摸。当变成红巨星的恒星的燃料快烧尽时它们就行将就木了。

质量较小的恒星将会优雅地退出舞台：它们会温和地剥离大气层，将核心暴露出来，变成一颗白矮星。

质量大的恒星就不是这样了。它们会产生超新星爆发，将创造物质的元素撒向宇宙空间。巨星就像涅槃的凤凰：在它灰烬中的是形成下一代恒星、行星乃至生命的种子。

* 我们的恒星——太阳的近距离特写。磁化气体形成的冕环在太阳的狂暴表面上爆发。

7.5 星光的信息

在晴朗的暗夜仔细观察恒星，你会发现并不是所有恒星都是平淡的白色的。比如猎户座的参宿四和天蝎座的心宿二：这两颗星都是很明显的红色。这说明它们的温度都很低。它们的表面温度在 3 000 ℃左右。相比之下，我们黄色太阳的表面温度是 5 500 ℃。

把这些恒星跟猎户座的另一颗星参宿七做个比较。参宿七看起来是像钢铁一样的蓝白色的。这颗炽热的恒星的光度比太阳的光度高 125 000 倍。它的表面温度有 12 000 ℃。

恒星的颜色可以充当恒星的温度计。最热的恒星是蓝白色的。其次是白色的恒星，然后是黄色、橙色和红色的恒星。

内行心中的十大恒星

名称	与地球的距离 / 光年	光度（相对于太阳）	温度 /℃	大小（相对于太阳）
心宿二	550	57 500	3 400	880
参宿四	640	120 000	3 140 ~ 3 640	1 000
老人星	310	15 000	7 350	70
天津四	2 000	100 000	8 500	150
北极星	325	2 500	6 000	46
比邻星	4. 24	0. 001 7	3 000	0. 14
参宿七	860	125 000	12 000	74
天狼星	8. 58	25	10 000	1. 7
角宿一	260	12 100	22 400	3. 6
织女星	25	40	9 600	2. 4

恒星到底是由什么组成的呢？ 19 世纪早期，一位年轻的巴伐利亚玻璃制造师约瑟夫·冯·夫琅禾费完善了制作精细玻璃的工艺。他制造了能够将白光分成七色彩虹的棱镜。

让太阳光穿过自己制作的棱镜，夫琅禾费发现太阳光谱中有 574 条黑暗的竖线。他在其他较亮恒星的光芒中也发现了这样的竖线。

半个世纪之后，两位德国科学家罗伯特·本生和古斯塔夫·基尔霍夫开展一项针对气体的实验，棱镜是这个实验的核心。他们制造的“分光镜”揭示了夫琅禾费线的含义：它们是显示恒星中含有的化学元素的信号。不同元素会吸收不同波长的光。这种“分光镜”在现代天文学中仍然是主要的研究工具。

光谱揭示了恒星的本质，是了解恒星如何诞生、生存和死亡的指南。

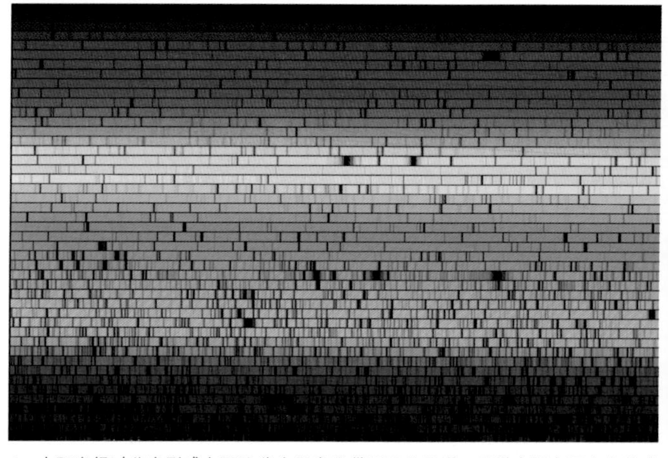

＊ 太阳光经过分光形成上面这些水平窄光带显示的光谱。光谱中混杂了众多的暗线——不同元素的特征。

7.6 暗云和恒星的诞生

澳大利亚内陆的居民很幸运地拥有如此明亮的夜空，以至于他们迷失在众多的恒星之中。他们并没有用亮星的图案，而是用天空中的暗斑来定义星座。其中最重要的一个是“煤袋”——这是欧洲来的定居者所起的名字。澳大利亚本地居民将其视为一只鸸鹋，躺着等待栖息在树上的一只负鼠（即南十字座）。

让人感到惊奇的是，天空中最暗的区域，比如煤袋星云或者是猎户座的马头星云其实是亮星诞生的摇篮。

这一壮丽的史诗肇始于太空深处。我们银河系的任何地方都不是完完全全的真空。太空中充满了纤薄的气体，还穿插着尘埃——极微小的岩石颗粒。尘埃阻挡了来自后方恒星的光芒，看起来就像银河中有了巨大的空洞一样。这在天鹅座中最为显著，在这里一条致密的尘埃带将银河一分为二。

* 宇宙中的棋子：猎户座马头星云是一团即将诞生数千颗恒星的暗云。

随着时间的推移，引力将这些稀薄的物质聚集在一起，形成庞大的致密气体云，看起来更暗。煤袋星云就是这样的。但在气体云内部暗流涌动。密度更大的气体结块合并在一起，就像发酸了的牛奶凝固一样。每一个气体结块在引力的作用下收缩，变得越来越小。在这一过程中，它同时变得越来越热。天文学家将这种致密的气体球称作“原恒星”。

然后奇迹发生了。当原恒星中心的温度升高到1 000万摄氏度以上的时候，氢原子互相之间直接的碰撞是如此猛烈，以至于它们合并在一起变成氦原子。这一核熔炉就开启了。能量从原恒星中释放出来，终止了它的进一步坍缩。这样，在暗黑摇篮的隐秘深处，一颗恒星呱呱坠地……

7.7 星云

暗云坍缩形成恒星的时候就像是圣诞节的彩灯被点亮了。这团曾经灰暗、阴郁的气体云转变成了明亮、艳丽的星云。星云是宇宙中最美丽的景象之一。它们被包裹在其中的新生恒星点亮，发出柔和的光；那些精细的气体丝线，就像装饰着蕾丝的卷须。与其中成长中的年轻恒星家族一起，星云代表了宇宙的未来。

▽ 猎户星云

夜空中最具标志性的星云要数猎户星云。在猎户腰带三星附近有一片模糊的光斑。暗夜

* 哈勃太空望远镜对猎户座星云的近距离特写。狂暴的年轻恒星正在用强烈的辐射和星风搅动着它们的襁褓气体，使其变得五彩斑斓。

* 船底座星云中旋转圆环和超高温气体正是剧烈恒星诞生过程的缩影。

里用肉眼就能很容易看到。如果用双筒望远镜或者小型天文望远镜来看，这一片光斑就像太空中的一朵小小的云彩。

它确实是一朵云，但是直径有 24 光年那么大，所以很难说是“娇小”的。它看起来小只是因为它距离我们有 1 300 光年那么远。不过这仍然是离地球最近的大块头恒星诞生的地方。这一“恒星工厂”至少孕育着 700 颗年幼恒星。它们都是由灰暗的尘埃和气体云坍缩而成。

其中最为显著的是由四颗星组成的“猎户四边形星团”。这些是猎户星云红毯上最耀眼的“明星”，通过小型天文望远镜就能很容易看到。它们诞生于 30 万年前，跟太阳相比，就像是襁褓中的婴儿。

这些看起来娇弱的婴儿却搅动着它们的周围。它们和小伙伴一起在星云中留下印记。在年幼的躁动中，蓬勃而出的喷流与剧烈的星风不断冲击着周围的气体，塑造了我们看到的星云的样子。

猎户座星云仅仅是猎户座区域恒星形成较活跃的一部分。它只是猎户座分子云中最为显著的特征。而这一分子云是覆盖整个星座的复合体，也包括马头星云（一个暗云）和其他星云。整个猎户座区域是产生恒星的温床。以它充足的星际气体供给，在可预见的未来它将会为我们的星系持续提供恒星和行星。

▽ 船底座星云

虽然星云是宇宙中最为迷人的天体，但将某个星云与其他同类区分开来却不容易。不过船底座星云却是个例外。它距离我们大约 9 000 光年，用肉眼也可以看到，比猎户座星云宽 20 倍。

这一活跃的恒星形成区域拥有足够的气体供给可以形成百万颗恒星。在它的中心是最为神秘和变化无常的恒星之一——海山二。这是一个饱受恒星青春期爆发折磨的暴力少年。它在1843年喷发了，亮度达到太阳的500万倍。这颗不稳定的星比太阳重100多倍。它注定会爆发成为一颗超新星。

▽ 礁湖星云

在人马座的礁湖星云却是另一番安宁的景象。这一快速发育恒星的温柔乡是所谓“博克球状体”的家园。“博克球状体”是可能正在孵化恒星的小型黑云。

* 与之相反，礁湖星云的宁静反映出恒星形成的温柔一面。

7.8 星团

恒星在刚诞生之初还是会像一窝雏鸟那样聚在一起。直到百万年过去之后，它们才会飞离故巢，飞向宇宙。因此在早期的时候，这些婴儿恒星聚集在一起形成星团。

▽ 昴星团

最著名的年轻星团要数昴星团了。19 世纪英国诗人阿佛烈·丁尼生爵士在他的史诗《洛克斯利庄园》中，将昴星团比作“一群缠绕在银色发辫中的萤火虫”。

虽然它有一个广为人知的名字“七姐妹星团”，但观星者们却很难恰好看到 7 颗星。大部分人能认出 6 颗最亮的星，而视力最好的观星者最多可以看到 11 颗。但这些其实都只是包含至少 1 000 颗星的大团体中最亮的部分。这个大星团距离我们 400 光年（不过关于它的精确距离仍然有争议）。昴星团中最亮的星都是又热又蓝的。所有的星都很年轻：天文学家估计它们的年龄是 7500 万 ~1 亿年。它们是一起诞生的，还没有到四散分离的阶段。

这一群年幼的恒星误打误撞进入了一团星际气体，就是照片中蛛丝一样的结构。即便是用肉眼或者通过双筒望远镜，也能感受到它的壮丽。

▽ 南天七姐妹星团

位于船底座的这个星团大约包含 60 颗恒星。它就像昴星团的孪生姐妹一样。这个星团

＊ 昴星团是最著名的星团。它逐渐飘移到一团星际气体中——这团气体微弱地反射着年轻恒星的蓝色光芒。

* 巨蟹座的鬼宿星团比昴星团更加成熟。它的成员恒星更为稀疏。部分处于恒星演化后期阶段的红巨星已经开始出现。

距离我们有 500 光年远[1]。从宇宙的视角来讲，这个星团还是个婴儿：它的成员星的年龄仅有 5 000 万年。虽然用肉眼也能看到这个星团，但最佳的观察方法是通过双筒望远镜，或者拥有广角目镜的天文望远镜。

▽ 毕宿星团

年老的星团缺乏年轻星团的激情。它们最初包含的蓝白色恒星已经冷却变红，星团本身也开始分崩离析。

呈“V”字形状的毕宿星团组成了金牛座的“牛头”。它的亮度根本无法与它那耀眼的邻居昴星团相提并论。不过，它是离地球最近的星团，而且还是测量宇宙距离阶梯的第一阶。天文学家通过测量毕宿星团中恒星的运动得到它们的性质，然后又通过这些结果去寻找测量更遥远恒星距离的方法。

标志着“愤怒的公牛之眼”的毕宿五看起来像是这个星团的一部分。但实际上它只是恰好在同一个方向上。它离地球的距离还不到毕宿星团距离的一半。毕宿星团离我们有 153 光年远，大约包含 700 颗恒星。这些正在步入老年的恒星的年龄都在 6.25 亿年上下。

▽ 鬼宿星团

鬼宿星团又称作“蜂巢星团”。这一群位于巨蟹座的恒星跟毕宿星团年龄上差不多，运动方向也相同。这两个星团很有可能是同时诞生的。

在城市的灯光下是很难看到鬼宿星团的。如果能到一个足够黑暗的地方，在双子座和狮子座之间可以找到巨蟹座。目光集中在中心区恒星组成的三角形上，然后再仔细往里寻找。

鬼宿星团的位置在距离地球大约 600 光年之外，包含 1 000 多颗恒星，都诞生于大约 6 亿年前。对于其中的两颗恒星，人们已经发现了周围有行星环绕。不过这些行星可不像地球，它们是“热木星”，即气态的巨行星在距离母星很近的地方围绕母星公转。

伽利略在 1610 年首次认识到这一结构是一个星团。不过中国古代的天文学家显然很早就知道了，因为他们将其命名为“积尸气”！

---

1 此处英文原文有误。原文为“500 million light years”，实际应为“500 光年”。——译者注

7.9 双星

像太阳这样的“单身贵族”实际上是少数情况。夜空中超过一半的恒星都是成对的。它们是双星系统，甚至是多星系统。它们因为某些原因从未逃脱它们诞生之初的引力纽带以及在星团中形成的紧密关联。

无须看得更远，肉眼可见的北斗七星就是一个漂亮的例子。斗柄上的倒数第二颗星（在斗柄弯曲处）是一个很明显的双星。更亮的“开阳”和它较暗的伴星“开阳增一”被称为“马和骑士”。长久以来，在这两颗星是互相绕转的还是恰巧在同一个方向运行这个问题上一直存在争议。20 世纪 90 年代早期，依巴谷卫星确认这一对恒星的距离仅仅 80 多光年。开阳和开阳增一看起来是一个六合星系统的成员。这个系统的其他成员都太暗了，无法用肉眼看到。

另一个标志性的双星系统是辇道增七。不过科学家仍在讨论它究竟是一个真实的双星系统还是仅仅是两颗星恰巧在同一视线方向上。它位于天鹅座：一只在银河上空展翅翱翔的天鹅。辇道增七是标志着天鹅头部的一颗星。

用一架小型的天文望远镜，你就会看到夜空中最壮丽的景象之一：一颗闪耀的黄色恒星和一颗蓝色伴星组合在一起。黄色的恒星是一颗已经接近其生命尽头的巨星。它比太阳大 70 倍，比太阳亮 1 200 倍。蓝色的伴星则“仅”比太阳亮 230 倍。

这一壮观的颜色对比源于恒星表面温度的差异。那颗巨星比我们的太阳稍微冷一些，所以发出黄色的光芒。另外那颗小一些的伴星则要热得多：它如此炽热，表面温度高达 13 000℃，以至于它不仅发白光，而且是蓝白色的光。

* 标志着天鹅座“鸟嘴”的辇道增七是一个拥有蓝黄两颗星的呈现鲜明对比的双星系统。

* 位于斗柄的开阳和开阳增一（图上从左数第二颗星）是一个引人注目的目视双星。这两颗星是一个多星系统的一部分。

7.10 食双星

双星系统互相绕转，舞出一曲天空中的探戈。如果这两颗星恰好与观测者连成一条线，后果就显现出来了。当较暗的星正好经过较亮的星前面时，后者会变暗。

英仙座中的大陵五是经典的“食双星”。它代表着恐怖的戈耳工三姐妹之一“美杜莎”的头颅。给它命名为 Algol 的波斯天文学家显然知道这颗星有一些不寻常：在阿拉伯语中，Algol 的字面意思是“眨眼的恶魔”。仔细观察大陵五就可以知道它为什么会有这个名字。每过2天零21小时，大陵五就会变暗几个小时——变得跟它旁边的大陵六一样暗。

1783 年，英国约克郡的一位年轻的天文爱好者约翰·古德里克发现了大陵五的变化规律，提出有一颗大型的暗行星环绕着大陵五，周期性地遮挡了它的光芒。现在我们了解了大陵五确实有一颗更暗的伴星遮挡了它灿烂的光芒——不过这个伴星是一颗更暗的恒星，而非行星。

食双星尺度的另一极端是柱一（Almaaz，即御夫座 ε）。这颗星比太阳亮 13 万倍。最近它在 2009—2011 年经历了一次掩食；它的亮度下降了一半。每 72 年会发生一次持续两年的掩食。产生如此长时间掩食的原因一直令天文学家感到困惑。而且为什么柱一在掩食过程中还会短暂地变亮呢?

不管是什么在掩食柱一，它一定是巨大的。如果放在我们太阳系内，它的轨道半径会超越土星的轨道半径。现在的理论认为它是一个围绕着一颗或两颗恒星的暗尘埃盘。这一颗或两颗恒星同时在围绕柱一公转。它们本身像真空吸尘器一样使中心区域保持干净。

＊ 约翰·古德里克在 19 岁时发现了大陵五的亮度变化。

＊ 英仙座中的大陵五标记着“眨眼的恶魔”美杜莎的头颅。

7.11 正值壮年的恒星

我们的恒星邻居们经历了莽撞的青少年时代——躁动、喷发、猛烈地抛射自身的物质。然后它们渐渐安顿下来变成稳定的中年恒星，就像我们的太阳一样。欢迎它们来到“主序”。

“主序”是恒星一生中最长的阶段，而且平淡无奇。恒星能发光是因为在它们的核心，氢元素正在聚变为氦元素，这一过程会产生能量。这与引力的吸引相抗衡，防止恒星塌缩。

但是并非所有“主序”上的恒星都是相同的。这与恒星的大小——或者更准确地说——恒星的质量有关。恒星的能量都是来自相同的核聚变过程，但质量更大的恒星，聚变反应的速度更快，也更早地走到生命的尽头。

主序上的重量级恒星肆意挥霍生命，几百万年之后就会终结于一场爆炸。像太阳这样的中等恒星能够存在数十亿年。小质量的恒星更是能存活数万亿年。下面就是两个都在壮年，却属于两个极端的例子。

> **褐矮星**
>
> 引力的作用可以产生一个气体球；其质量之小无法产生内部的核聚变反应，所以它不会像恒星那样闪耀光芒。这些质量小于8%太阳质量的“未成形恒星”被称作“褐矮星”。不过最新的分析发现，如果我们能够靠近观察，它们会呈现品红色。

▽ 角宿一

角宿一是一颗巨大的恒星。它比太阳重10倍，却亮12 100倍。它的表面温度达22 400℃，比太阳的表面温度5 500℃要高得多。过不了多久，这颗巨大的恒星就会终结于超新星爆发。

▽ 比邻星

比邻星是离我们最近的邻居。这颗娇小的红色恒星只有太阳的七分之一大，但也拥有强烈的磁场和巨大的耀斑。它只有太阳千分之一的光芒，如此节约能量以致它还可以延续400万亿年。

* 哈勃太空望远镜对比邻星的特写。比邻星是距离太阳系最近的恒星。

7.12 太阳系外行星

率领着一众行星的太阳只是一颗普通的恒星。那么其他的恒星呢？它们也有行星环绕吗？

第一次发现是在 1995 年，当时的瑞士天文学家米歇尔·马约尔和迪迪埃·奎洛兹发现有某个东西在牵扯着飞马座 51 这颗暗淡的恒星以四天为周期往复运动。这只能是一颗行星在拖曳着它的母星。[1] 令人惊讶的是，这颗行星与太阳系最大的行星木星差不多大小，但是离它的母星却比水星离太阳还要近得多。天文学家将这种行星称为“热木星”。

现今，天文学家们已经发现了多个像太阳系这样稳定运行的行星系统；一个例子是有五颗行星的开普勒 -186 系统。其中一颗行星位于“宜居带”：温度不是太高，也不是太低，恰好能允许液态水的存在。这颗行星很有可能是跟地球质量差不多的岩石行星，也许还有液态水存在。

迄今为止已经发现了大约 2 000 颗围绕其他恒星公转的行星，还有很多仍在确认中。[2]

* “老人增四”（绘架座 β）系统的艺术想象图；恒星周围的尘埃盘正在凝结成行星。

1　这两位天文学家因为此发现获得了 2019 年诺贝尔物理学奖。——译者注
2　截至 2020 年，天文学家发现的太阳系外行星已经超过 4 000 颗。——译者注

该领域最新的突破来自美国国家航空航天局“开普勒”号卫星。它利用行星穿越母星的前方所造成的母星亮度的微小降低来探测行星。使用“开普勒”号卫星的研究者认为该卫星的数据显示我们的银河系中至少有170亿颗地球大小的行星。其中的很多颗都有可能是生命的家园……

内行心中的十大太阳系外行星

名称	与地球的距离/光年	该行星“年”的长度（即公转周期）	质量（相对于地球）	温度/℃	类型
飞马座51b	51	4.2天	150	1 010	热木星
PSR B1257c	1 000	67天	4.3	未知	脉冲星行星
PSO J318	80	不围绕恒星公转	2 000	900	孤儿行星
TrES-2b	750	2.5天	380	1 000	暗行星
开普勒-78b	400	8.5小时	1.8	2 500	融化的类地球行星
OGLE-2005-BLG-390L	21 000	9.5年	6.7	-220	冰封的类地球行星
开普勒-16b	200	229天	105	-90	两颗母星
北落师门b[1]	25	2 000年	约100	-200	最长的公转周期
开普勒-37b	215	13天	0.01	430	最小的行星
格利泽667Cc	22	28天	6	4	最像地球的行星

1 2020年4月最新研究显示该行星并不存在，实际观测到的是一团膨胀中的尘埃云。——译者注

7.13 其他行星上的生命

我们做演讲的时候总会被问到一个问题：“地球以外有人吗？”

半个世纪前，美国资深天文学家法兰克·德雷克将他的射电望远镜转向太空，期望能够聆听到外星人的广播信号。可惜除了一些假警报（很可能来自秘密的军方设备）之外只有一片寂静。

德雷克和同事们在美国加利福尼亚州创立了一家独立的研究机构“地外智慧生命搜寻研究所”。这是一项严肃的科学项目，除了寻找信号外，它还旨在研究地外生命的生物学和心理学。最近他们得到了微软联合创始人史蒂夫·艾伦的资助。这使得他们可以在加利福尼亚州建设一个由 400 架射电望远镜组成的阵列来聆听地外生命的第一声细语。

地球以外的生命更高级吗？射电通信信号会不会时有时无？地外智慧生命搜寻研究所的科学家甚至设想用激光束来与外星人通信，但即便这种手段也可能显得太原始了。

为什么天文学家对存在外星生命这件事如此乐观？部分原因来自我们地球上的发现：生命是可以存活在极端环境中的。这并不是指“小绿人”这样的高级生命体，而更可能是“小绿泥”这样的低级生命体。

被称作“嗜极生物”的细菌可以存在于最异乎寻常的地方：极深的海沟、核反应堆的中心，以及太空的真空环境。

将目光延展到整个太阳系，会发现很多可能存在原始生命的地方。比如火星，很可能存在微小生物。覆盖在木星卫星“木卫二”表面的冰层下有可能存在外星鱼类自在遨游的广袤海洋。

再将目光延伸到更远处：在太阳系外发现的上千颗行星中会存在智慧生命吗？这些由你来发现！登录进 SETI@home 或者 SETIlive 项目（见附录 B），在射电望远镜获得的数据中搜寻外星人的通信。也许你就是发现外星信号的那个人！

* 年轻的法兰克·德雷克（中）和地外智慧生命搜寻探测团队的两名成员。

* 位于加利福尼亚州的艾伦射电望远镜阵列局部；由地外智慧生命搜寻项目专用。

7.14 红巨星

中年发福并非人类特有的境遇；恒星也一样！像太阳这样的恒星能量来自核聚变：其核心的“氢”燃烧成为下一个元素“氦”。但氢的供给是有限的。在数百万年至数十亿年之后（跟恒星的质量有关），氢元素消耗殆尽；由氦组成的恒星核心体积收缩，氦开始聚变成为碳。

这一聚变过程产生更多的热量，却使得恒星的外层膨胀，温度反而降低。恒星的金色光芒消失；取而代之的是红巨星刺眼的橙红色。

我们的宇宙中拥有一些闪耀的红巨星。比如，预示着夏日来临的明亮大角永远能够愉悦我们的心情。可惜的是……这是一颗行将就木的恒星，它的橙色表明了它即将走到生命的尽头。

猎户座的参宿四是已知最大的恒星之一。如果放在我们的太阳系中心，它会吞噬直到木星的所有行星。它也是少数几颗在地球上能观测到其盘面的恒星之一。参宿四比太阳宽 1 000 倍，属于“超巨星”。它的亮度也会有略微的变化，这是它正在试图掌控那起伏翻腾的气体巨浪。

天空中最红的红巨星之一是心宿二（Antares）。这个名字 Antares 的含义是“火星的对手”；看它的颜色你就知道是为什么了。这是一颗标记着天蝎之心的猩红色恒星。心宿二距离我们大约 550 光年。臃肿的它至少比太阳重 15 倍。现在它的体积膨胀到太阳的 880 倍；释放的光亮则是太阳光亮的 57 500 倍。

如果把心宿二放在太阳系的中心，它的身躯会一直延伸到小行星带。不过，它的大小并不固定。心宿二自身的引力无法紧密束缚它那庞大的身形。它会不间断地膨胀收缩，从而使亮度发生变化。这颗巨星旁边有一颗蓝白色的小型伴星，在心宿二的光芒下很难被发现。用小型天文望远镜可以看到这颗伴星，它正在周期为 878 年的轨道上围绕心宿二公转。

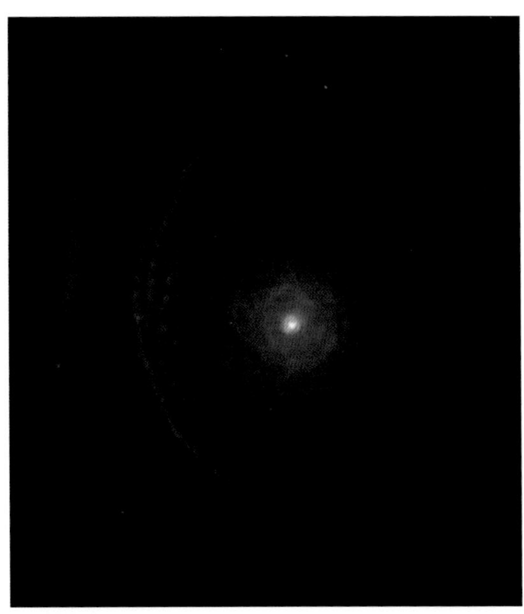

* 红超巨星“参宿四”

* 巨大的天蝎之心“心宿二”。在这幅图像上还有两个球状星团：在心宿二右方较小的那个是 NGC 6144；图像中心下方较大的那个是 M4。

7.15 变星

恒星也会像人类一样变瘦、变胖，尤其是经历过中年发福的老年恒星。它们的外层膨胀或收缩时，亮度也会发生变化。

夜空中最具标志性的变星是造父一，位于代表希腊神话中的国王克普斯的仙王座。这颗看起来平淡无奇的恒星呈黄色，是一颗四等星；肉眼可见但并非特别突出。用天文望远镜可以看到它有一颗伴星。但就是这颗恒星掌握着丈量宇宙大小的钥匙。

如果连续仔细观察这颗巨星几天或者几星期，你会发现它的亮度呈现以 5 天零 9 小时为周期的规律变化。这是源于此颗恒星不断地膨胀和收缩；它的直径在 32 ~ 35 倍太阳直径之间变化。

天文学家发现了一类与造父一相似的恒星，将它们命名为“造父变星”。它们的光变周期和其内禀光度存在相关性。天文学家通过测量造父变星的光变周期和亮度，就可以计算出它们的距离。

从本质上讲，造父变星已经被证明是宇宙距离的“量天尺”。现在天文学家利用哈勃太空望远镜已经测量到了室女座星系团中的造父变星，它距离我们 5 500 万光年。

造父变星的光变规律是可靠的和可预测的，但有些其他的变星就比较古怪了，比如鲸鱼座的刍藁增二（Mira）。它最早是由德国天文学家大卫·法布里奇乌斯发现的。他开始看到这颗星变亮然后消失，以为是一颗爆炸中的恒星；但 332 天之后，它又重新出现了。法布里奇乌斯将这颗星命名为“奇妙的星”（拉丁文为 Mira）。他观察到的实际上是一颗走近生命尽头的恒星。它膨胀得如此之大，以至于放在太阳系中心的话会吞噬火星以内的所有行星。

引力的作用并不能掌控这颗恒星，所以它像气球一样膨胀又收缩，亮度会从 2 等（跟北极星相同）变化到 10 等。应该拿出望远镜来好好观察这颗星！

* 亨丽爱塔·勒维特研究造父变星（见 8.4 节），为发现宇宙的距离尺度做出贡献。

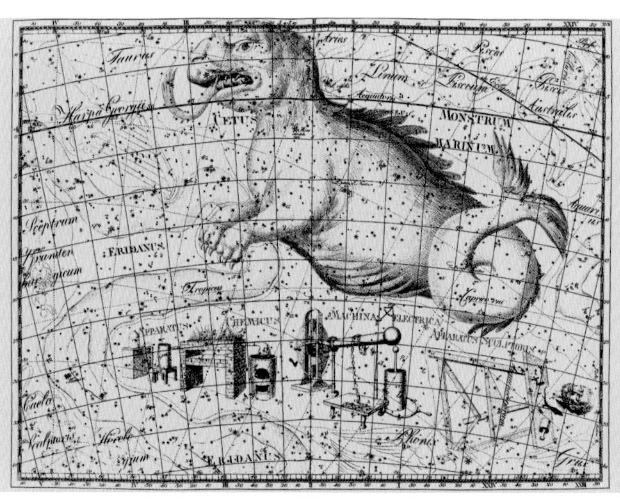

* 鲸鱼座的刍藁增二是一颗变星——但并不像造父变星那么有规律。这颗年老的红巨星有时膨胀，有时收缩；它的亮度变化难以捉摸。

7.16 行星状星云

天王星的发现者威廉·赫歇尔将这些看起来朦朦胧胧的天体命名为“行星状星云”，因为它们看起来像他发现的那颗行星一样。现在我们知道了这些天体其实是像太阳一样的恒星的生命终点。

像太阳这样的恒星在生命末期燃烧完它的核燃料之后，恒星核心会收缩，使其外层升温。恒星本身会变得不稳定，它的表层大气会被吹到宇宙空间中去，显示出环状的结构。这个环状结构在几千年的时间中会慢慢弥散消失，遗留下中间的核心成为白矮星释放着它的能量，最终变成寒冷、孤独的黑矮星。

在狭小的天琴座中，明亮的织女星旁有一个不同寻常的天象。最早在1779年发现它的法国天文学家安托万·达奎尔这样描述道：“一片非常暗淡的星云，但是外形非常规则；看起来跟木星一样大，像是一颗变暗的行星。”如果以更高放大倍数看，它显现出一个亮的圆环和更暗的中心区域。因此它被命名为“环状星云”。用一个小型的天文望远镜就可以看到环状星云；不过它很紧凑，要想把它和普通恒星区分开来需要至少50倍的放大倍数。

微小、暗淡的狐狸座却拥有夜空中最美丽的景象之一：哑铃星云。它的星等是7.5等，用双筒望远镜刚刚能看到，通过天文望远镜看到的则是一番胜景。尽管哑铃星云看起来美丽，它却标志着恒星的厄运。

哑铃星云离我们大约1 360光年（行星状星云的距离是出了名的难以确定），估计有2.5光年宽。天文学家通过测量哑铃星云的膨胀速率估计出它中心的恒星在大概一万年前就死亡了。

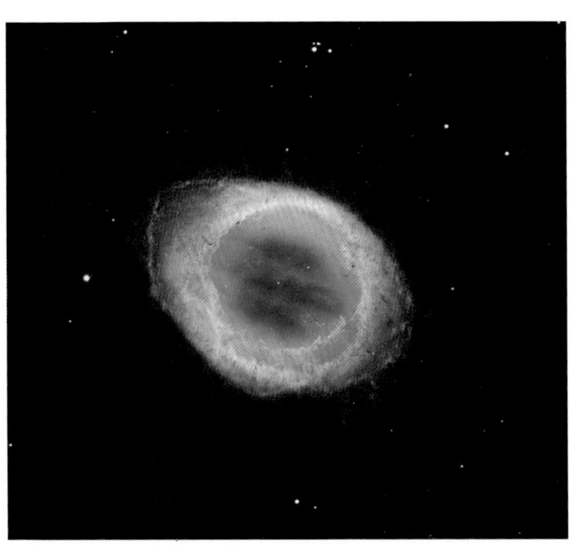

* 娇小却身型完美的恒星之灵：环状星云

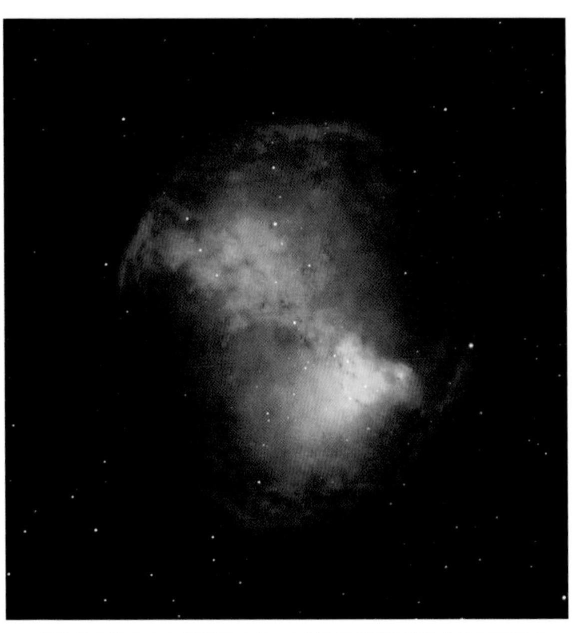

* 哑铃星云的中心恒星是在大约一万年前喷射出它的外壳层气体的。这也是会降临到太阳头上的最终宿命。

7.17 白矮星

天狼星以 -1.47 的星等成为夜空中最亮的恒星。但它辐射出的总光度并不突出，它只是恰好离我们比较近，距离 8.58 光年。

这颗“犬星”有一颗很暗的伴星，被亲昵地称作“小狗狗”。1862 年，美国天文学家和望远镜制造师阿尔芬·克拉克在测试他的望远镜时发现了这颗微小的伴星。不过在 20 年前，德国天文学家弗里德里希·贝塞尔在发现天狼星似乎被某种东西拖曳的时候就已经预言了伴星的存在。这颗伴星是白矮星：古老恒星中心的核反应堆在生命的尽头将恒星外层大气吹出，形成行星状星云（见 7.16 节）。这个行星状星云现在早已消散了。

白矮星的大小和行星相若，但质量却跟恒星差不多。它们塌缩到如此致密，具有强大的引力，因此可以解释天狼星往复摇摆的轨迹。用中等配置的天文望远镜可以看到天狼伴星。

70 亿年之后，我们的太阳将会耗尽氢燃料而变成一颗白矮星。白矮星代表了引力的巨大胜利。在恒星中心曾经强大的核反应堆在耗尽燃料之后只能在引力的作用下塌缩。恒星核心被压缩到连原子本身都无法承受：原子破碎成原子核和电子，产生的物质密度比我们地球上能制造的物质的最大密度还要高得多。事实上，一个火柴盒大小的白矮星物质跟一头大象一样重！

那么白矮星的未来会是什么样？答案是它会慢慢衰退，最终变成一块寒冷、漆黑的余烬。

新星

有的时候，夜空中的一颗“新”恒星会带给我们惊喜。我们称之为“新星”（Nova；是拉丁文中代表“新”的词）。这其实来源于白矮星的强大引力。大部分恒星存在于双星中。如果双星中的一颗是白矮星，那么这颗身材矮小力量却很强大的怪兽会将它伙伴的物质拽到它的表面来。表面累积的气体会在某一刻突然点燃，就像宇宙中不受控制的氢弹爆炸。在几个星期的过程中，新星就能够变得比太阳亮十万倍。

* “焰火星云”——一团膨胀中的气体云环绕着 1901 年爆发的英仙座新星。中心的天体是一颗白矮星。

7.18 超新星爆发

1572 年 11 月的一个冬夜，身为丹麦贵族的天文学家第谷·布拉赫惊奇地发现在仙后座有一颗以前并不存在的亮星。它像金星一样亮，随后慢慢变暗消失不见。

满腹疑惑的第谷称之为“新星”。不过在今天，我们会将其描述为“超新星”：一颗恒星在悲壮的自绝剧痛中分崩离析。

超新星一共有两类。第谷观察到的是一颗微小白矮星（见 7.17 节）的爆炸，天文学家称之为 Ia 型超新星。一颗巨星的爆炸被称为Ⅱ型超新星（见 7.19 节）。

第谷并不知道白矮星爆炸的原理。白矮星从紧密靠近它的伴星中吸走气体，但它们的质量有一个自然的上限。当白矮星比太阳重 40% 的时候，它就会变得不稳定。白矮星中的碳元素和氧元素引发了一场剧烈的核爆炸，彻底了摧毁了这颗星。这一短暂的火葬有亿万个太阳那么亮。

如今天文学家有规律地搜索天空，寻找遥远星系的 Ia 型超新星。这类超新星为我们提供了测量星系的距离的工具，进而可以通过它了解宇宙的尺度和历史。

* 第谷·布拉赫指向他 1572 年发现的超新星。

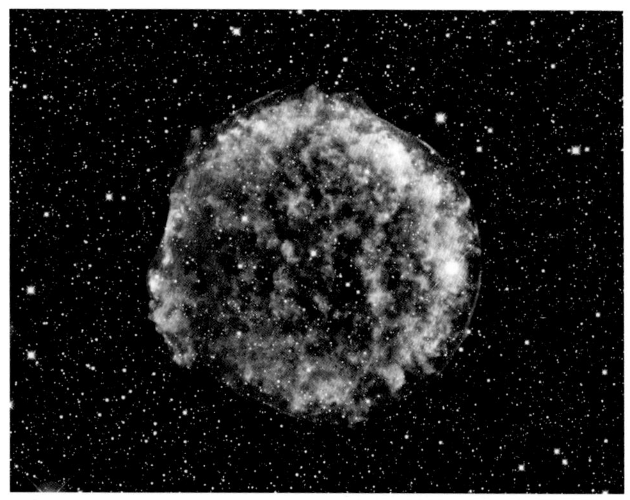

* 从那之后到现在 400 多年时间里，第谷超新星的遗迹像耀眼的火球照亮太空。

业余超新星侦探

绝大部分遥远星系的超新星是由职业天文学家用自动化的寻星望远镜发现的。但是后院观星者仍然能够在这一领域扮演重要的角色。

澳大利亚新南威尔士州的牧师罗伯特·伊万斯通过他的望远镜肉眼观察星系从而发现了惊人的 42 颗超新星。他脑海中记住了 1 500 个星系正常时候的样子，因此可以立即注意到星系中的不速之客。

英国的汤姆·博尔斯是另一位业余天文学家。他使用电子设备来发现熟悉星系中的新星。截至 2014 年，他已经发现了令人难以置信的 155 颗超新星。

7.19 一颗巨星的自绝之路

爆炸的恒星，即“超新星”，自古以来就被人们观察记录下来。古代中国天文学家称之为“客星”。除了那些爆炸的白矮星之外（见 7.18 节），超新星都是过早在剧烈变化过程中死亡的恒星，但它们对行星和所有形式的生命都具有深远的影响。

质量超过太阳八倍的恒星都注定会过早死亡。它们中心的核聚变以无所畏惧的速度猛烈地进行着。我们的太阳只是很温和地将氢聚变成氦，而这些大质量的恒星索求的更多。

首先是氢，其次是氦，都会在核聚变中耗尽。这之后，引力将恒星的核心压缩得更致密，从而在中心核反应堆中产生一系列新的元素。外层大气膨胀使其变成巨星。这样一直进行下去，恒星仍然散发光亮，直到中心变成一个铁核。

继续聚变铁则是一个无法挽回的错误。铁的聚变是要吸收能量的，因此核心会剧烈得塌缩。恒星本身无法承受这一过程产生的激波。爆发的中微子流从恒星外层冲出，使之分崩离析。

这种Ⅱ型超新星的亮度峰值可以媲美拥有一万亿颗恒星的星系。近期最壮观的超新星是大麦哲伦云中的超新星 1987A。这颗肉眼易见的超新星的光度是太阳的 2.5 亿倍。

这一恒星悲壮死亡的遗物是一团炽热的气体火球。超新星将死亡恒星内部和爆炸烈火中生成的丰富元素猛烈地抛射入太空中。婚戒中的黄金就是在超新星爆发中产生的。

在最后的结局中，超新星会涅槃重生。在它的余烬中，像碳元素这样的生命种子会出现并散发到宇宙空间中。我们自身生命的存在即是来源于超新星的爆发。

* 1987 年，一颗超新星在大麦哲伦云中爆发。这幅图显示了爆发之后的遗迹。

7.20 脉冲星

用一架小型望远镜观察金牛座，并将注意力集中到南“牛角”上方的一小片区域。1054 年，中国天文学家在那里目击了一颗新星的诞生。这颗新星比夜空中所有的恒星都要亮。它在持续 23 天的时间里在白天也能见到；在夜空中它闪耀了将近两年。但这并不是一颗新的恒星。它其实是一颗超重的年老恒星在生命的尽头壮烈地爆发而形成的一颗超新星。

如今我们看到的这颗星的遗迹是“蟹状星云”。19 世纪爱尔兰天文学家罗斯伯爵觉得它看起来像螃蟹的钳子，因此将其这样命名。即便是在今天，这个遗迹仍然在膨胀；现在它已经有 15 光年宽了。

蟹状星云的中心是一颗脉冲星，是那颗死亡恒星的核心塌缩形成的。这种天体体积微小却超级致密——只有一座城市的大小却拥有与太阳相当的质量。它飞速地自转着，每秒钟可以转 30 圈，并且像灯塔一样发出集束的辐射。

* 蟹状星云中盘绕交织在一起的气体；这一星云是 1054 年爆炸的一颗恒星的遗迹。

脉冲星由英国剑桥大学的年轻研究生乔瑟琳·贝尔在 1967 年发现。她花了一整个夏天建造一种非传统的射电望远镜——由 1 000 根木杆和 190 千米的线材组成。在当年的 11 月，她开始接收到一种以 1.337 秒为周期的射电波信号，跟时钟一样精准。

起初贝尔和同事们怀疑他们是不是收到了地外文明有意发出的信号——因此将其命名为“小绿人 1 号”。

其他科学家继续努力解密这一发现。他们得出一场猛烈的超新星爆发会留下死亡恒星的核心这样的结论，这个核心会成为中子星——这种天体如此致密，以致一块针尖大小的物质可以重达百万吨。这些星体被压缩得如此厉害，使得它们整个由中子组成[1]。

脉冲星是高速自转的中子星；它们拥有极为强大的磁场。这也是为什么我们能观察到它们的脉冲：它们从磁极区域发射出电磁辐射光束；这种光束很有规律地扫过我们的视线。

现今我们已经发现了上千颗脉冲星，但是没有一颗可以永远地发射脉冲。随着时间的推移，脉冲星的自转速率会下降，它的脉冲节奏最终会停止。

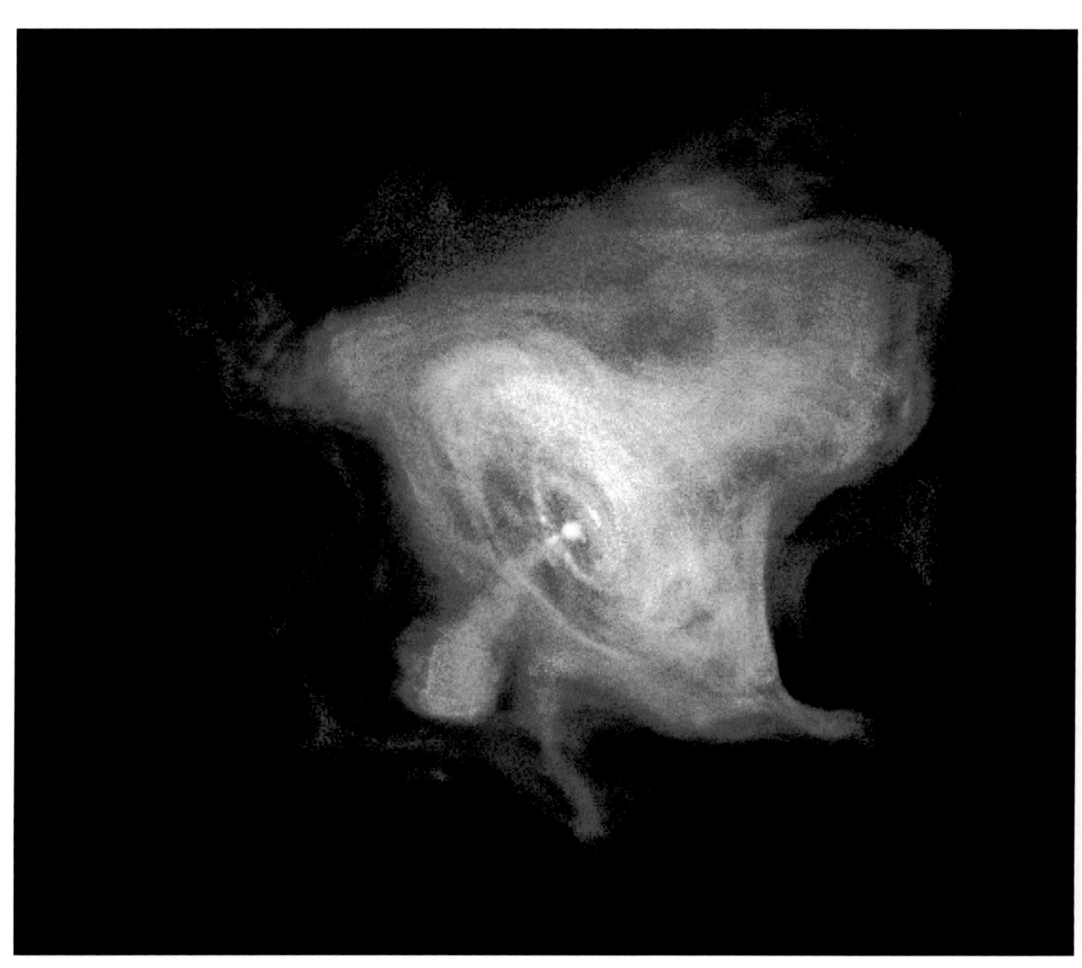

* 钱德拉 X 射线卫星拍摄的蟹状星云中心区域的图像，显示出一颗不断释放能量的脉冲星。

1 中子星的绝大部分物质由中子组成，同时包含少量电子、质子等其他粒子。——译者注

7.21 黑洞

1970 年，空间科学家向宇宙发射了一种新的卫星。这种卫星的目标是观测发射出强烈 X 射线的天体。这种辐射是无法穿透大气的。

X 射线辐射是狂暴宇宙的一个标志。“乌呼鲁”（Uhuru）X 射线卫星做出了大发现。天鹅座 X-1 是一个双星系统[1]。双星中的主星是一颗重达 30 倍太阳质量的蓝超巨星。但更为引人注目的是那颗拥有十倍太阳质量的伴星。

这颗伴星正在吞噬那颗超巨星。它强大的引力将物质从超巨星上撕开来，释放出巨大的能量，其产生的 X 射线辐射几乎超出了仪器能够测量的范围。

欢迎来到黑洞的世界！

黑洞是恒星遗骸的终极形式，也是天体物理学领域最激动人心的发现之一。但实际上早在 1783 年，英格兰北部约克郡桑希尔村的牧师约翰・米歇尔就预言了它们的存在。他意识到宇宙中质量最大的天体由于其强大的引力场应该是不可见的。

黑洞是极限情况下恒星死亡的产物。当质量超过 20 倍太阳质量的恒星发生超新星爆发时，它的核心塌缩得如此剧烈以至于连光线都无法逃脱其强大的引力场。它的引力也将物质吸入无底的深渊之中，再也没有回头路，因为没有任何物体能够超越光速。

在宇宙尺度上，黑洞是极小的：大约只有 30 千米宽[2]。但它们将巨大的质量压缩于其内。如果黑洞与另外一颗恒星角力，它会不断地吸取那颗恒星的气体，在黑洞周围形成一个气体旋涡，称之为“吸积盘”。气体在向黑洞旋转下落的过程中越来越快，直到接近光速。气体之间的摩擦将气体迅速加热，因此吸积盘辐射出明亮的 X 射线。

那么一个重要的问题是：掉进黑洞的物质去哪里了呢？一些科学家认为它们进入了另一个宇宙[3]。在这种情况下，黑洞成了通往新宇宙的大门。

* 第一个被发现的黑洞双星系统天鹅座 X-1 的艺术想象图。黑洞正在撕下蓝超巨星的物质。气体物质围绕着这个宇宙捕猎者形成了一个狂暴而又闪耀的吸积盘，直到消失在黑洞中，也永远地消失在宇宙中。

1　首先发现天鹅座 X-1 的并不是乌呼鲁卫星，而是 1964 年发射的探测火箭。乌呼鲁卫星上天后对天鹅座 X-1 进行了更为详细的观测。——译者注

2　这里原作者指的是恒星级质量黑洞。一个五倍太阳质量的非自转的黑洞，其视界面的直径大约为 30 千米。宇宙中还存在百万倍太阳质量以上的超大质量黑洞。——译者注

3　科学界对此尚无被普遍接受的理论。——译者注

第八章

浩瀚宇宙

8.1 引言

从大的尺度上说，我们的宇宙充盈着亿万个星系。这些“恒星城市”居住着数以亿计的恒星；每一颗都有自己独特的性格。

找一个暗夜之处，仰望星空就可以看到我们自己的星系，即头顶上银河系的恒星呈现出来的全景，这些恒星邻居位于像“凯瑟琳转轮”[1]一样的银盘上。

每一个星系都是不同的。有像银河系这样优美的旋涡星系；它们是年轻、活跃的星系，不断地生成新的恒星。还有椭圆星系，这些星系已经进入老年：没有了气体和尘埃，孕育恒星的盎然生机已经是它们的过往。

宇宙中还存在活动星系[2]，包括类星体、射电星系等。这些星系的中心有非常活跃的超大质量黑洞，是宇宙骚动的一个来源。

这些星系的共同之处在于绝大部分星系都在互相远离。这是宇宙从138亿年前诞生开始不断膨胀的产物。宇宙膨胀预期会继续下去，甚至会加速。最终，整个宇宙会成为虚空、孤寂之所。

* 从最大的时空尺度上说，我们的宇宙充满了壮美的住客，比如波江座中光芒四射的旋涡星系 NGC 1232。这个恒星都市包含数以亿计的恒星。

1 “凯瑟琳转轮”（Catherine Wheel）是一种点亮时会旋转的轮盘焰火。——译者注

2 原作者的这个说法不是完全准确。活动星系并非和旋涡星系、椭圆星系并列的分类。活动星系是指星系中心有仍在活跃地吞噬周围的气体、尘埃的超大质量黑洞，它们有可能是旋涡星系或椭圆星系。——译者注

8.2 银河系河内居民指南

夜空中散发着微光的弧形条带是晴朗暗夜的壮丽景象。“银河”的英文名字“The Milky Way”（字面意为牛奶之路）是翻译自拉丁文的“Via Lactea”，诉说着古老的神话：这是女神朱诺在哺育婴儿时期的大英雄赫拉克勒斯时流出的乳汁。不过每个文明都有自己的传说。北美原住民将银河视为亡灵通向来世的路。因纽特人把它看作尘埃的径迹来指引旅者回家的路。

伽利略是第一位解出银河真实本质的人。他将放大倍数有限的望远镜指向天空，发现银河实际上是由数不清的恒星堆积而成的。

即便是通过一般的双筒望远镜观察银河，你就能看到伽利略当时看到的景象。连续的光带分解成为无数遥远的恒星，密密麻麻地挤在一起。沿着夜空中的这条光带观察，你会看到星团和星云。这些恒星、星团和星云都是我们银河系的居民。银河系看起来像是一条扁扁的光带是因为我们的视线沿着银盘的边缘方向。这就像是地球上远方城市的层叠灯光所显示的那样。

银河系蕴含着超过两千亿颗恒星。我们的太阳在银盘半径上大约一半的地方。银河系的中心在人马座方向，但是我们通往那里的视线被硕大的尘埃暗云所遮挡；即便是最强大的望远镜也难以目睹其真颜[1]。

* 银河系的遥远恒星在夜空中呈现出一条光带，照耀着智利帕瑞纳山上的甚大望远镜。光带上的黑色条块是星际尘埃造成的——星际尘埃是生成未来恒星和行星的原料。

1 红外辐射可以穿透尘埃云；地面望远镜可以通过红外波段来观测银河系中心。——译者注

8.3 解析银河系

如果你能飞出银河系到它的上方，就能够向下凝视一个绚丽的“凯瑟琳轮”，旋臂紧紧相扣。

银河系的盘面出乎意料得纤薄。除了较厚的中心区域外，我们的银河系的身型比例跟两张叠起来的光盘差不多：十万光年宽，却只有两千光年厚。旋臂是恒星更致密的区域，同时拥有星际气体和尘埃。

在旋臂中星际物质被挤压的区域，物质凝结成新一代的恒星与行星。年轻的恒星照亮周围的区域，因此旋臂上布满了闪耀着红色的星云。

银河系的主要特征是人马座旋臂和盾牌座－半人马座旋臂。太阳位于英仙座旋臂上的一个枝杈上，称作“猎户分支”。这一区域吸引你目光的有壮美的猎户星云以及它周围的亮星。太阳本身则在诸多的中等恒星中泯然众人矣。

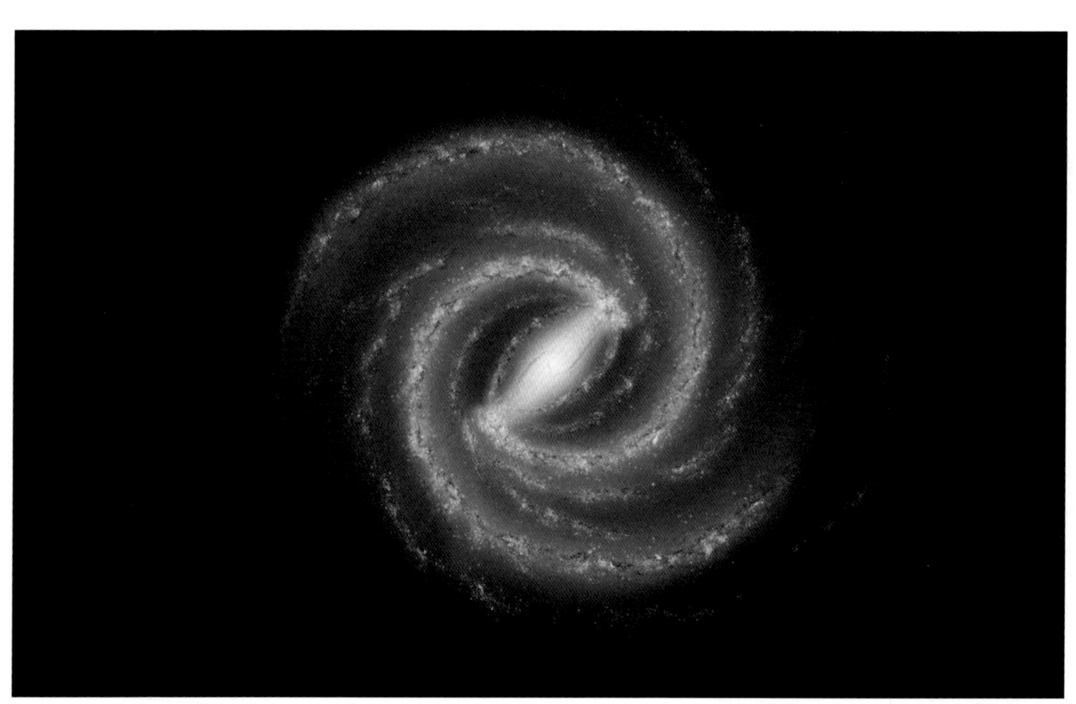

* 由斯皮策空间望远镜的数据生成的银河系鸟瞰图。它的核心呈现棒状，包裹在两条旋臂之间。

球状星团

银河系的旋臂拥有最年轻的恒星，而年老的恒星则位于它中心笔直的“棒状”结构，以及散布在银河系四周的150个巨大的球状星团中。

这些球状星团每个大约包含百万颗星。它们在夜空中显现为朦胧的圆块。其中有几个是肉眼可见的：南方天空的半人马座ω、杜鹃座47和北方天空武仙座的M13。

去寻找这些银河系的活化石吧！你看到的会是银河系刚刚形成之时诞生的恒星，到现在已经有130亿年了。

8.4 银河系的伴侣

银河系有一众“随从”星系前后簇拥着。绝大部分都是矮小、形状各异的不规则星系，每一个只包含几百万颗恒星。这些银河系的卫星星系中很多都在引力的作用下与银河系遭遇过，结局也不太好。不过，有两个例外：赤道以南的两处肉眼可见的壮丽景象。它们是大麦哲伦云和小麦哲伦云，两个环绕银河系的不规则星系，距离分别是 16 万光年和 20 万光年。

这些是小型星系中块头比较大的。大麦哲伦云直径有 14 000 光年；小麦哲伦云大约是一半这么大。两个星系都在与银河系的相互作用中被撕裂；小麦哲伦云事实上已经四分五裂了。

大麦哲伦云的恒星形成活动是非常活跃的。它有一个巨大的恒星形成的区域“蜘蛛星云”，宽 300 光年。如果将它放在猎户星云的距离，夜空中的它会明亮到能照出物体的影子。

虽然大小麦哲伦云都被归类为不规则星系。但是它们结构中的很多证据显示它们其实是被撕裂的棒旋星系。每个星系中心都有一个由年老恒星所组成的棒状结构。

* 最近在小麦哲伦云中生成的恒星发出明亮的 X 射线辐射——这是它们磁场活动非常活跃的一个证据。

丈量宇宙

1908 年，哈佛大学天文台一位年轻的助理亨丽爱塔·勒维特（见 7.15 节）检查了小麦哲伦云中的变星图像。她发现了这些恒星的变化规律：越亮的恒星改变亮度所需的时间越长。这些变星都是在一起的，那么它们可以用来测量小麦哲伦云的距离吗？

这些特别的恒星叫作“造父变星”，它们是不断膨胀收缩的黄巨星。如果天文学家能够测量银河系内一颗临近造父变星的距离，那么它就可以当作一把恒星“量天尺”。

不久之后，他们就测量出了（银河系内一些造父变星的）距离。勒维特据此得出了小麦哲伦云中的造父变星的距离。她的造父变星测距法对测量遥远星系的距离和宇宙尺度的大小而言是一个重大的突破。

8.5 旋涡星系

像我们银河系这样的旋涡星系是宇宙中最美妙的存在之一。幸运的是，其中有一个用肉眼就很容易看到。

▽ 仙女星系

仙女星系覆盖了四个满月那么大的天区。它像我们的银河系一样拥有优美的旋涡结构。不过可惜的是，它几乎是侧向对着我们。

我们的这个星系际邻居距离大约 250 万光年，大小和形状都与银河系相似。它也有两个明亮的伴星系。跟银河系一样，仙女星系也有一众矮星系围绕它旋转。

银河系和仙女星系并不像其他星系一样互相远离，事实上，它们正在相互靠近。天文学家估计它们会在 50 亿年之后合并。这一“碰撞”的产物可能是一个巨大的椭圆星系——“银河仙女星系”（Milkomeda；即 Milky Way 和 Andromeda 两个词语组合在一起）。这一合并后的星系将会缺失形成恒星的气体，因此主要由年老的红巨星组成。

* 仙女星系——最邻近银河系的旋涡星系。肉眼即可见的它是万亿颗恒星的家园。

▽ 三角星系

离银河系第二近的旋涡星系是三角星系，与仙女星系距离也很近。在非常暗的夜空中，它是肉眼勉强可见的。

这个星系距离我们大约 300 万光年远。它只有银河系一半大小，不过它是正向面对我们，因此我们可以清晰地看到它的全部旋臂。它的恒星形成活动极端活跃；其恒星孕育“工场”比猎户座星云大 60 倍。

▽ 玉夫星系

这个美妙绝伦的星系用双筒望远镜可以看到，当然天文望远镜能给出更好的图像。这个

* 较小的三角星系在夜空中与仙女星系相邻。银河系、仙女星系和三角星系都是本星系群的成员。

昵称为“银币”的星系位于晦暗的玉夫座。它是由卡罗琳·赫歇尔发现的。她的哥哥威廉·赫歇尔在 1781 年发现了天王星。

玉夫星系（官方名为 NGC 253）像仙女星系一样几乎是侧向对着我们。虽然我们看不清它的旋臂，但我们发现了这个星系中心的很多活动。

它现在正经历一段激烈的恒星形成期，可能是肇始于两亿年前与一个矮星系的碰撞。这一过程激发了这块“银币”，使得它成为一个星暴星系。

* 南半球天空的明珠：玉夫座的 NGC 253。对于口径超过 300 毫米的望远镜来说，这是一个很好的观测对象。

* 长蛇座中的正向旋涡星系 M83 是恒星诞生和死亡的温床，也是两千亿颗恒星的家园。

▽ 南风车星系

这个星系的图像和上面的“银币”星系完全不同。这个星系同样可以通过双筒望远镜看到。长蛇座的“南风车”星系是完全正对着你的。在梅西叶星云星团表中它被标记为 M83。它不遗余力地展示着自己闪耀的旋臂，是夜空中最美丽的旋涡星系之一。它既是恒星的“孕育工场”，也是恒星的死亡坟墓。从 1923 年起人们记录下了六次南风车星系中的超新星爆发。

8.6　椭圆星系

椭圆星系有大小两种。这两种的共同点是它们都是由年老的红色恒星组成，而且失去了在旋涡星系中很常见的用来形成新生恒星的气体。

仙女星系的两个主要伴星系都是矮椭圆星系。M32 星系的大小仅有 6 000 光年[1]，而且非常致密。它是由年老的红色和黄色恒星组成。它缺乏星际气体作为恒星形成的原料，是一个走向死亡的星系。尽管如此，它的中心有一个大质量的黑洞；将来也许会激发星系的活动。

NGC 205 是仙女星系的另一个矮椭圆伴星系。像它的邻居一样，用小型天文望远镜就可以看到它。但是 NGC 205 和其他矮椭圆星系不同的是，它似乎有一些近期恒星形成活动的痕迹。

巨型的椭圆星系则是完全不同的另一种星系。室女座中的 M87 星系拥有 60 000 亿颗恒星。它的中心存在一个黑洞，其质量大约是太阳的 40 亿倍[2]，是已知最大的黑洞之一。这个中心黑洞如此活跃，使得 M87 星系发射出 5 000 光年长的气体喷流；喷流中的物质以接近光速的速度运行。

* 从中心黑洞发出的强力喷流是 M87 星系的一个主要特征。

在赤道以南，半人马座 A 星系正在忙着吞噬一个小旋涡星系。这个巨大的椭圆星系重达至少千亿倍的太阳质量，用双筒望远镜就很容易看到它。一道厚密的尘埃带穿过它的中心：这是它正在吞噬的那个星系的遗骸。它中心的黑洞拥有 5 500 万倍太阳质量。这个星系跟 M87 一样向宇宙空间中发射气体喷流。但它的气体喷流超过一百万光年长。

* 半人马座 A 星系是南半球天空的壮丽美景。这个椭圆“怪兽”正在吞噬它的旋涡星系伴侣。

1　此处的英文原文是“six million light years”，即六百万光年。这是错误的。M32 的直径大约为六千光年。——译者注

2　根据“事件视界望远镜”合作组织在 2019 年 4 月发布的最新研究（即“黑洞照片”研究），M87 星系中心黑洞的质量约为太阳的 65 亿倍。——译者注

8.7 并合中的星系

星系喜欢共舞。它们的舞姿常常令人大饱眼福。成对的或者是三个一起的星系在黑暗宇宙中翩翩起舞，互相之间拖曳出明亮精美的纤维状物质流。

在所有的相互作用星系中，“涡状星系”是最具标志性的。这个距离我们 3 200 万光年的优美正向星系（梅西叶星云星团表中的 M51）正在和它的小号伴星系 NGC 5195 相互作用。这两个星系由一个恒星和气体组成的桥带相连接。计算机模拟显示，NGC 5195 在 5 000 万年前穿过了 M51 的主星系盘，激发了这个大号星系中的恒星形成活动，并且产生了它的优美旋臂结构。

* 光芒四射的“涡状星系”——这一曲宇宙之舞在这个旋涡星系中激发出狂暴的恒星形成活动。

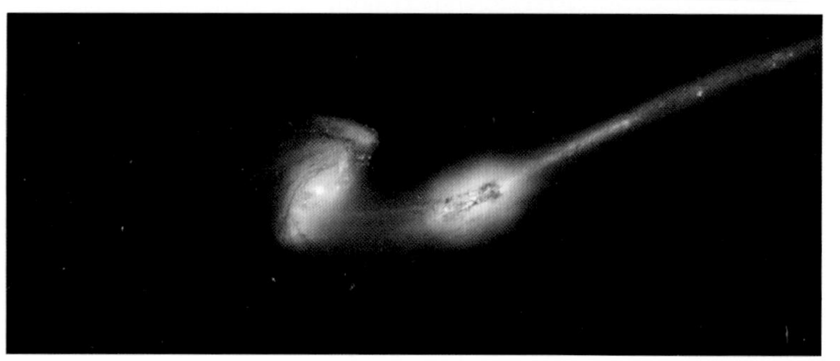

* 这一对“双鼠星系”中的恒星形成活动在爆发——显现出鼠尾一样的恒星和气体流。

在稍远一些的地方，4 500 万光年之外有一对被称作“触须星系”的相互作用星系。这两个星系位于乌鸦座。它们原来是各自独立的，但现在已经乱作一团（尽管看起来很漂亮）。这两个旋涡星系是在 6 亿年前合并的。它们之间的碰撞将两者中的恒星都抛射出来，产生了一对长长的恒星流，分列并合星系的两边；这就是它昵称的来历。两个星系内部气体云的碰撞在新的合并后的星系中激起了爆发式的恒星形成活动。

后发座中的“双鼠”星系是即将发生碰撞的一对星系。这两个星系将近 3 亿光年远。它们大约在 2.9亿年前开始相互靠近。两者之间的相互作用产生了长长的、老鼠尾巴一样的恒星流。造成这一现象的元凶是星系潮汐力：每一个星系的引力都在拉伸、撕扯对方。和触须星系一样，双鼠星系也会最终并合。

8.8 活动星系和类星体

20 世纪，当天文学家开始用例如在英国焦德雷班克和波多黎各阿雷西博的巨星射电天线来巡天的时候，它们发现了一些神秘的天体，起初他们认为这是“射电星”。但是用光学望远镜仔细检查之后，他们发现这些天体实际上是巨型的椭圆星系。

＊ 马尔滕·施密特面对类星体的光谱陷入了沉思。

其中一个最亮的射电源是天鹅座 A。这是 6 亿光年之外的一个强而有力的射电星系。这个星系从它激烈活动的核心中发射出 50 万光年长的喷流，翻涌向前冲入星系之间纤弱的星系际物质，产生巨大的云团。

射电星系是一种天体，但类星体又是另外一种。20 世纪 60 年代早期，一位年轻的荷兰天文学家马尔滕·施密特想到了一个非常聪明的主意：给编号为 3C 273 的这颗“射电星”拍光谱。当他分光得到光谱之后，发现 3C 273 实际上是以极高的速度离我们远去；这是宇宙正在膨胀的一个后果。这意味着这颗“类星体”距离我们极为遥远，同时又在释放出令人生畏的巨大能量。

施密特测量出 3C 273 距离我们 25 亿光年。这只是一个开端。在现在已知的 20 万类星体中[1]，最遥远的类星体距离我们有惊人的 300 亿光年！

类星体是星系正在经历成长阵痛的表现。在每个这样的星系的中心都有一个超大质量黑洞吞噬气体；它们的“饱嗝儿”会在宇宙中产生大规模的爆发。3C 273 中心的黑洞质量有太阳的 10 亿倍。[2]

即便银河系的中心黑洞也有一些微弱的生长活动。红外望远镜能够穿透包裹银心的尘埃云，看到其中恒星和气体的热辐射。这些物体的运行速度很快，所以它们一定是在某种强大引力的掌控之中。有一颗星环绕银心的速度超过了每小时 1 800 万千米。射电天文学家在银河系正中心的位置发现了一个致密的辐射源：半人马座 A*。

1 现在已知类星体的数目已远远超过原文中的数字。仅斯隆数字巡天在 2018 年发表的类星体星表中就包含超过 52 万个经过光谱认证的类星体。——译者注

2 本段和下一段的英文原文有一些在科学上描述不准确的地方。译者在尽量忠实于原文的基础上力求科学描述的准确。——译者注

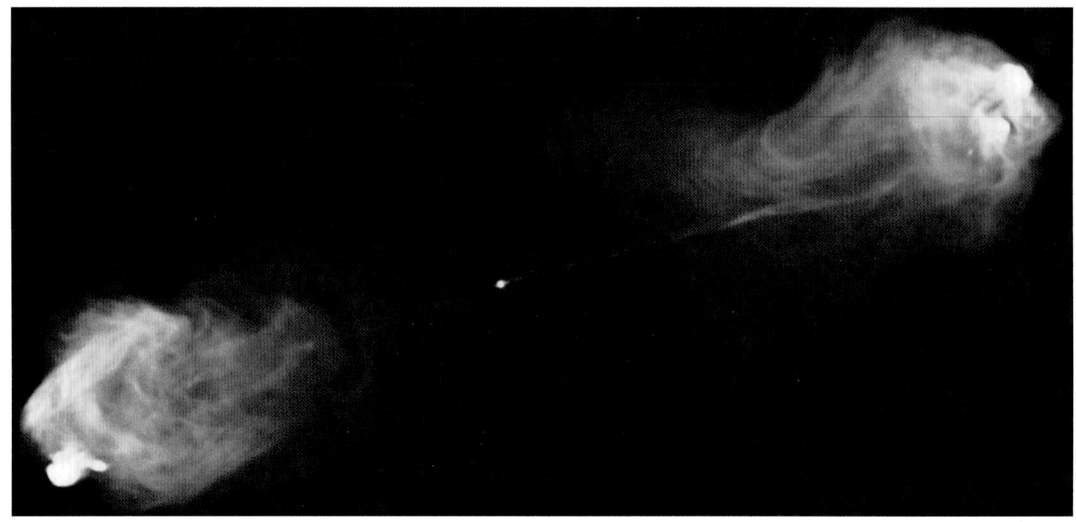

* 射电星系天鹅座 A 是由其中心重达 25 亿倍太阳质量的超大质量黑洞所驱动的。图中由射电望远镜拍摄到的巨型气体云是由接近光速的喷流在星际空间产生的。

天文学家将这些所有的观测证据组合起来，得出的结论是我们银河系的中心一定包含一个超大质量黑洞：据估计有太阳质量的400万倍。

当一颗高速恒星运行到离黑洞这个隐形怪兽太近的地方时，它有可能会被撕碎。我们观测到的电磁波辐射是恒星气体在掉入黑洞并永久的在宇宙中消失之前发出的最后呐喊。

8.9 宇宙的结构

星系是群居的“生物”。它们喜欢一群生活在一起；引力是联系它们的纽带。宇宙的结构由星系团所主宰。星系团由相互影响的一群“恒星城市”组成。

我们的银河系也不例外。它是由 50 多个星系组成的小团体“本星系群”中的一员。这个群体的头领是仙女星系和银河系，三角星系排在第三位。其余成员就是矮椭圆星系或者不规则星系。

我们自己的本星系群又是宇宙尺度上的巨型结构“本超星系团”的一部分。我们这一小群星系和其他星系一起在引力的作用下追随庞大的室女星系团。5 500 万光年远的室女星系团是我们这个宇宙“都市带”的核心。

如果你用小型望远镜搜寻室女星座“Y”构型的上半部分，你会发现几十个模糊的团块。这些就是室女星系团几千个星系的一小部分。

室女星系团的两千多个星系中很多都是和银河系一样的旋涡星系。但还有一些更为壮观。星系团中的重量级选手是 M87。这个巨椭圆星系发射出绵延 5 000 光年的喷流，以近乎光速的速度运行。

在最大的时空尺度上，类似室女星系团这样的大星系团是宇宙结构的基石。从整体上讲，我们的宇宙就像一块巨型的瑞士奶酪，充满了空洞。星系团所组成的长达百亿光年的纤维状结构是宇宙中最庞大的特征。这些纤维结构环绕着缺失星系的巨大空洞。

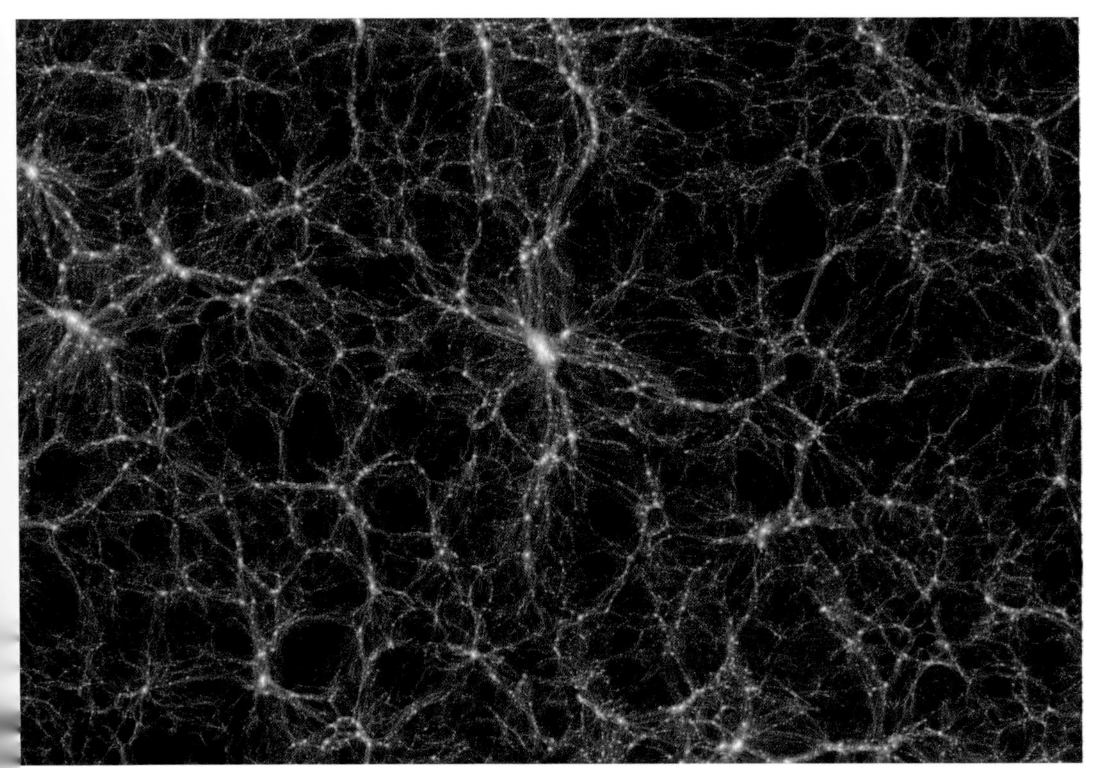

* 十亿光年尺度的宇宙结构图显示出星系组成长长的纤维环绕着巨型的空洞。

8.10 宇宙的蓝图

138 亿年前，宇宙诞生于“大爆炸”的狂暴之火。没有人知道为什么会有“大爆炸”，或者它又是如何发生的。

指向我们宇宙起源的证据首先是由美国天文学家埃德温·哈勃在 20 世纪 20 年代观测星系时注意到的。他发现越远的星系越是更快地离我们远去。换句话说，宇宙正在膨胀。

哈勃的观测是基于分析星系的光谱。静止的恒星或者星系会显示统一的谱线形态（谱线是原子吸收特定波长的光造成的[1]）。不过，对于移动的天体,其谱线的波长也会变化。这种“多普勒频移”和救护车从你面前疾速驶过时的效应是一样的。救护车驶向你的方向时，鸣笛的声调听起来很高；远离你时声调就降低了——因为声音的频率降低了。光也是一样的：离我们远去的物体的光波会变红（即波长变长、频率降低）；向我们而来的物体的光波会变蓝（即波长变短、频率升高）。哈勃发现绝大多数星系的光会“红移”，从而证明了我们是生活在一个膨胀的宇宙中。

即便保守地说，“大爆炸”的最初几秒钟也是动荡而又混乱的——炽热的温度，极高的密度。但这个婴儿宇宙已经开始创造亚原子粒子了。三分钟之后，第一批元素，也就是氢和氦已经生成了。这些元素是我们今天所知的恒星和星系的基石。

宇宙空间仍然充满了创生之后的余晖：“宇宙微波背景辐射”即是创生之火在宇宙不断膨胀之后留下的遗迹。

* 由普朗克卫星拍摄的宇宙微波背景辐射图，显示了年轻宇宙的早期结构。

暗物质

我们脑海中的宇宙总是闪闪发光的实体：恒星、行星和星系将宇宙照亮。但这远远不是真相。近些年来，天文学家发现大约 90% 的宇宙都是不可见的，其中包含神秘的“暗物质”[2]。

虽然暗物质不可见，我们通过引力感知暗物质的存在。它主宰着星系团中高速运动的星系，也保护着旋转的星系不至于四分五裂。天文学家怀疑暗物质由某种亚原子粒子组成。世界各地的研究者也在试图用地下实验捕捉它。理论认为这些粒子产生于宇宙大爆炸，并且一直存续到今天。

1　除吸收线之外，恒星或星系还会产生发射线，即原子自身发射出特定波长的谱线。——译者注

2　英文原文的描述不是非常准确。宇宙中的不可见部分包括暗物质和暗能量；按照近期的研究结果，暗能量约占宇宙总质量的 68%，暗物质约占宇宙总质量的 27%。——译者注

8.11 宇宙的终结

虽然宇宙诞生于闪耀的光辉，它的终结却是一个逐渐衰退的过程。宇宙大爆炸的一个后果是现在的星系都在互相远离。此外，20 世纪 90 年代末的天文学家发现宇宙不仅在膨胀，而且膨胀还在加速。

这一发现源自对遥远星系中超新星的观测。这些超新星是“标准烛光”：它们具有相同的光度[1]，因此依据它们的表观亮度就可以计算出距离。观测显示最遥远的那些星系远离我们的速度越来越快；在遥远的将来，它们会消失在视野之中。

是什么造成了宇宙加速膨胀？最有可能的解释是作用于宇宙的一种新的力量：暗能量。现在的测量结果显示我们宇宙中很大一部分是由一种我们仍然无法理解的力来驱动的。暗物质将星系维系在一起，而暗能量则将它们撕开。

我们无法确定宇宙的终极命运是什么样的。一些科学家认为暗能量的排斥作用最终会反转，所有的东西会塌缩进一个火球，称为“大挤压”。其他人认为空间本身会被撕裂，毁灭其中所有的物质。

但最有可能的是，我们宇宙的命运是索然无味的。所有的星系都已诞生，在几十亿年的时光里，它们将会耗尽能生成新恒星的气体。所以宇宙的将来就是死亡星系所占据的孤寂空间，很多星系中也有衰弱的黑洞。

因此，让我们来庆祝当下吧。宇宙正在它的壮年。星系、星云共同闪耀。绚丽的恒星仍在诞生，并且携带着一大群惊人的行星，甚至还可能有各种各样的外星生命。

我们正置身于壮丽宇宙的最好时代……

＊ 在这张深场图像中，哈勃太空望远镜凝视着宇宙的遥远过往。跟我们熟悉的现今那些安详宁静的星系相比，那个时候的星系要扭曲得多。

1 原文的这一描述不是非常准确。更为确切的说法是遵循相同亮度衰减规律的 Ia 型超新星具有相同的光度。——译者注

OPHIUCHUS
SERPENS
AQUILA
LYRA
SAGITTA
CORONA
HERCULES
CYGNUS
DRACO
CAN
VEN
URSA
MINOR
Polaris
CEPHEUS
CASSIOPEIA
URSA
MAJOR
PERSEUS
AURIGA
CANCER
GEMINI
TAURUS
Pleiades
Ecliptic
CAN MIN

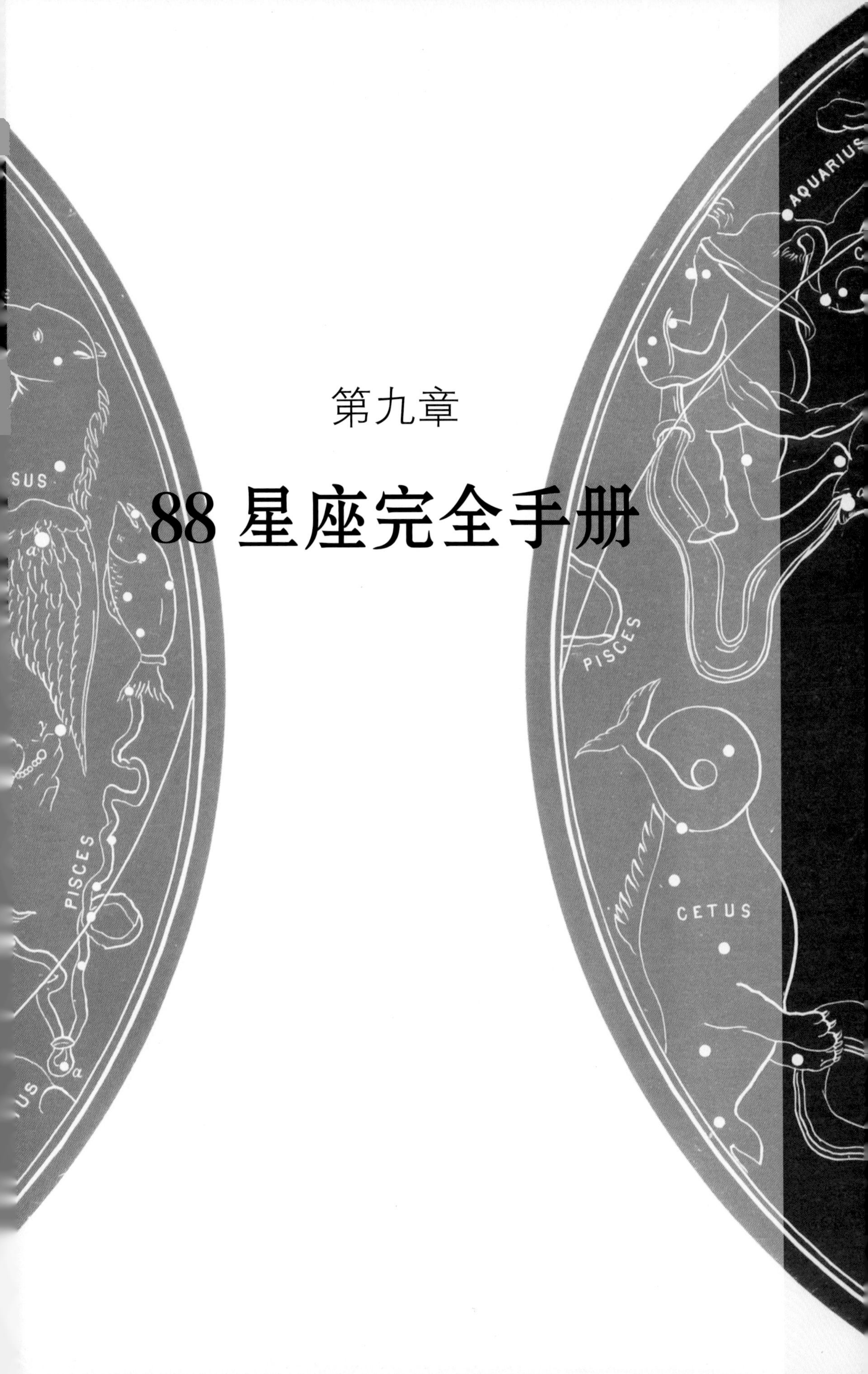

第九章

88 星座完全手册

9.1 引言

初看起来，夜空就像异国他乡一样陌生；在复杂的图景中很容易迷失。那颗亮星是什么？暗淡模糊的这一片又是什么？

现在你打开智能手机或平板电脑上的应用立刻就能够知道你在看什么。但是这样只是像用卫星来做地面导航——你并不能更多地了解你所到访的区域。

经历了几千年考验的传统方法无疑是熟悉星空的最佳方式。天文学家将星空分成了各个独具特色的图案，这就是星座。当你熟悉了诸如猎户座、大熊座或南十字座这样的明亮星座，就可以通过它们来认识更暗的星座图案。

你可以首先参考本书 2.3 节星图上显示的现在可见的主要星座图案。然后深入本章的内容去探寻每个星座的宝藏。

你还可以得到额外的奖赏：每一个星座背后都有一个动人的故事。像狮子座和天蝎座这样的主要星座根植于古代美索不达米亚和希腊神话传说中的神祇和英雄们。在近现代时期命名的星座中则包含极乐鸟甚至是空气泵。

中国星座

夜空中的恒星就像连连看的谜题。世界上不同地区的天文学家将它们连接成不同的样式。西方有 88 星座的划分，而古代中国则将星空划分为 283 个更小的星空图案[1]。例如，希腊人将亮星组成的独特 W 形状划分在仙后座，而中国人将其分为三个星官：两个跨越高山（银河），另一个则是四匹马拉动的马车[2]。

* “法尔内塞的阿特拉斯”是一座古代希腊雕塑的罗马复制品，讲述巨人阿特拉斯肩扛天球的故事。天球上描绘着 41 个古代最久远的星座图案。阿特拉斯的拇指按在猎户座上；右边是大犬座和传说中的阿尔戈船。

1 此处指中国古代天文学中的“星官”。《步天歌》中记载了 283 个星官。明末天文学家徐光启参考欧洲天文学的数据增补了近南极星区 23 个星官，使得总数达到 306。——译者注

2 原文此处描述不尽准确。仙后座组成 W 形状的五颗亮星在中国天文的命名中分别是王良四、王良一、策、阁道三、阁道二，分属王良、策、阁道三个星官。其中“阁道”为天子出行的道路，“王良”是中国古代著名的马车夫，而“策”是马鞭。——译者注

9.2 绘制天图

古代天文学家对划分星座图案很着迷，其中一些星座图案产生了重叠。比如壁宿二这颗星既代表了安德洛墨达公主的头部，同时也标志着飞翔天马的肚脐。

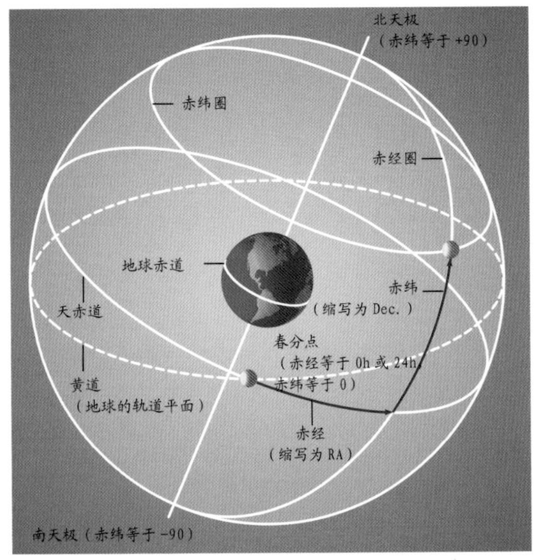

天文学家给天空定坐标的方式类似地理学家为地球划分坐标的方式。在天赤道的南北，“赤纬”对应地球的“纬度”。按照从西向东的方向，

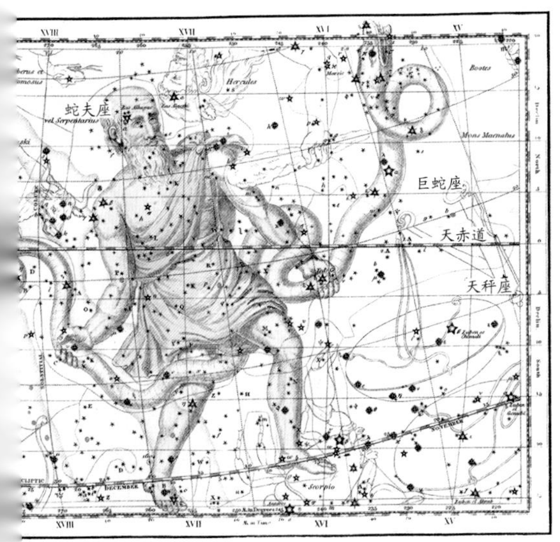

“赤经”则是天球上的“经度”：它是以“春分点”（即黄道与天赤道的一个交点）为起始点定义的。

1930 年，国际天文学联合会整理了天区划分的方式。他们清除了一些多余的恒星图案，包括正义王笏座、印刷室座和猫座等。他们还确立了 88 个星座之间的永恒边界。在本章的每幅星座图上你都可以看到星座的边界，以及定义星座形状的连线图。位于一个星座边界以内的特殊图案称为“星群”，例如大熊座的“北斗七星”以及双鱼座的“小环”。

在本节图中我们展示了天文学家画在天球上的想象出来的线；这些线对应地球上的经度和纬度。从天赤道往北或往南的角距离称为“赤纬”；从西往东走过的角距离称为“赤经”。

还有一条穿过众星的重要路线：黄道带；这是月亮和行星们所走的路线。它穿过传统的黄道十二宫，从白羊座到双鱼座（其实还应该加上蛇夫座）。当然天文学家并不相信占星家给予这些星座的无意义的解释。

我们将黄道带的中心线称为“黄道”。如果在白天的时候能将蓝天移开，我们就能看出来这是太阳每年会经过的路线。

关于一个完整的星座列表，请参考附录 A.5 节。在表格中我们同样给出了为恒星命名所使用的星座所有格的形式：比如仙王座中的一颗重要的变星被命名为 Delta Cephei[1]。

* 古人使用像图中蛇夫一样的形状来刻画天空，虽然不够精确但更加浪漫。

1 即命名所使用的 Cepheus 的所有格是 Cephei。这颗星的中文名称为“造父一”。——译者注

9.3 仙女座

对于古希腊人来说，这一星座中连成一线的三颗平淡无奇的恒星是一场宇宙大戏的主角：安德洛墨达公主被锁链绑在大石上，马上就要被海怪吞噬。她的母亲卡西欧佩亚夸口说公主比海里的宁芙都要美。这惹恼了海神，于是海神派来了凶猛的海兽刻托[1]。她的父亲刻普斯得知唯一打败海兽的方法是牺牲安德洛墨达。当怪兽逼近的时候，英雄珀尔修斯从天而降，迅速打败了怪兽，并迎娶了公主。所有的这些角色都变成了围绕仙女座的星座。

在三星连线末尾的这颗星天大将军一是一颗美丽的双星，用小型天文望远镜就可以看到。主星是一颗明亮的黄超巨星，而它的伴星则散发蓝色光芒；这一颜色的反差使其成为天空一道亮丽的风景。实际上天大将军一是一个四合星系统；那颗伴星是靠得很近的三颗星。

不过整个星座的皇冠是仙女星系。在一个远离街灯的、非常黑暗的夜晚，月亮也没有出现的时候，这座伟大的“恒星都市”是肉眼可见的最遥远的天体。它的距离是不可思议的 250 万光年。用肉眼看，仙女星系夜空中模糊的一片光芒，比满月还要大。用双筒望远镜会看得更清楚。而用低放大倍数的天文望远镜，你甚至可以看到贯穿星系的暗线和它的两个较大的伴星系。但如果想要呈现出它美丽的旋臂结构就需要长时间曝光拍出的图像了。

唧筒座，见 9.44 节。

天燕座，见 9.30 节。

1　英文原文的用词混淆了神话中海兽的名字 Ceto 和代表海兽的鲸鱼座 Cetus。王族星座中其他的星座的名称和神话中的人物名字相同。——译者注

主要恒星

名称	星等	类型	与地球的距离 / 光年	光度（相对于太阳）	直径（相对于太阳）
奎宿九	2.1	红巨星	197	2 000	100
壁宿二	2.2	蓝巨星	97	240	3
天大将军一 A	2.3	黄超巨星	350	2 000	80
天大将军一 B	4.8	蓝白主序星	350	70	2

9.4 宝瓶座

宝瓶座的来源要追溯到古巴比伦时期。古巴比伦人认为这是水神埃亚（Ea）在从满溢的花瓶中往外倒水。当他被带走时，汹涌的水流变成了底格里斯河与幼发拉底河灾难性的洪水。

宝瓶座周围的星座或多或少都与水有关，比如鲸鱼座、双鱼座和摩羯座。古代天文学家将星空这一整片区域都与水联系起来，或许是因为每年太阳都在二三月间的雨季穿过这些星座。

到了古希腊时代，宝瓶座只是一个扛着水罐的人；星座中心的四颗星代表这个水罐。不过，神圣的光环似乎从未离去。阿拉伯人将星座中最亮的星命名为“帐篷的幸运星”（Sadachbia；即宝瓶座 γ，中文名“坟墓二”）和“帝皇的幸运星”（Sadalmelik；即宝瓶座 α，中文名“危宿一”）。

宝瓶座 ζ（Sadaltager，意为“商人的幸运星”；中文名“坟墓一”）是一对靠得很近的白色恒星。你需要一个很好的业余天文望远镜才能将这一对天空中的宝石分离开来。

宝瓶座长时间曝光的图像中包含一处美丽的景象：螺旋星云。这是一个恒星死亡阵痛所产生的行星状星云。它的距离有 700 光年，是最近的行星状星云之一。它大约有半个满月那么大。通过双筒望远镜或小型天文望远镜可以看到这一暗弱的夜空魅影。

哈雷彗星的部分碎片在每年 5 月 5—6 日坠入地球大气层，形成以代表“水罐”的恒星之一所命名的流星雨——宝瓶座 η 流星雨。

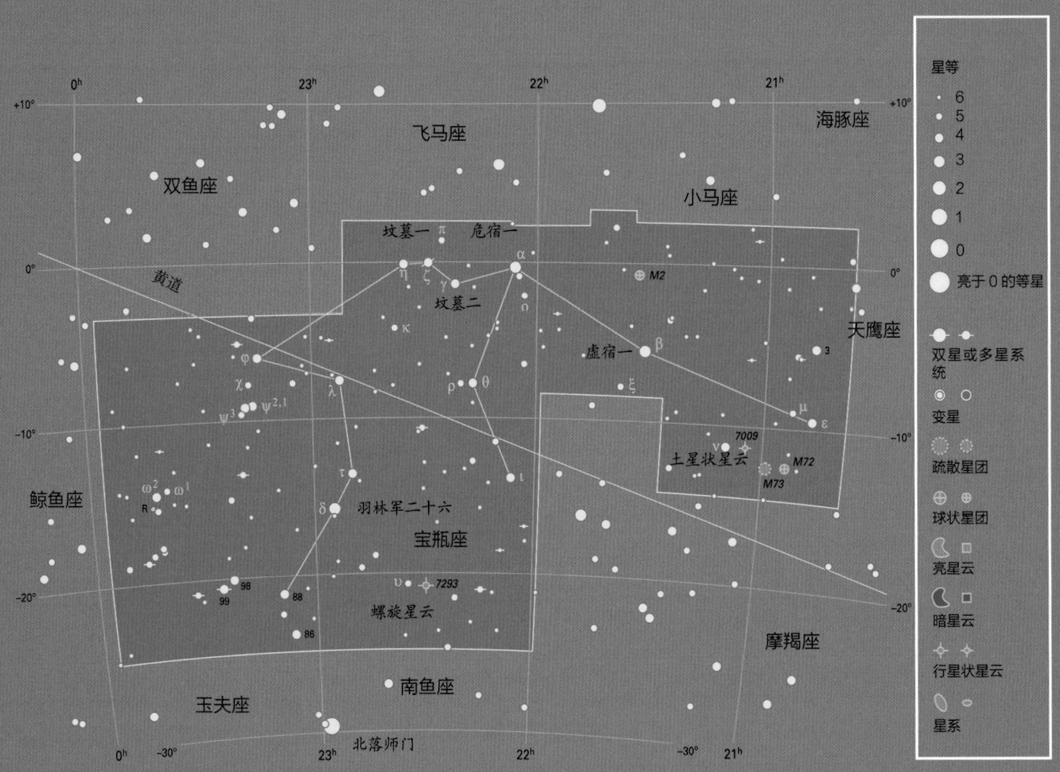

主要恒星

名称	星等	类型	与地球的距离 / 光年	光度（相对于太阳）	直径（相对于太阳）
虚宿一	2.9	黄超巨星	540	2 300	50
危宿一	3.0	红巨星	520	3 000	80

9.5　天鹰座、盾牌座

▽　天鹰座

在众神与提坦的战争中为朱庇特携带雷电的勇敢之鸟飞上了夜空成为天鹰座。它另外一项著名的使命是为距比特带来了世界上最俊俏的美少年伽倪墨得斯。

这个星座主宰之星是“牛郎星”河鼓二，夜空中的第 12 亮星。它的名称 Altair 来自阿拉伯语，意为“飞翔之鹰”。在夜空识别牛郎星是很容易的，它的两边各有一颗暗星。距离我们 17 光年的牛郎星是一颗年轻的白色恒星，自转速度非常快。

天桴四（天鹰座 η）是最亮的造父变星之一。造父变星是亮度会变化的年老恒星，由其不断膨胀和收缩导致。天桴四距离我们 1 400 光年，每七天亮度会在 3.5 ~ 4.4 等之间变化。

▽　盾牌座

1690 年，波兰天文学家约翰・赫维留将天鹰座附近的暗星连接起来，创造了盾牌座（起初命名是 Scutum Sobiescianum，意为“索别斯基之盾”）来纪念英雄的波兰国王扬三世・索别斯基。还好现在这个星座的命名被简化为 Scutum。

穿越这个星座的部分银河显得格外明亮。这是因为这一区域较少有遮挡遥远恒星的尘埃。

这个星座主要吸引人的地方是野鸭星团。它是由三千颗恒星紧密靠在一起形成的。通过双筒望远镜能看到模糊不清的一片光斑，而通过小型天文望远镜就能看到壮丽的景象。这一星团呈三角形状，因此 19 世纪的英国海军上将和天文学家威廉・史密斯描述它看起来像飞翔中的野鸭群形成的阵列。

天坛座，见 9.28 节。

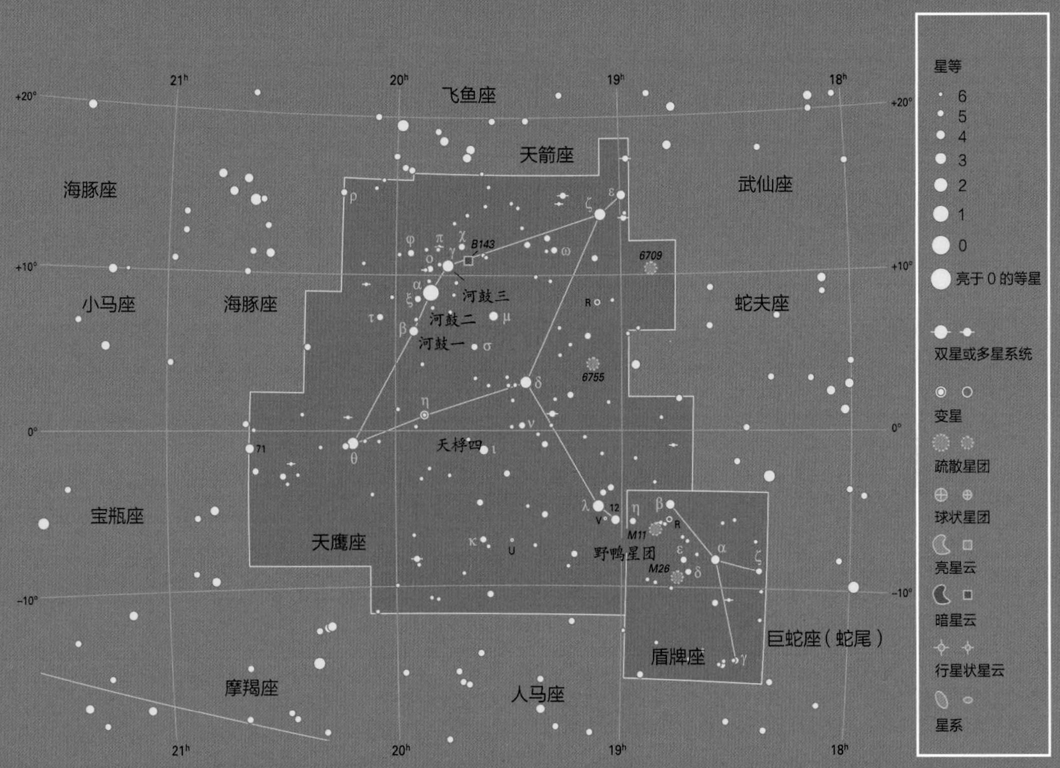

主要恒星

名称	星等	类型	与地球的距离/光年	光度（相对于太阳）	直径（相对于太阳）
河鼓二 / 牛郎星	0.77	白主序星	17	11	1.8
河鼓三	2.7	橙巨星	395	2500	95

9.6 白羊座、三角座

▽ 白羊座

白羊座只有两颗中等亮星：娄宿三和娄宿一。这两颗星与更暗的娄宿二一起构成了夜空中的白羊头部。不过，白羊座是一个古老的星座。大约两千年前，太阳在每年从南半天球移入北半天球时，会在白羊座穿过天赤道。这是春天到来的标志。

在希腊神话中，这只白羊却有一个不幸的结局。它是拯救了英雄佛里克索斯的“金色公羊”，却被这位年轻的英雄献祭给了众神。佛里克索斯将公羊的皮毛挂在神庙中；这就是人人垂涎欲滴的“金羊毛”。

在构成羊头的三颗星中，最暗的那颗娄宿二却是最有趣的。这个距离我们 165 光年的双星系统拥有两颗亮度相同的白色恒星，通过小型望远镜很容易分辨。娄宿二是第一个通过望远镜发现的双星系统。它是由英国科学家罗伯特·胡克在 1664 年追踪彗星时发现的。

▽ 三角座

虽然三角座比它的邻居白羊座更加晦暗，它也可以追溯到人类历史的最早期。令它出名的是三角星系；它是本星系群中第三大的星系（仅次于仙女星系和银河系）。

虽然它的距离有 300 万光年，老道的天文学家能够用肉眼找到这个星系（前提是在理想的晴朗暗夜）。通过双筒望远镜或者小型天文望远镜会看到一片暗弱的模糊光斑。要想看到它的旋臂结构，你需要一个大型的天文望远镜以及非常暗的夜空。

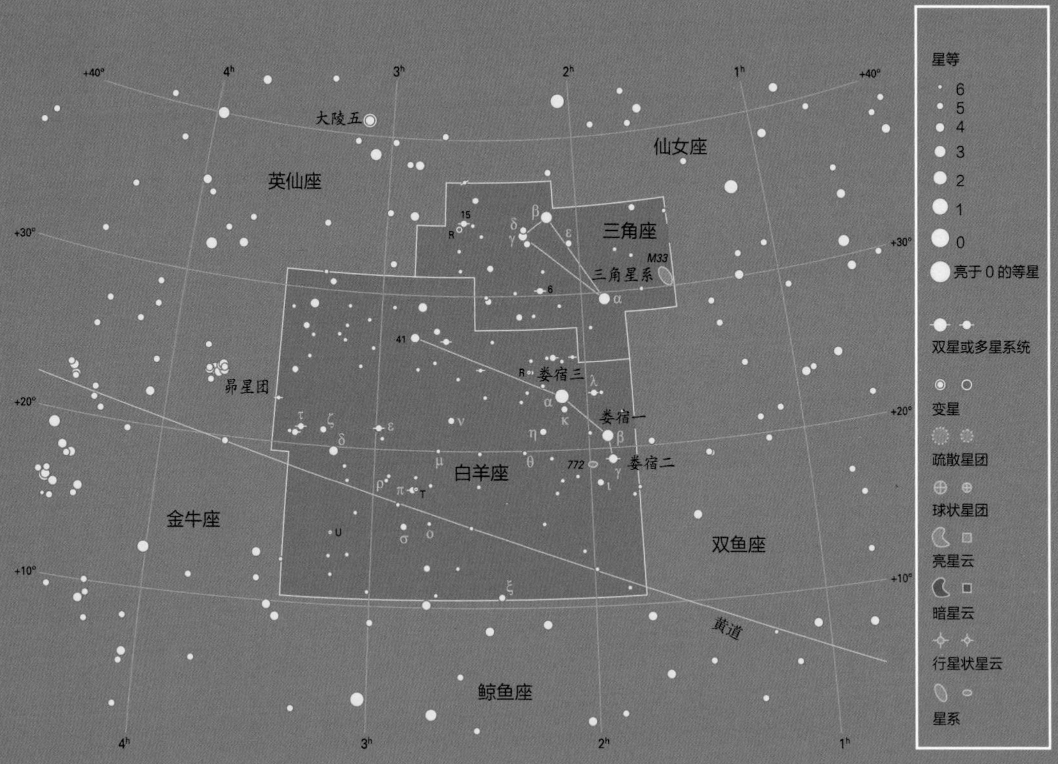

主要恒星

名称	星等	类型	与地球的距离/光年	光度（相对于太阳）	直径（相对于太阳）
娄宿三	2.0	橙巨星	66	90	15
娄宿一	2.7	白主序星	60	23	1.8

9.7 御夫座、天猫座

▽ 御夫座

每年最初几个月闪耀在星空的御夫座是以希腊英雄埃里克托尼奥斯命名的。他发明了四驾马车来帮助他的跛脚。这个星座的主宰是夜空中的第六亮星五车二。它的英文名 Capella 原意为“小山羊”。但五车二其实和“小”不沾边。它实际上是一对紧密环绕彼此的巨星，轨道周期只有 104 天。我们无法将其分辨开来。

御夫座的第二亮星五车三（Menkalinan；阿拉伯语意为“马车夫的肩膀”）是一个食双星系统；两颗星互相经过对方前方的时候会产生以两天为周期的亮度变化。

紧挨着五车二的是由昵称为“小羊”的几颗恒星构成的三角形（古巴比伦人将御夫座视作牧羊人的曲柄杖）。其中的两颗其实也都是双星系统。柱二（御夫座 ζ；Sadatoni）的主星是一颗橙巨星，每过 972 天就被它的蓝白色伴星掩食。柱一（御夫座 ε；Almaaz）是夜空中最不寻常的恒星系统之一。每过 27 年，它的主星就会被一个巨大的暗盘和隐藏在其中的伴星掩食。

在马车夫的“躯干”部分有三个非常美丽的星团。这三个星团依据它们在法国天文学家夏尔・梅西叶编纂的星团星云表中的位置命名为 M36、M37 和 M38。这三个星团在双筒望远镜都呈现为模糊的光斑，而用小型天文望远镜就可以看到其中璀璨的恒星。

▽ 天猫座

17 世纪的波兰天文学家约翰・赫维留以御夫座和大熊座之间的暗星创造了天猫座。他自己说你需要拥有猫一般的敏锐视力才能看到它。这个星座本身没有什么有趣之处。

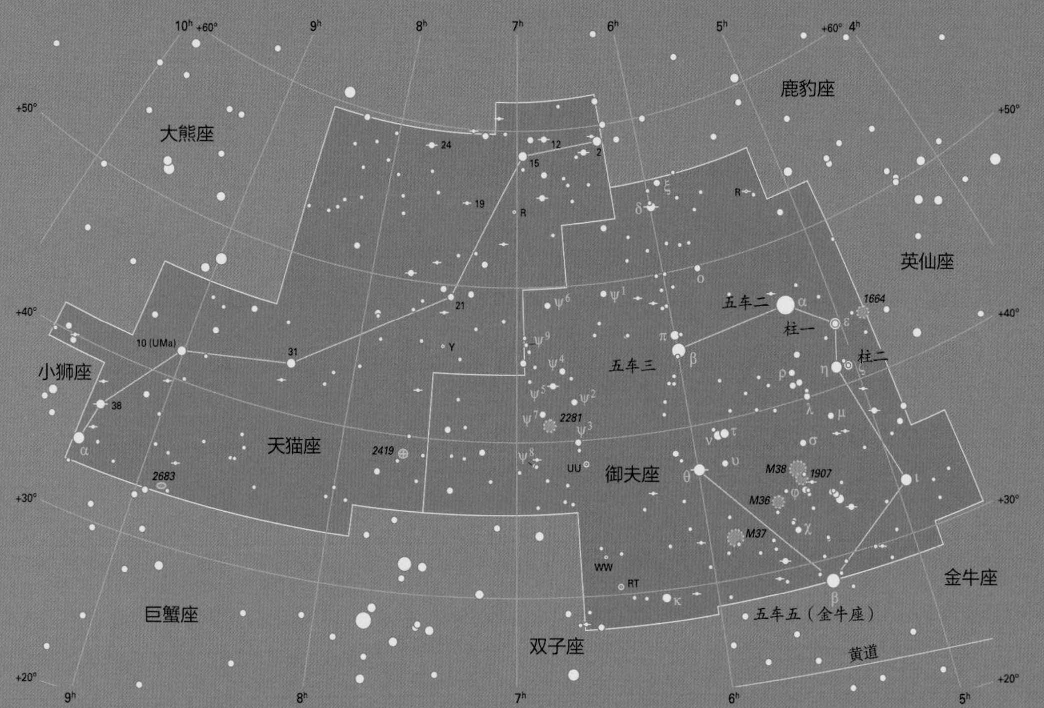

主要恒星

名称	星等	类型	与地球的距离 / 光年	光度（相对于太阳）	直径（相对于太阳）
五车二	0.08	黄巨星双星	42	93，64	12，9
五车三	2.7	白巨星双星	81	48，48	2.7，2.6

9.8 牧夫座、北冕座

▽ 牧夫座

形状像风筝的牧夫座是天庭中掌管北方星辰的牧人。荷马史诗《奥德赛》中有提到他。星座中最亮的星是大角，它的英文名称 Arcturus 的含义是“牧熊人”，因为它看起来像驾驭着两只熊（即大熊座和小熊座）。大角是夜空中第四亮的恒星。对古代波利尼西亚的水手来说，划过夏威夷正上方夜空的大角是一个重要的导航信标。

一架好的天文望远镜可以将梗河一（牧夫座 ε；Izar）分辨为黄色和蓝色恒星组成的双星。它的另外一个名字 Pulcherrima 的含义是“最美丽的”。

要暗得很多的七公六（牧夫座 μ；Alkalurops，意为“牧夫的曲柄杖”）是一个有趣的三合星系统：用双筒望远镜能分辨出来是双星，进一步用天文望远镜可以看到那颗较暗的星本身就是一个密近双星。

每年 1 月 3—4 日从牧夫座方向会有一场美丽的流星雨。不过，令人容易混淆的是它被称作“象限仪座流星雨”（Quadrantids）。这是因为流星雨的辐射点属于原来的象限仪座（Quadrans Muralis，以天文仪器象限仪命名）[1]。

▽ 北冕座

面积虽小却形状十分工整的北冕座代表了酒神狄俄尼索斯在他们婚礼上送给阿里阿德涅的皇冠。这座天堂皇冠上拥有一颗至高无上的宝石：蓝白色恒星贯索四（Gemme 即“宝石”之意）。这个星座中还有两颗行为古怪的变星。

北冕座 R 通常显示出肉眼勉强能看到的亮度，但有时会隐藏在炭黑色的云团之后。北冕座 T 则正好相反。它通常很暗，用双筒望远镜都很难看到。但有时候会突然爆发，跟贯索四一样亮。

雕具座，见第 9.37 节。

鹿豹座，见第 9.14 节。

1　1922 年国际天文联合会统一星座划分和命名时将象限仪座废弃。——译者注

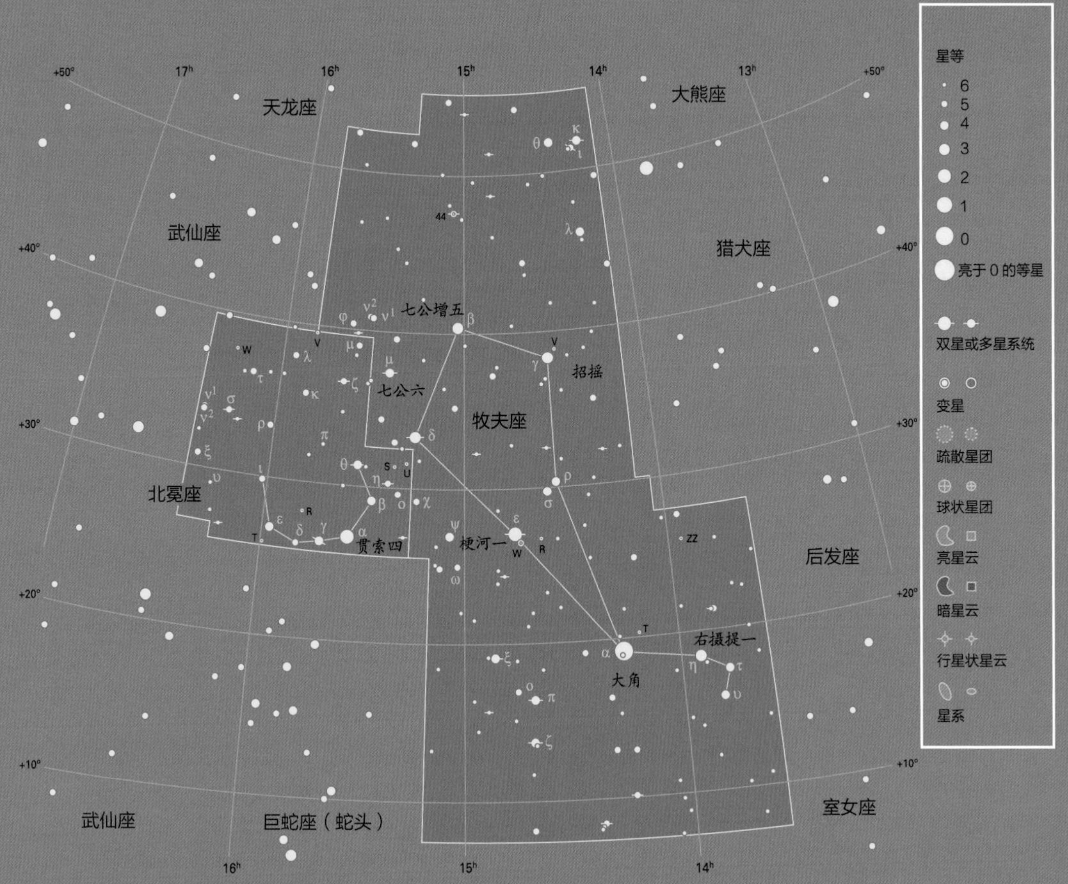

主要恒星

名称	星等	类型	与地球的距离 / 光年	光度（相对于太阳）	直径（相对于太阳）
大角	-0.04	橙巨星	37	170	26
贯索四	2.2	白主序星	75	75	3

9.9 巨蟹座

巨蟹座是黄道带星座中最暗的一个。黄道带是太阳、月球和行星在天空中移动的轨迹。城市的灯光会完全掩盖掉巨蟹座的星光，不过在非常暗的夜空你可以在“狮子座镰刀”与双子亮星北河二、北河三之间找到巨蟹座。

神话传说中的巨蟹试图在英雄赫拉克勒斯与多头蛇怪海德拉搏斗（赫拉克勒斯的“十二伟业”之一）时钳住他的脚踝以分散他的注意力。在赫拉克勒斯把这个螃蟹踩碎之后，他的死对头女神朱诺将螃蟹升上天空变为星座。

巨蟹座暗弱的星仅仅是名字上很有趣。中心的恒星拥有最长命名的记录：Arkushanangarushashutu（巴比伦语意为“螃蟹东南星”）；现在我们通常称之为Asellus Australis（中文名“鬼宿四”）。它和另外一颗星Asellus Borealis（中文名“鬼宿三”）一起在侧面拱卫着巨蟹座的荣耀：鬼星团（Manger）。

在一个晴朗的暗夜，用肉眼就可以很容易在巨蟹座看到一片暗弱模糊的光，这就是鬼星团（其源自拉丁语的正式名称为Praesepe）。伽利略用他的望远镜发现鬼星团实际上由至少四十颗星组成。这一大群密集的恒星又给了这个星团现代更常用的名字：蜂巢星团（the Beehive Cluster）。这个“蜂巢”面积很大，所以最好使用双筒望远镜或者低倍数的天文望远镜观察它。

观测巨蟹座的另一个星团M67就需要天文望远镜了。这个星团距离我们2 700光年。

猎犬座（Canes Venatici），见9.42页。

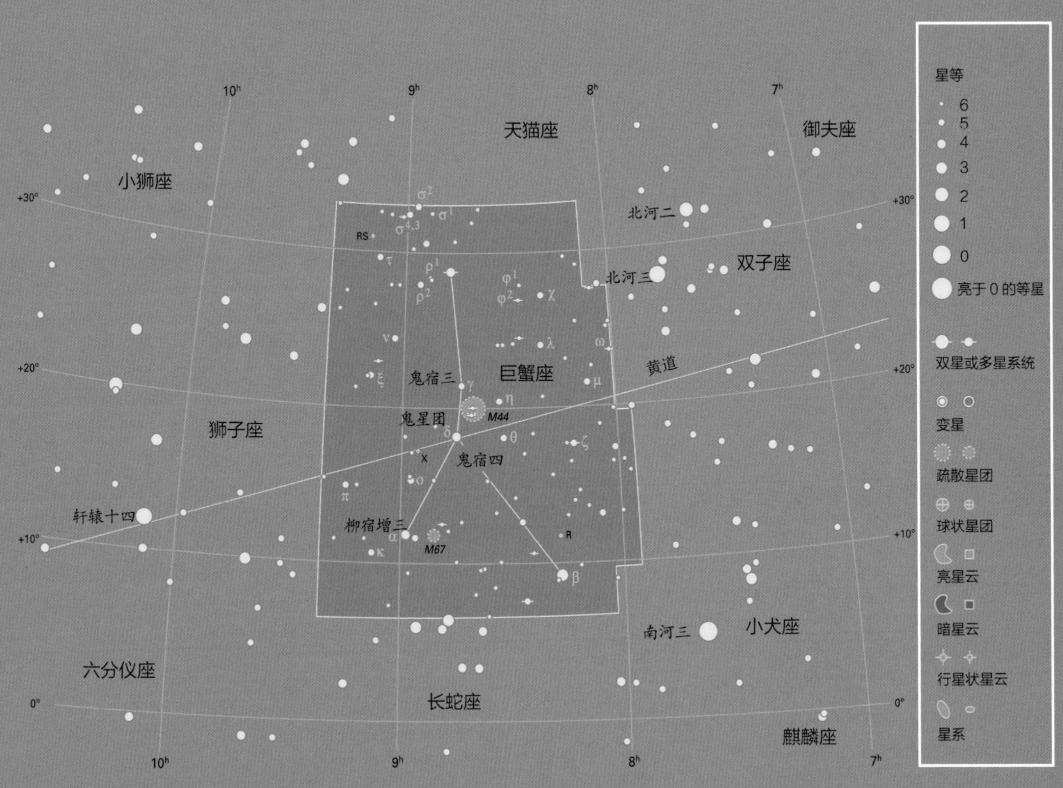

天猫座
御夫座
小狮座
北河二
北河三
双子座
巨蟹座
鬼宿三
黄道
鬼星团
M44
狮子座
鬼宿四
轩辕十四
柳宿增三
M67
南河三
小犬座
六分仪座
长蛇座
麒麟座
星等
6
5
4
3
2
1
0
亮于 0 的等星
双星或多星系统
变星
疏散星团
球状星团
亮星云
暗星云
行星状星云
星系

9.10 大犬座

明亮的天狼星标志着大犬座——猎人俄里翁两条猎犬中较大的那条。它正在追逐天兔，不过它的真正目标是俄里翁的主要猎物——金牛。印第安人将大犬座和小犬座视为“银河的看门狗”。银河从两个星座之间穿过。

天狼星是夜空中最亮的恒星。它的质量是太阳的两倍，光度达到太阳的 25 倍。从人类历史的最早期，天狼星就被称为“犬星”，这也是整个星座名称的来源。当每年五月太阳接近这颗星的时候，古罗马的农民会将狗献祭。那时的人们将令人困乏的炎热夏季（称为“dog days of summer”）归因于天狼星的辐射增加了太阳的热量。天狼星对于古埃及人是至关重要的。每年，当人们看到天狼星在黎明时自东方地平线升起的日子预示着尼罗河水要开始泛滥了。

严格来讲，天文学家将这颗星称为天狼星 A（Sirius A）。它还有一颗小的伴星天狼星 B（Sirius B）：这是一颗重量跟太阳差不多，却跟地球一样大小的白矮星。要想看到天狼星 B（昵称为“小狗”）则需要一架相当强大的业余天文望远镜（口径在 200 毫米以上）。

在天狼星的附近有一个美丽的星团 M41。这个由一百多颗星组成的松散星团距离我们 2 300 光年。用双筒望远镜甚至是肉眼就可以看到它。传说古希腊哲学家亚里士多德在公元前 325 年将其描述为“一个云雾状的光斑”。如果被证实的话，这将是流传下来的关于深空天体的最早描述。

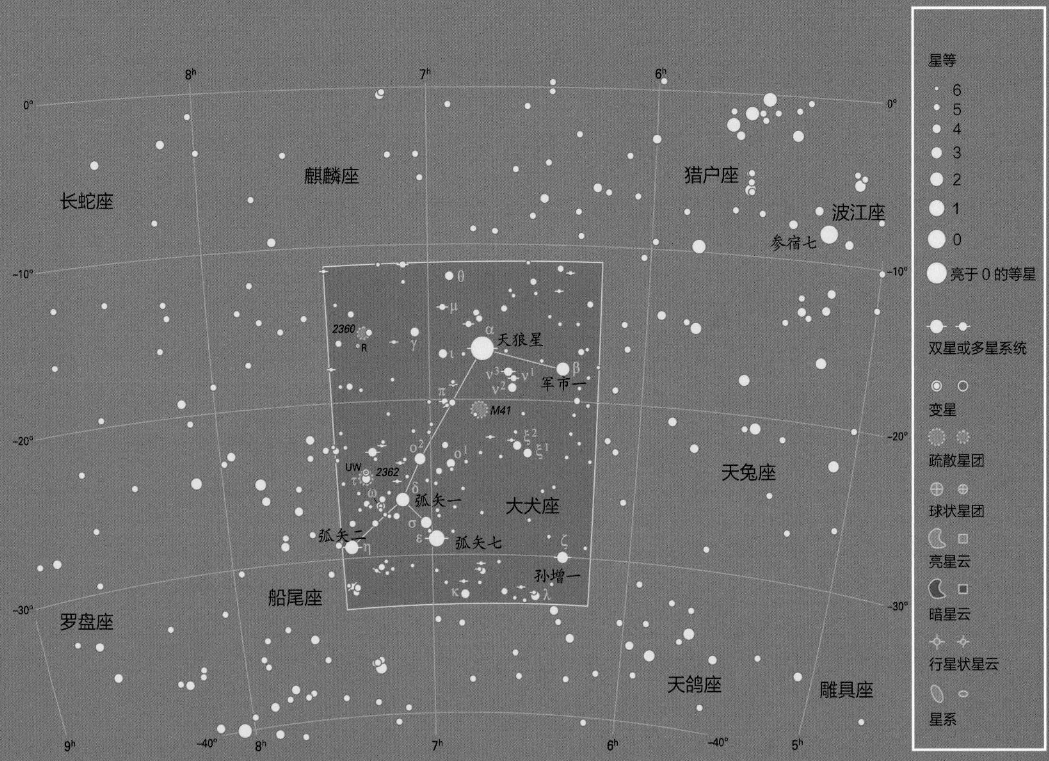

主要恒星

名称	星等	类型	与地球的距离 / 光年	光度（相对于太阳）	直径（相对于太阳）
天狼星 A	-1.47	白主序星	8.58	25	1.7
天狼星 B	8.3	白矮星	8.58	0.026	0.01
弧矢七	1.5	蓝白超巨星	430	39 000	14
弧矢一	1.8	黄白超巨星	1 800	80 000	200
军市一	2.0	蓝白巨星	500	27 000	10

9.11 小犬座、麒麟座

▽ 小犬座

小犬座在所有方面都比它的兄长大犬座要小。这个星座有一颗很亮的星南河三，别的就乏善可陈了。古希腊人将这颗亮星命名为Procyon，意思是“在狗之前”，因为它的升起就预示着天狼星也要出现了。

古巴比伦人视这个星座为一只公鸡，但古希腊人将其转变成猎人俄里翁的第二只猎犬。小犬座的另一个神话传说与最早的葡萄酒酿造者伊卡里俄斯的忠犬迈拉有关。伊卡里俄斯邀请了一些牧羊人参加有史以来第一次的酒宴。这些牧羊人喝醉了，以为伊卡里俄斯在给他们下毒。于是他们谋杀了这位慷慨的主人并掩埋了他。忠犬迈拉找到了它主人的埋尸之处；这些牧羊人都被处以绞刑；这只忠犬被升上了天空，处于群星之中。

南河三与天狼星一样也有一颗白矮星作为伴星。南河三B比天狼星的伴星还要暗，必须用大型的望远镜才能看得到。

▽ 麒麟座

1612年，荷兰制图家和神学家彼得勒斯·普朗修斯为纪念在圣经中代表力量的独角兽而创造了麒麟座。这个星座并没有什么亮星，不过用双筒望远镜或者天文望远镜还是能看到一些有趣的景象。

M50是一个心形的星团。用双筒望远镜可以看到它；用天文望远镜则可以看到这个星团就像是一群天空中的蓝宝石散落在一颗红宝石周围。另一个由闪烁恒星组成的三角星图案在望远镜中的景象就像整套圣诞节的装饰，因此它被称作“圣诞树星团”。

麒麟座的荣耀属于“玫瑰星云”。这个名字恰如其分，不过它壮美的红色花瓣只有在深度曝光的图像中才能看到。通过望远镜只能看到中心的一团恒星。

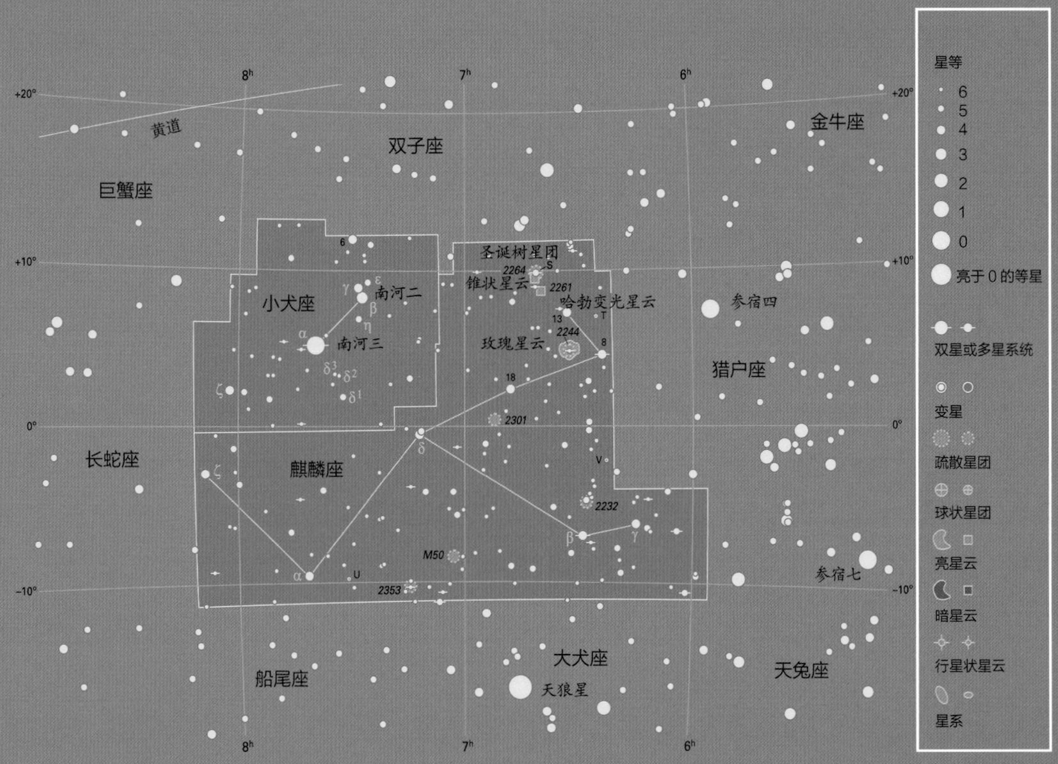

主要恒星

名称	星等	类型	与地球的距离/光年	光度（相对于太阳）	直径（相对于太阳）
南河三 A	0.34	黄白主序星	11.4	7	2
南河三 B	10.7	白矮星	11.4	0.000 5	0.01

9.12 摩羯座

虽然摩羯座很晦暗，但它是人类发明的最早的星座之一。它是一组以水为主题的恒星图案的一部分，徜徉在飞马座附近的天空"海域"中。摩羯座对于2 500年前的中东人有着特殊的意义。比较怪异的是，他们将这个巨大而又暗淡的恒星三角形图案视为拥有鱼尾的山羊。那个时候，太阳在冬至这天穿行在摩羯座的群星中，预示着一年的转折：长夜会渐渐变短，充满生机的春天就要到来。南回归线就是以摩羯座命名。这是一条虚构的纬度线，标志着在地球上太阳能够高悬头顶的区域的最南端。

摩羯座最有趣的恒星是位于三角形一个顶点的牛斗二。即便用肉眼都可以看出来这颗暗淡的星实际上是一个双星系统。不过这两颗星只是恰好在同一个视线方向而已[1]；亮的那颗距离我们109光年，而暗的那颗有690光年远。通过天文望远镜可以看出来，这两颗星中的每一颗都是一个真正的双星系统。

巧合的是，与牛斗二相邻的恒星牛宿一同样是一个双星系统。主星是一颗黄色恒星；用双筒望远镜或者天文望远镜可以看到更暗的蓝色伴星。

要想看到摩羯座的另一个重要天体球状星团M30也必须通过天文望远镜。相距26 000光年远的这一形状并不很规则地包含上千颗恒星的球体可能是银河系中最早形成的天体之一。这一美丽的天体是天文摄影爱好者很好的拍摄目标。

1　即这两颗星并不是真正互相绕转的双星。——译者注

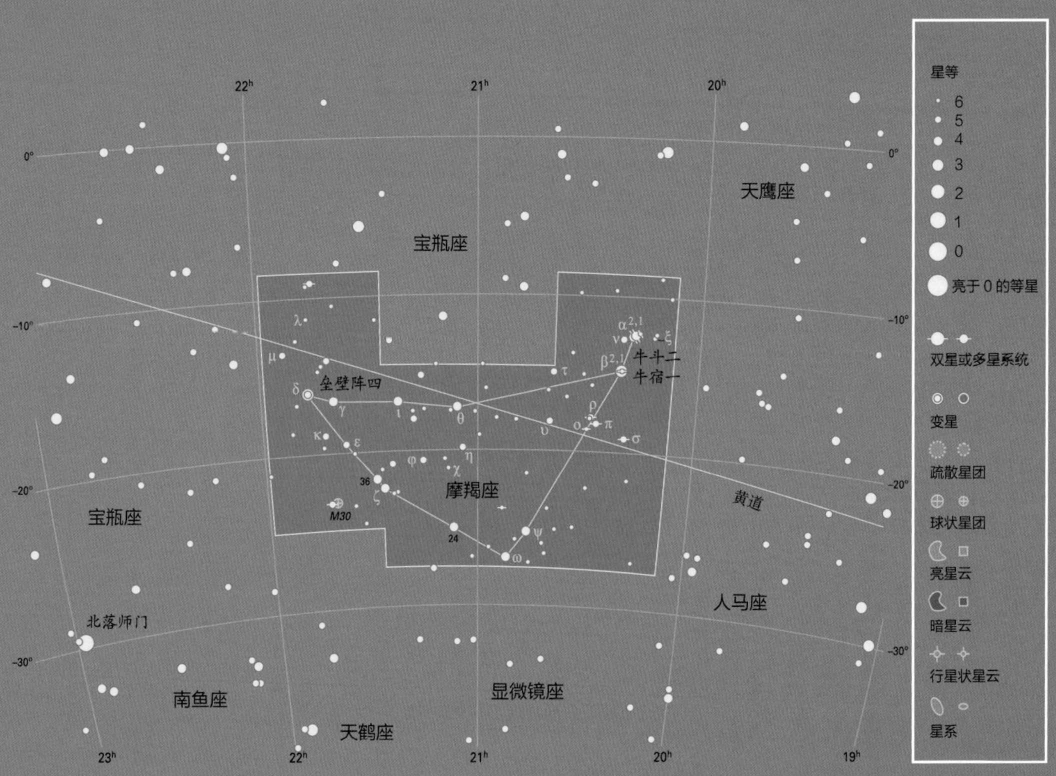

主要恒星

名称	星等	类型	与地球的距离 / 光年	光度（相对于太阳）	直径（相对于太阳）
垒壁阵四	2.8	白巨星	38	8	2

9.13 船底座

驰骋于银河光带的船底座拥有丰富的美丽天象。古希腊人将它看作英雄船阿耳戈的龙骨。这条船曾经代表了一个面积巨大的星座；这个星座在 18 世纪的时候被分拆开来（见 9.44 节的船帆座）。

船底座皇冠上的明珠是夜空中第二亮的恒星老人星。这颗星代表阿耳戈船的方向舵；它的英文名 Canopus 是来自一位古希腊的传奇航海家。在过去的 400 万年间，老人星在绝大多数时候都是我们夜空最亮的恒星。天狼星仅仅是在它来到太阳系附近的期间暂时保有最亮恒星的桂冠。

美丽的“南天七姐妹星团”（Southern Pleiades；编号 IC 2602）几乎可以和金牛座的昴星团（Pleiades；又名“七姐妹星团”）相媲美。这个星团在双筒望远镜中呈现绝美的景象。你可以用双筒望远镜沿着银河的方向去寻找其他美丽的星团。

南天七姐妹星团中最亮的星占据了“钻石十字”的一角。钻石十字形成一个完美的菱形，其中还包括船底座的第二亮星南船五。

说到船底座其他宝藏的话，船底座星云是夜空中最壮丽的星云。用肉眼就可以很容易看到银河中的这个发光星云；通过双筒望远镜或者天文望远镜更能看到不可思议的美景。

在船底座星云的中心潜伏着一个天界怪兽：海山二。这颗已经走到生命尽头的恒星比太阳重 100 倍。现在海山二是肉眼勉强可见。但在 19 世纪 40 年代，它的亮度增加到几乎跟天狼星一样。这颗星现在被爆发所喷出的尘埃包裹其中。它很有可能在未来的几千年内产生超新星爆发，到那时它在夜空闪耀的光芒比金星都要亮 20 倍。

海石一、海石二和船帆座（见 9.44 节）的天社三与天社五一起构成了“伪南十字”：它比真正的“南十字”（见 9.18 节）要大得多，也暗得多。

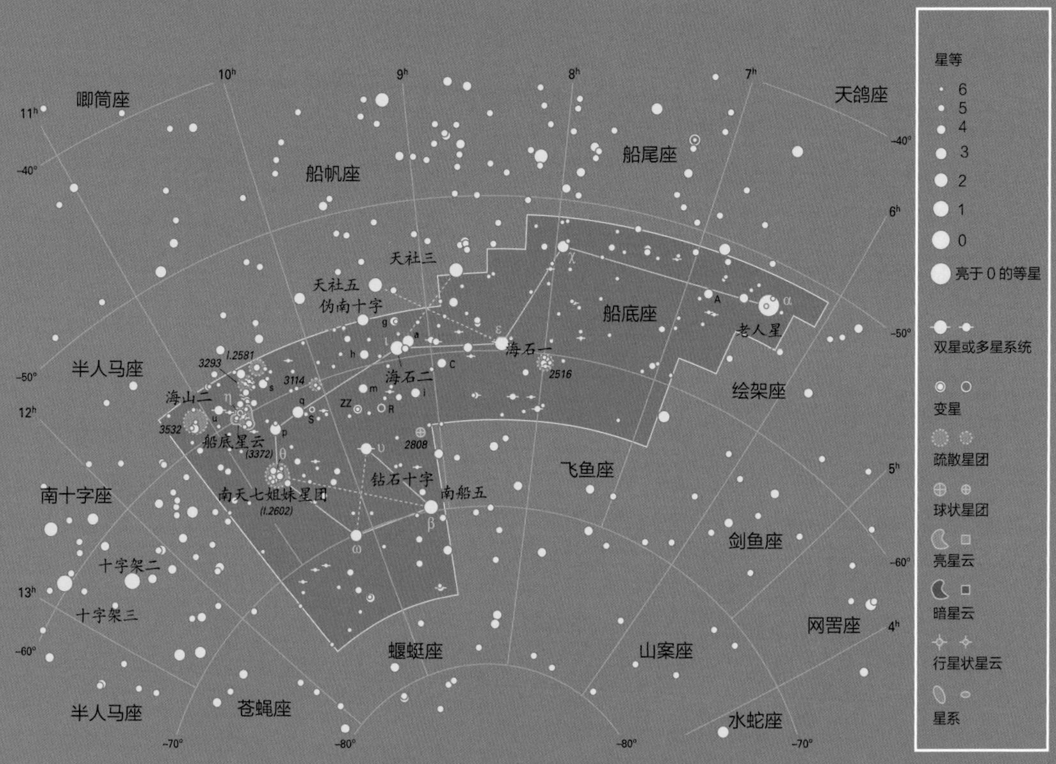

主要恒星

名称	星等	类型	与地球的距离 / 光年	光度（相对于太阳）	直径（相对于太阳）
老人星	-0.72	黄白超巨星	310	15 000	70
南船五	1.7	白巨星	113	290	7
海石一	1.9	橙巨星	610	5 000	20

9.14 仙后座、鹿豹座

▽ 仙后座

古人用 W 形的仙后座图案代表王后卡西欧佩亚，国王刻普斯的妻子。她错误地夸口她的女儿安德洛墨达比海里宁芙更美丽。海神将凶猛的海兽刻托派来，要吃掉这个国家的青年。似乎只有牺牲安德洛墨达才能够平息海兽之难。不过最终公主被英雄珀尔修斯拯救。这个故事中的主要角色都化为永恒的星座。

这个星座经历过真实的宇宙大戏。1572 年，丹麦天文学家第谷・布拉赫惊讶地发现了一次亮度足以和进行媲美的超新星爆发。1660 年左右，另一颗更暗的超新星爆发。它抛射出的气体膨胀成为天空中最显著的射电源之一仙后座 A。

中国古代天文学家将仙后座视为三个恒星图案，包括一驾马车和一条山道。仙后座中心的这颗恒星的常用英文名称实际来自中文：Tsih（“策”，意为马鞭）。策星比太阳亮 5.5 万倍，以极快的速度自转并抛射出气体。

用双筒望远镜或者天文望远镜还可以在仙后座找到星团 M52 和 M103。

▽ 鹿豹座

1612 年，荷兰制图家和神学家彼得勒斯・普朗修斯将这些暗星连接成一只长颈鹿的形状。星座的名称 Camelopardalis 是将拉丁文的长颈骆驼和斑点豹结合起来。他的本意是为了纪念《圣经》中利百加去见她未来的丈夫以撒时所骑的骆驼。不过她的天空坐骑变成了更加不舒服的长颈鹿。

星座中唯一有趣的天体是美丽的旋涡星系 NGC 2403，用小型天文望远镜就可以看到。旅行者一号正沿着这个方向飞向星际空间。

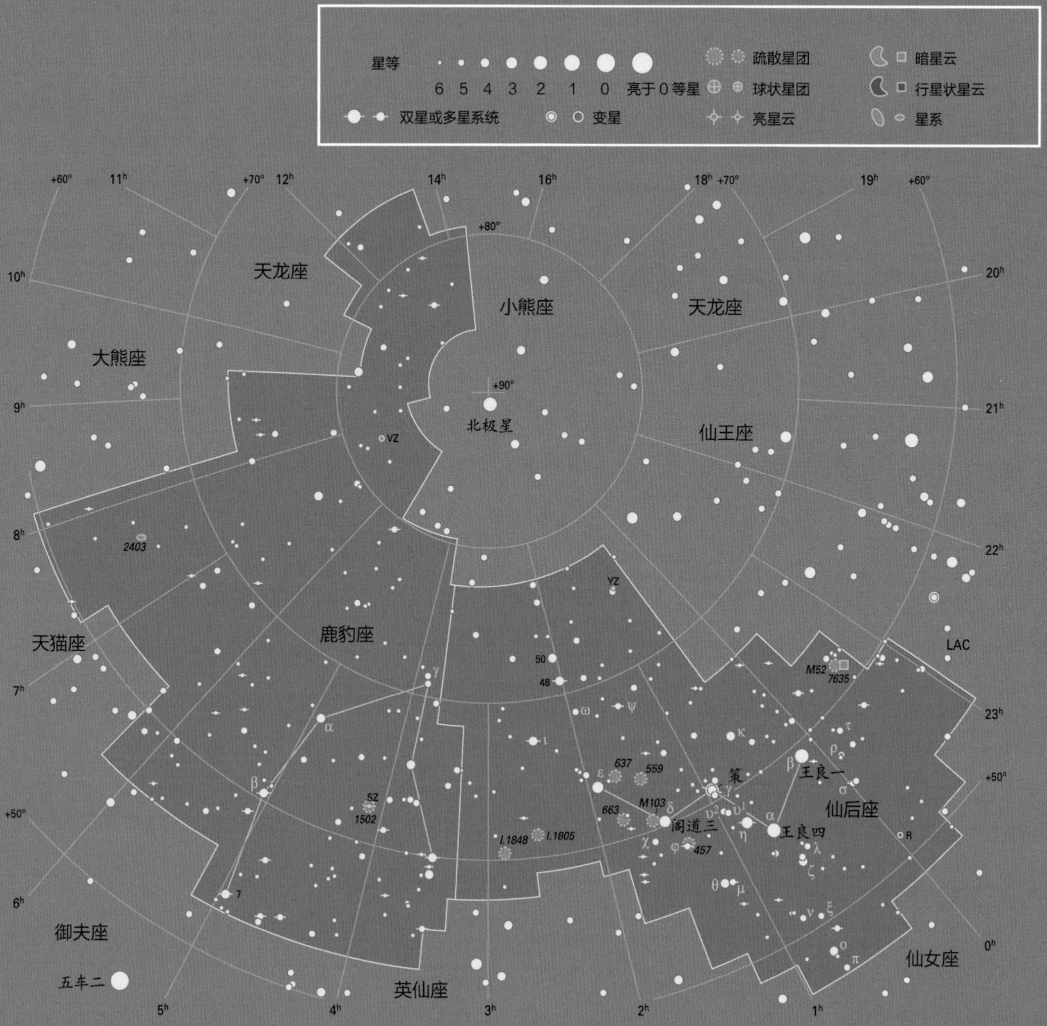

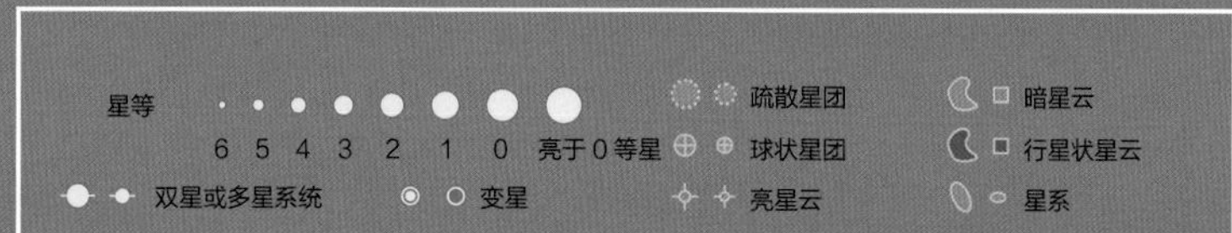

主要恒星

名称	星等	类型	与地球的距离 / 光年	光度（相对于太阳）	直径（相对于太阳）
王良四	2.2	橙巨星	230	680	42
王良一	2.3	黄白巨星	55	27	4

9.15 半人马座

古希腊人将这一星座视为神话中一个神秘的生物，由马的身体和人的躯干及头颅组合而成。起初南十字座的恒星被视为人马怪的脚，这一古老的星座显得更为壮观。

南门二是夜空中的第三亮星（星等为 -0.27）。用小型天文望远镜就可以分辨出它实际上有一对亮星。这一对亮星距离 4.37 光年，属于离我们最近的恒星。环绕它们的暗弱伴星是比邻星。正如它的名字所言，它是我们最近的恒星邻居，距离仅有 4.24 光年。

南门二与星座中的第二亮星马腹一（Hadar；有时也称为 Agena）一起能够指示出南十字座的方向。

库楼增一用肉眼看起来像是一颗模糊的恒星。但它实际上是银河系中最大的星团：拥有数百万颗恒星，距离 16 000 光年。用任何天文望远镜都能够看到它壮丽的景象。

在库楼增一方向附近，但距离上将近 1 000 倍远的地方是半人马座 A 星系。这个巨型椭圆星系包含上万亿颗恒星，是夜空中第五亮的星系。用双筒望远镜可以看到这个星系，不过用天文望远镜更可以看到一条尘埃带——这是一个小型的富含尘埃的星系被巨型椭圆星系吞噬后的遗迹。被星系中心巨型黑洞吞噬的气体释放出巨大的能量，使得这个星系在如此遥远的距离上仍然是地球上能探测到的最强的射电源之一。

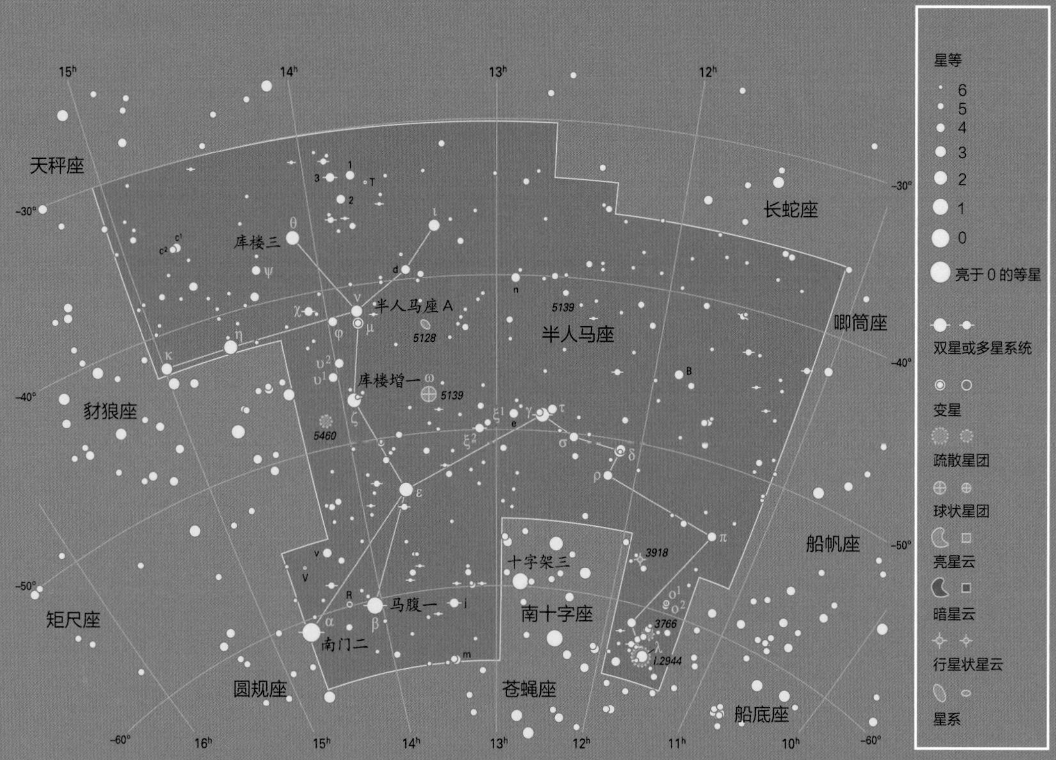

主要恒星

名称	星等	类型	与地球的距离/光年	光度（相对于太阳）	直径（相对于太阳）
南门二A	-0.01	黄主序星	4.37	1.5	1.2
南门二B	1.33	橙主序星	4.37	0.5	0.9
马腹一	0.60	蓝白双巨星	350	20 000	10

9.16 仙王座

仙王座的形状就像是孩子画出的马一样。它代表了古代埃塞俄比亚的国王（与今日的埃塞俄比亚不同，这个古代国家位于现代以色列特拉维夫附近的地中海滨）。刻普斯迎娶了卡西欧佩亚，代表她的星座就壮丽多了。不仅仅是代表星座，王后在神话传说中的故事也更精彩。

仙王座本身很暗弱而且乏善可陈。只有三颗星比较有吸引力。上卫增一是一个美丽的双星，用小型天文望远镜可以看到它的伴星。

"石榴星" 造父四正如它的名字一样显现鲜红的颜色；18 世纪的英国天文学家威廉·赫歇尔因此将它命名为"石榴星"。它的亮度会在 3.4 ~ 5.1 星等之间变化，以两到三年为周期。它是肉眼可见最红的星；用双筒望远镜看更像是一颗闪耀的红宝石。石榴星看起来比较暗仅仅是因为它离我们有 6 000 光年那么遥远。事实上，它是银河系中最大最亮的恒星之一。它的光度有太阳的 50 万倍；如果把它放入太阳系中心，它的表面会延伸到木星轨道之外。

仙王座拥有标志性的变星造父一。当这颗星以五天九小时为周期膨胀收缩时，它的亮度也会随之变化（3.5 ~ 4.4 星等）。它的伴星也可以通过小型天文望远镜显示出来。天文学家发现这类变星（称为"造父变星"）有一个不同寻常的性质：它明暗变化的周期和它自身的光度相关，因此可以用来成为测量宇宙距离的信标。

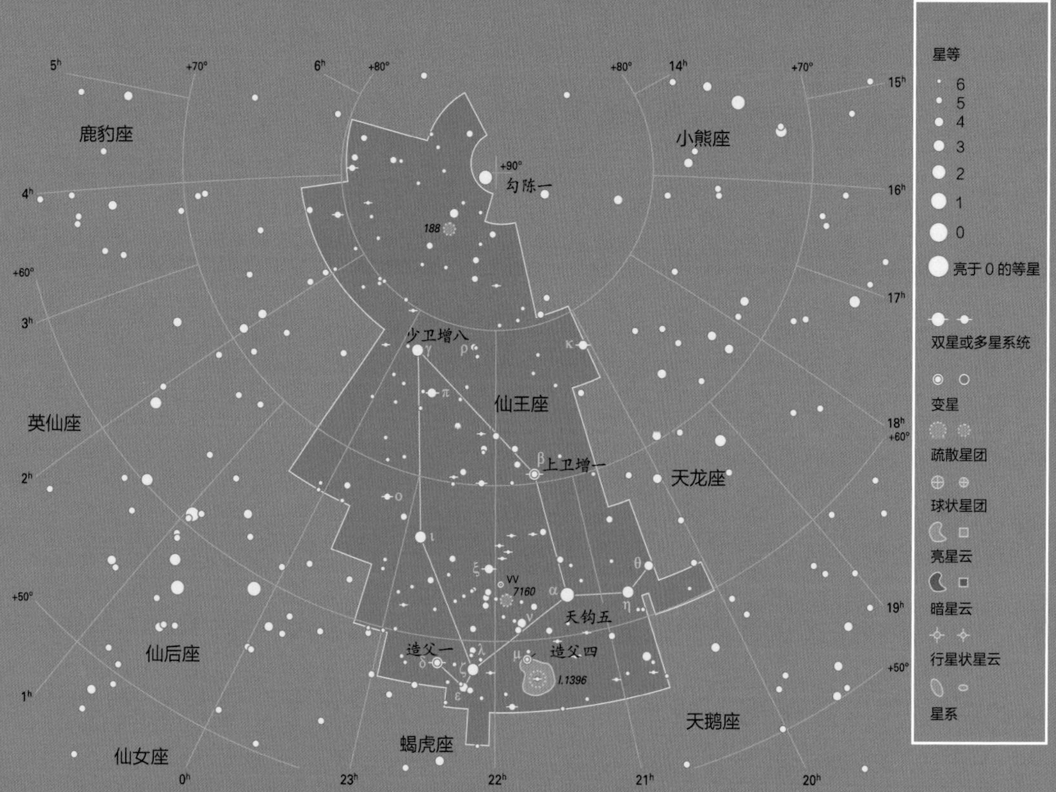

主要恒星

名称	星等	类型	与地球的距离/光年	光度（相对于太阳）	直径（相对于太阳）
天钩五	2.5	白主序星	49	17	2.3

9.17 鲸鱼座、玉夫座

▽ 鲸鱼座

在有关安德洛墨达公主的神话故事中，珀尔修斯赶在倒霉的海怪吃掉被锁链捆住的公主之前将它杀掉了。代表海怪的鲸鱼座游弋在天空“水域”的边缘；这片区域还包括波江座、双鱼座和宝瓶座。

鲸鱼座只有一颗值得一提的恒星。1596 年德国天文学家大卫·法布里奇乌斯发现了刍藁增二（Mira；意为“令人赞叹的”）。在 11 个月的时间内，这颗星的亮度产生了 3 星等到 10 星等的剧烈变化。威廉·赫歇尔甚至在 1779 年发现它的亮度可以媲美大角。刍藁增二是一颗膨胀而又不稳定的红巨星。在它最大最亮的时候比太阳要亮 1 500 倍，直径比太阳宽 400 倍。

▽ 玉夫座

18 世纪 50 年代，法国天文学家尼古拉·路易·德·拉卡耶将这片荒芜天区的暗点连接起来，创造了“玉夫的工作室”。后来英国天文学家约翰·赫歇尔（更著名的威廉·赫歇尔的儿子）将这个星座的名称简化为“玉夫座”。

玉夫座的暗弱恒星乏善可陈。不过它包含一个美丽的星系：由卡罗琳·赫歇尔（威廉·赫歇尔的妹妹）发现的 NGC 253。它是夜空中第七亮的星系，用双筒望远镜很容易看到。通过中型天文望远镜更可以看到一个非常美丽的旋涡星系，以很大的倾角对着我们——这也是它被称为“银币星系”的原因。NGC 55 是另一个稍暗的侧向星系。

蝘蜓座，见 9.30 节。

圆规座，见 9.28 节。

天鸽座，见 9.27 节。

后发座，见 9.45 节。

南冕座，见 9.38 节。

北冕座，见 9.8 节。

乌鸦座，见 9.28 节。

巨爵座，见 9.25 节。

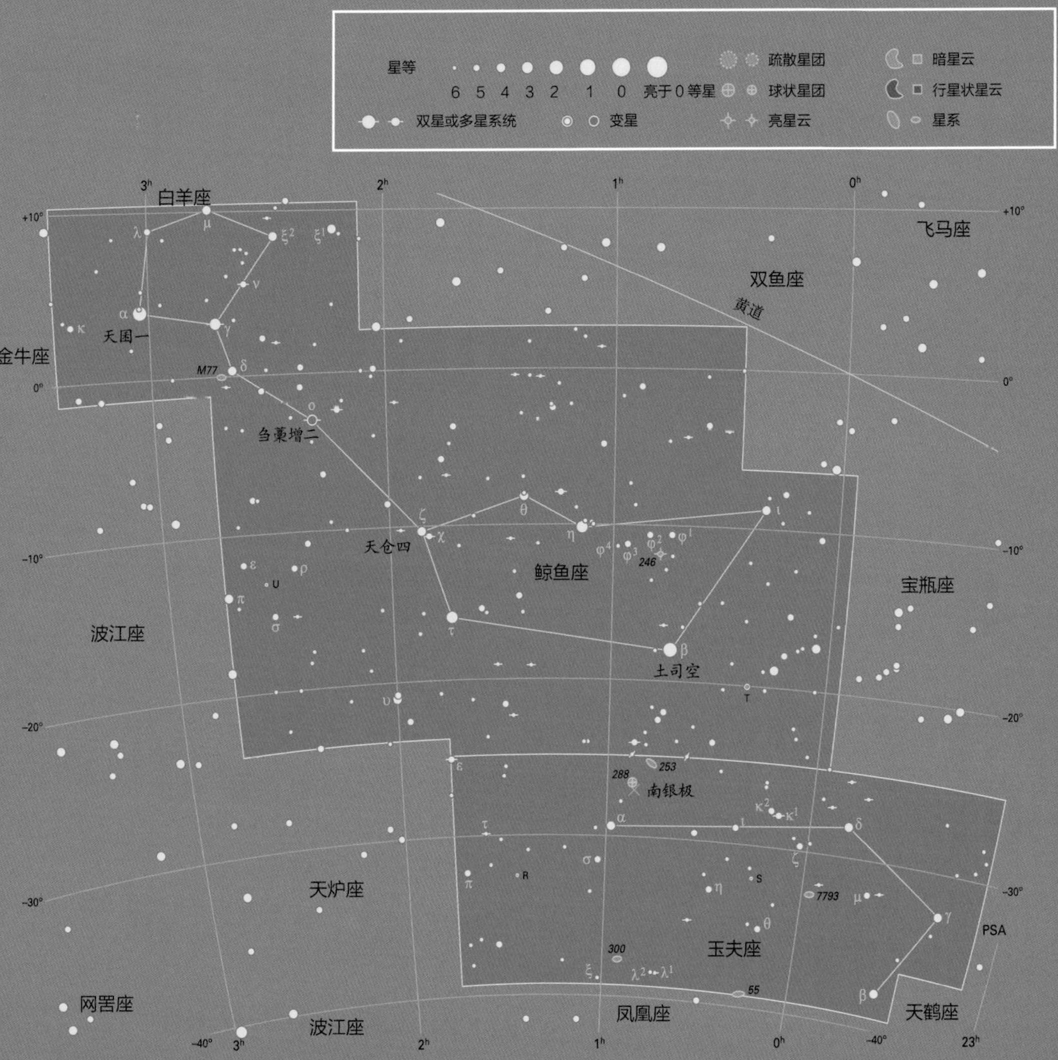

主要恒星

名称	星等	类型	与地球的距离/光年	光度（相对于太阳）	直径（相对于太阳）
土司空	2.0	橙黄巨星	96	140	17

9.18 南十字座、苍蝇座

▽ 南十字座

南十字座是南半球的象征。它出现在澳大利亚、新西兰和巴西的国旗上。奇怪的是，古希腊人仅仅将如此显赫的星座图案当作半人马座的脚。16世纪的欧洲水手们发现它是很有用的导航标志。1589年，荷兰制图家和神学家彼得勒斯·普朗修斯首先将这个图案描述为“南十字”（尽管它看起来更像歪向一边的风筝）。

南十字座是夜空中最小的星座，但却是特征最丰富的星座之一。明亮的蓝白色恒星十字架二、十字架三和红巨星十字架一形成强烈而鲜明的对比。用天文望远镜可以看到十字架二实际上有一颗靠得很近的伴星。

不过十字架座最显著的特征并不是它璀璨的恒星，而在恒星之间。在漆黑的夜晚，你一定能够注意到银河闪耀光带之间的黑色空缺。土著天文学家们将一块黑色区域视为夜空中飞翔的黑色鸸鹋的头部。这块区域如今也有了一个恰如其分的名字：“煤袋”。它实际上是由分别位于610光年和790光年的一对致密的尘埃云形成的。

宝盒星团是一组正如这个名字所示的璀璨恒星。用维多利亚时代的天文学家约翰·赫歇尔的话说，通过一架小型天文望远镜就能看到“一盒五彩缤纷的珍贵宝石”。这个星团包含红巨星、蓝白巨星以及超巨星，它的年龄“仅仅”为一千万年，是已知最年轻的星团之一。

▽ 苍蝇座

由彼得勒斯·普朗修斯在1597年创立的苍蝇座是唯一代表昆虫的星座。这也是它仅有的值得一提的地方。

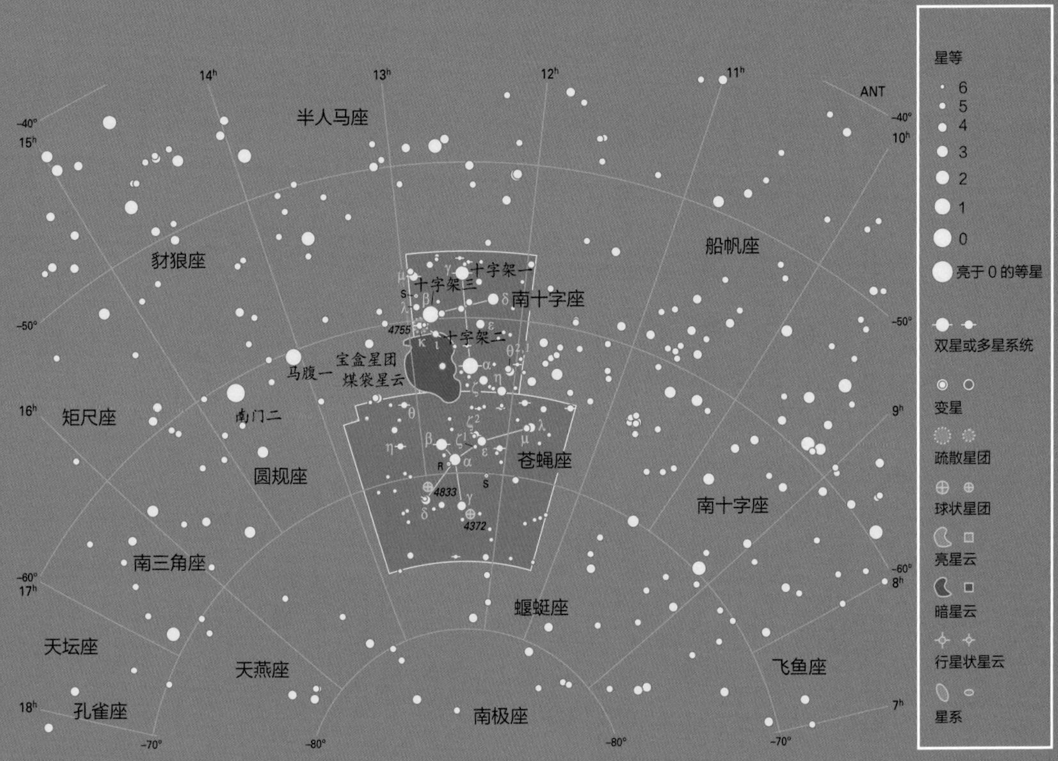

主要恒星

名称	星等	类型	与地球的距离 / 光年	光度（相对于太阳）	直径（相对于太阳）
十字架二	0.77	蓝白主序星	320	25 000	10
十字架三	1.25	蓝白主序星	280	34 000	8
十字架一	1.6	红巨星	89	1 500	84

9.19 天鹅座、蝎虎座

▽ 天鹅座

夜空中辉煌壮丽的天鹅舒展着双翅，延伸着脖颈，在银河上空尽情翱翔。辇道增七标志着天鹅的头部；它的尾巴则由明亮的天津四代表。在希腊神话中，宙斯伪装成一只天鹅引诱斯巴达国王廷达瑞俄斯的妻子勒达。这位不幸的王后生育了她丈夫的子嗣以及宙斯的私生子女。其中包括特洛伊的海伦，以及后来成为双子座的双胞胎兄弟卡斯托耳和波吕丢刻斯。

天津四（Deneb，这个英文单词意为“尾巴”）是夜空中的一座灯塔。它是最亮的 20 颗恒星中距离最远的一颗。其距离之远以致天文学家仍然无法确定它的准确距离，只能估计在 1500~2600 光年，这意味着天津四辐射出的能量是太阳的 5 万 ~20 万倍！

标记天鹅头部的辇道增七可能是夜空中最美丽的双星。用双筒望远镜就可以很容易地分辨出双星，而通过小型天文望远镜则可以看到金色和蓝色双星的绝美景象。

北美星云是一片发光的云团。它比满月还大，但是非常暗弱。你只能在很暗的夜晚通过双筒望远镜发现它。当你手中有双筒望远镜的时候，记得用它扫过银河的光带，这样就能看到天鹅座中丰富的星团和星云。在辇道增七附近，闪耀的银河光带被一条硕大的暗色星际尘埃带分开。这条尘埃带称作“天鹅座暗隙”。

▽ 蝎虎座

这个由波兰天文学家约翰·赫维留在 1697 年创建的暗弱星座没有什么值得一提的地方。

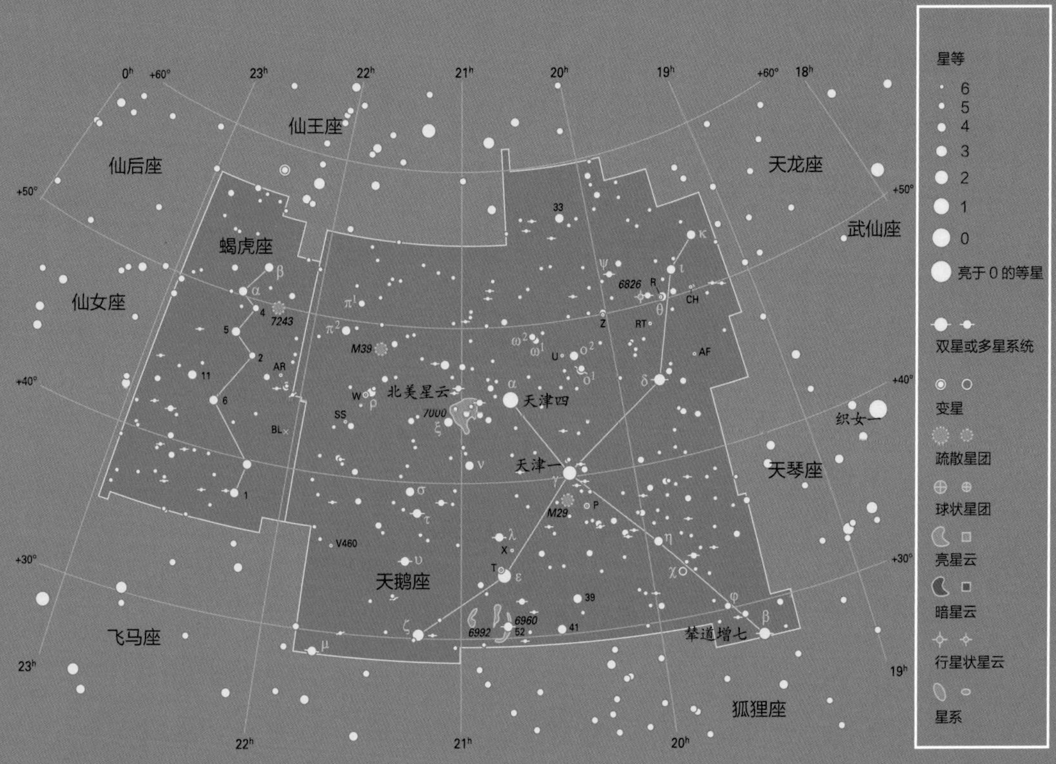

主要恒星

名称	星等	类型	与地球的距离 / 光年	光度（相对于太阳）	直径（相对于太阳）
天津四	1.25	白巨星	约 2 000	约 100 000	约 150
辇道增七 A	3.1	黄巨星	400	1 200	70
辇道增七 B	5.1	蓝白主序星	400	230	3

9.20 海豚座、天箭座、狐狸座

▽ 海豚座

海豚座可能面积不大，但是它的图案却非常完美。这只天空中的海豚，最大的特征是由四颗恒星组成的倾斜矩形，外加一颗代表它的尾巴的恒星。

这一星座永恒地纪念着人类与海豚这一最富智慧的海洋生物长期交往的历史。在一个神话传说中，海豚是海神波塞冬追求他的妻子海宁芙安菲特里忒时的信使。而在另一则神话中，海豚拯救了被觊觎他财富的水手扔下海去的音乐家阿里翁。

海豚座最亮的两颗星的奇特英文名字 Sualocin 与 Rotanev（中文名分别为“瓠瓜一”和“瓠瓜四”）实际上来源于 19 世纪意大利天文学家尼科勒·卡恰托雷（Noccolo Cacciatore）的自我宣扬。他名字的拉丁化写法是 Nicolaus Venator：你试试把这两个词反过来拼写！

至于瓠瓜二（海豚座 γ），用一架还不错的望远镜就能发现它是一个美丽的双星系统。

▽ 天箭座

从形状看，这个微小的星座真是名副其实。在希腊神话中，天箭座是赫拉克勒斯射下正在啄食巨人普罗米修斯肝脏的鹰（邻近的天鹰座）时所用的弓箭。从天文学上讲，唯一有趣的天体是星团 M71，距离我们一万两千光年，已经有 100 亿岁了。

▽ 狐狸座

这个由波兰天文学家约翰·赫维留在 17 世纪创建的暗弱星座起初是叫“小狐狸与鹅”，后来鹅“飞”走了。1967 年在这个星座发现了第一颗脉冲星，于是这个星座声名鹊起。脉冲星是快速自转的恒星死亡后的遗迹，是通过它有规律的射电脉冲探测到的。

用双筒望远镜就可以看到以它独特形状闻名的“衣架星团”。不过这个星座的荣耀属于哑铃星云。这个星云用双筒望远镜就可以看到，不过通过小型天文望远镜看就更壮观了。哑铃星云是一个行星状星云，是由一颗在一万年前死亡的恒星向外喷出的气体形成的。

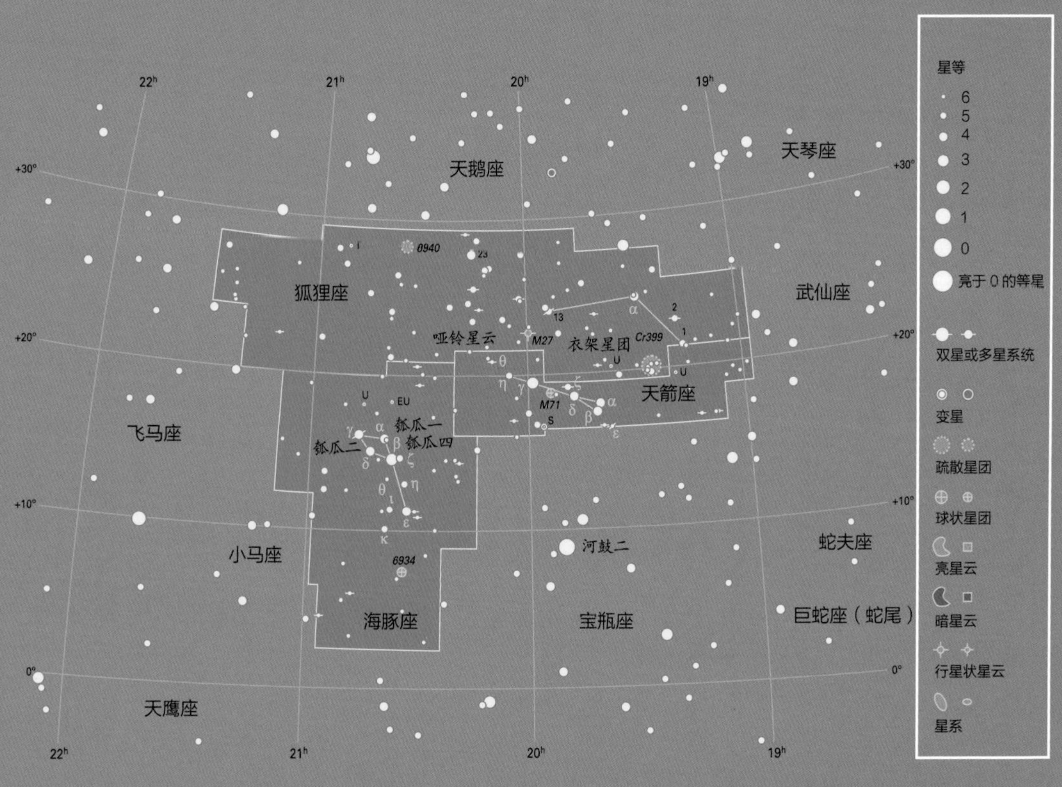

22h
21h
20h
19h
+30°
+20°
+10°
0°
天鹅座
天琴座
狐狸座
武仙座
6940
23
哑铃星云
M27
衣架星团
Cr399
天箭座
M71
飞马座
瓠瓜一
瓠瓜二
瓠瓜四
小马座
6934
河鼓二
蛇夫座
海豚座
宝瓶座
巨蛇座（蛇尾）
天鹰座
星等
6
5
4
3
2
1
0
亮于 0 的等星
双星或多星系统
变星
疏散星团
球状星团
亮星云
暗星云
行星状星云
星系

9.21 剑鱼座、山案座、绘架座、网罟座

▽ 剑鱼座

你是不会想把这只“剑鱼”带回家放到鱼缸中的，因为剑鱼座代表一只拥有黄金侧鳍的鲯鳅鱼，可以长到人这么大。它是由荷兰天文学家彼得勒斯·普朗修斯在 1597 年创建的。

在这个众星暗淡的星座中却拥有最壮丽的天象之一：大麦哲伦云。它距离我们 16 万光年，是最邻近的主要星系。用肉眼看，它是一片明亮显著的光斑，就像是从银河上被扯下的一块一样。

通过双筒望远镜能看到大麦哲伦云中最明亮的星云和星团；如果用天文望远镜看，丰富的细节会让你眼花缭乱。大麦哲伦云的终极荣耀属于蜘蛛星云。如果把这一闪耀的恒星工厂放在猎户星云的距离上，它的光辉可以与满月媲美。一颗大质量的恒星曾在这里爆发，也就是超新星 1987A。它是将近 400 年来第一颗肉眼可见的超新星。

▽ 山案座

法国天文学家尼古拉·路易·德·拉卡耶用这一图案来纪念位于南非的桌山；18 世纪 50 年代，他经常在那里观测。从剑鱼座延伸而来的大麦哲伦云的乳白光晕形象地代表着桌山上时常垂下来的云雾“桌布”。

▽ 绘架座

绘架座也是天文学家拉卡耶的创造之一。它只包含一个值得一提的天体：老人增四（绘架座 β）是第一颗被发现拥有气体和尘埃盘环绕的恒星，这代表着有一个行星系统正在形成中。天文学家后来在这个盘里发现了一颗新生的行星。

▽ 网罟座

这个星座最早是由斯特拉斯堡（今属法国）的艾萨克·哈伯海特二世在 1621 年创造的，他依据它的形状称之为“菱形星座”。后来这个星座被拉卡耶重新命名为网罟座，来纪念他的望远镜目镜上用来测量天体位置的网格刻度。

天龙座，见 9.43 节。

小马座，见 9.33 节。

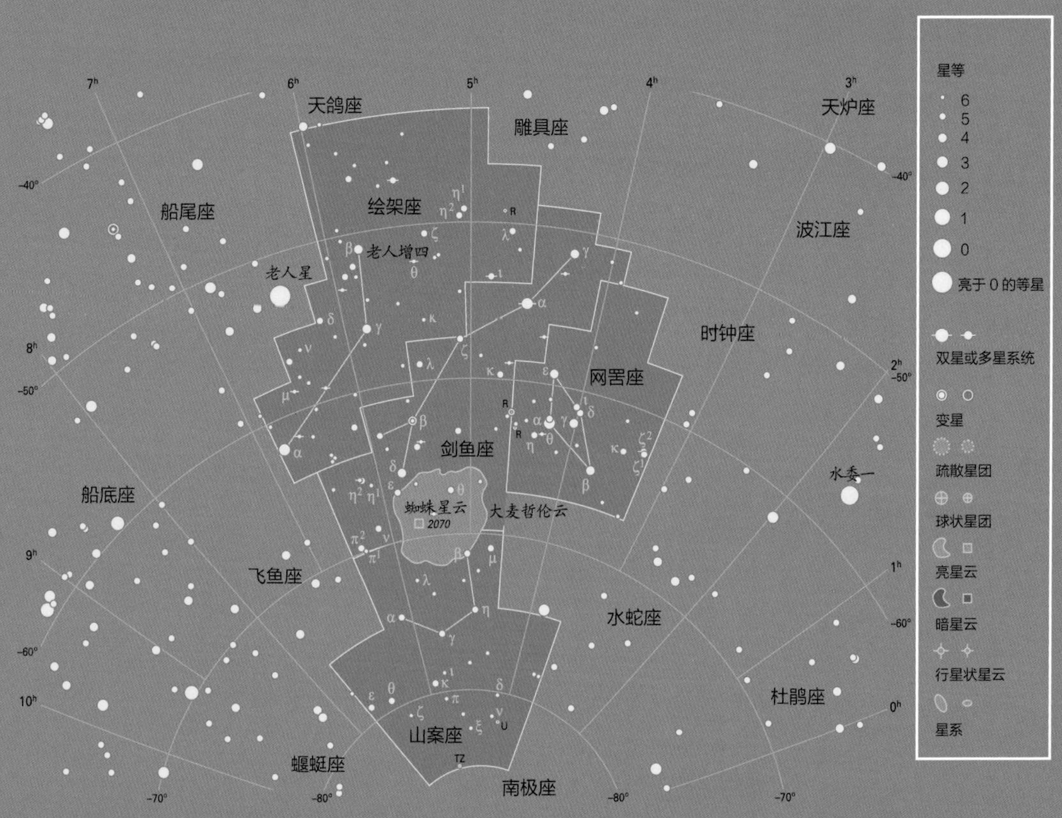
天鸽座
雕具座
天炉座
绘架座
船尾座
老人增四
老人星
波江座
时钟座
网罟座
剑鱼座
船底座
蜘蛛星云
2070
大麦哲伦云
水委一
飞鱼座
水蛇座
杜鹃座
山案座
蝘蜓座
南极座
星等
6
5
4
3
2
1
0
亮于0的等星
双星或多星系统
变星
疏散星团
球状星团
亮星云
暗星云
行星状星云
星系

9.22 波江座、天炉座、时钟座

▽ 波江座

蜿蜒绵长的“天之河”波江座从紧邻猎户座亮星参宿七的恒星玉井三发源，向南方顺流而下直至地平线以下。古代天文学家就注意到了这一构型。波江座的英文名称 Eridanus 可能来自幼发拉底河口的古代城市埃利都。古希腊天文学家将其视为意大利的波河。这也是希腊神话中鲁莽的法厄同在失去对太阳车的控制之后坠落入大地的地方。

天园六是在希腊能看到的波江座最靠南的恒星，它起初被视为“天河”的入海口。小型天文望远镜可以分辨出它实际上是两颗白色恒星组成的双星系统。

在地理大发现时代，向南航行的欧洲探险家们在天园六（Acamar）的南方发现了水委一（Achernar），因此进一步延伸了“天河”，以水委一作为入海口。（Acamar 和 Achernar 这两个名字都来自阿拉伯语“河口”。）水委一是全天第十一亮星，因为近邻没有其他亮星，所以它显得更突出。它自转得非常快，这使得它成为最扁平的恒星之一——它赤道的直径比两极之间的距离大 50%。

天苑四（波江座 ε）距离我们只有 10.52 光年，是最近邻的恒星之一。它被一个正在形成行星系统的尘埃环围绕着，很可能包含着一颗比木星质量大 50% 的行星。

用天文望远镜可以看到被一圈恒星环绕的旋涡星系 NGC 1291。

▽ 天炉座

法国天文学家尼古拉·路易·德·拉卡耶在 1754 年引入这一星座来纪念化学炉。星座中最亮的恒星天苑增三有一颗靠得很近的伴星。

▽ 时钟座

狭长的时钟座代表着拥有钟摆的座钟。它同样是拉卡耶创建的一个暗淡星座。即便用小型天文望远镜在这个星座也发现不了什么有趣的东西。

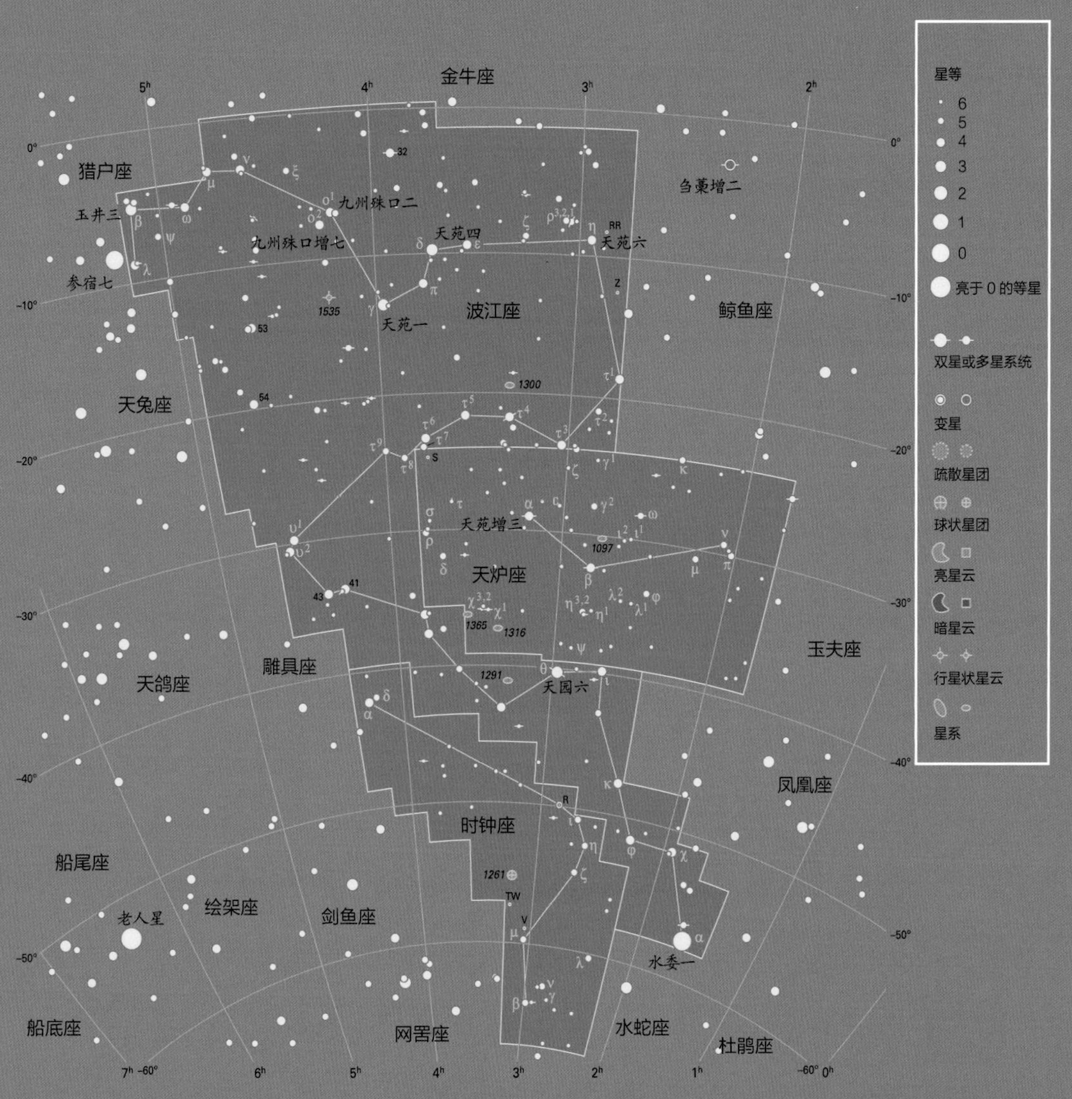

主要恒星

名称	星等	类型	与地球的距离/光年	光度（相对于太阳）	直径（相对于太阳）
水委一	0.50	蓝白主序星	139	3 100	7

9.23 双子座

双子座是不会被认错的。两颗亮星北河二与北河三闪耀着双子座。这两颗星代表双生兄弟的头部，而代表他们身体的恒星组成两条平行线。在神话中，公主勒达在与斯巴达国王的新婚之夜怀上了这两兄弟卡斯托耳和波吕丢刻斯。宙斯化为一只天鹅侵入了他们的婚礼。卡斯托耳只是凡人，他的父亲是斯巴达国王。波吕丢刻斯则是宙斯的私生子。这两兄弟是如此相亲相爱，宙斯把他们升入群星之中成为永恒。

北河二是一颗异乎寻常的恒星：它实际上是一个六颗恒星组成的系统。用小型望远镜可以将北河二分辨为双星。双星中的每一颗还各自有一个更暗的伴星（要探测它们就需要专门的设备了）。用望远镜还可以在外围看到另一个双星。神话中的双生子之一其实上是一个三胞胎，而每一胞胎又是一个双星！

稍稍更亮一些的北河三是一颗橙巨星；它与北河二的颜色形成鲜明的对照。北河三是少见的拥有行星的巨星，它有一颗比木星还要大的行星。

位于 2 800 光年之外的明亮星团 M35 仍然是肉眼可见的。它所占的天区和满月一样大。通过双筒能看到不错的景象，用小型望远镜就更能领略到它的美妙了。

双子座流星雨每年 12 月中旬从这个星座落下。这些流星是源于小行星法厄松留下的残骸。

天鹤座，见 9.36 节。

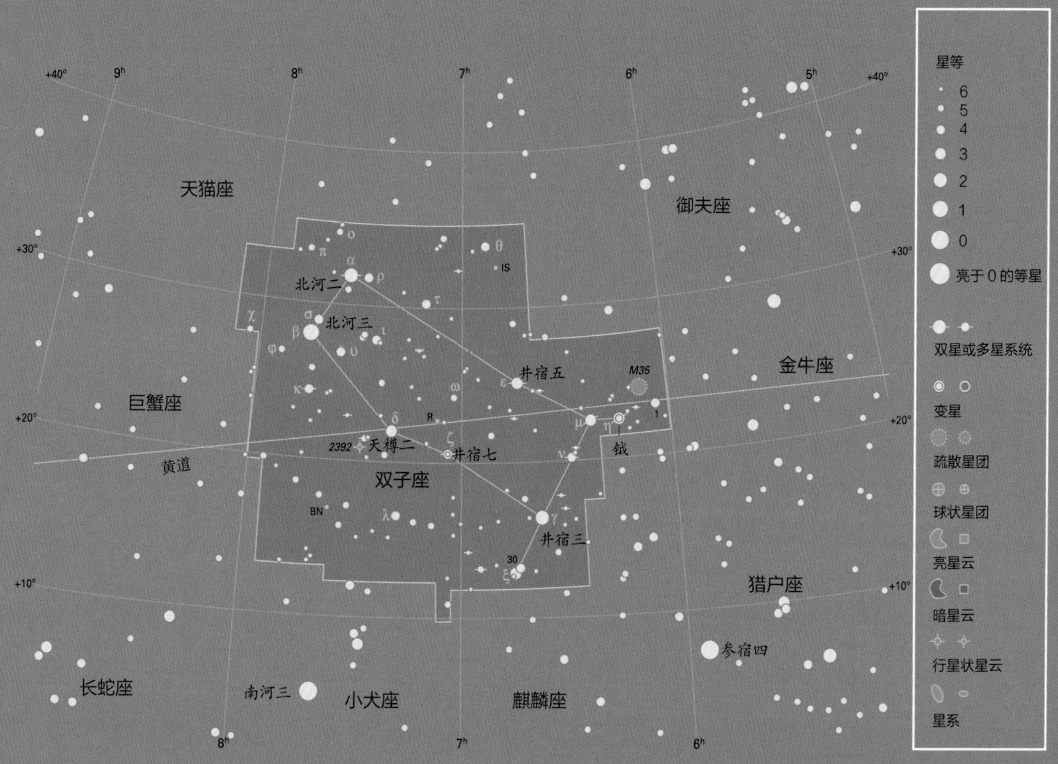

主要恒星

名称	星等	类型	与地球的距离/光年	光度（相对于太阳）	直径（相对于太阳）
北河三	1.15	橙巨星	34	43	9
北河二 A	1.9	白主序星	51	37	2.3
北河二 B	3.0	白主序星	51	13	1.6
井宿三	1.9	白巨星	110	120	3

9.24 武仙座

赫拉克勒斯是古代的超级英雄之一，但代表他的武仙座却是很暗弱的。希腊神话中的次要角色猎人俄里翁都拥有一个彰显其威武阳刚的星座（即猎户座），赫拉克勒斯的星座却与他完全不相称，而且还是上下颠倒的。这些暗弱的星辰远远无法代表完成了十二项英雄伟业的超人。

事实上，这个星座的起源可以追溯到远早于古希腊的时代。它起初的名字叫作“跪着的人”，他的膝盖压着恶龙（即“天龙座”）。古希腊诗人尼阿西斯将这个星座比作正在和守护着神圣金苹果林的巨蛇搏斗的赫拉克勒斯。

如果进一步挖掘这个星座的有趣之处，你会发现它还是很令人着迷的。从矩形的英雄躯体向南，你会看到代表着赫拉克勒斯头部的恒星“帝座”（武仙座 α；Rasalgethi）。这颗红巨星的半径有太阳的 400 倍，是已知最大的恒星之一。这颗濒临死亡的恒星不断膨胀和收缩，因此它表现出以四个月为周期的明暗变化。用小型的天文望远镜还可以看到它有一颗较暗的伴星。

武仙座拥有北方夜空中最壮丽的景象之一。用肉眼看去，球状星团 M13 只是一片模糊的光斑。但实际上，它至少包含一百万颗恒星，属于我们银河系最元老的居民了。人们寄望于 M13 中包含丰富的栖居着外星生命的行星，因此在 1974 年的时候向这个目标发射了第一条专门面向地外文明的无线电波。用任何的望远镜都可以欣赏 M13 的壮美。

M92 是另外一个稍暗的球状星团。在望远镜的视野中，这蜂拥般的一群红巨星同样是壮观的景象。

时钟座，见 9.22 节。

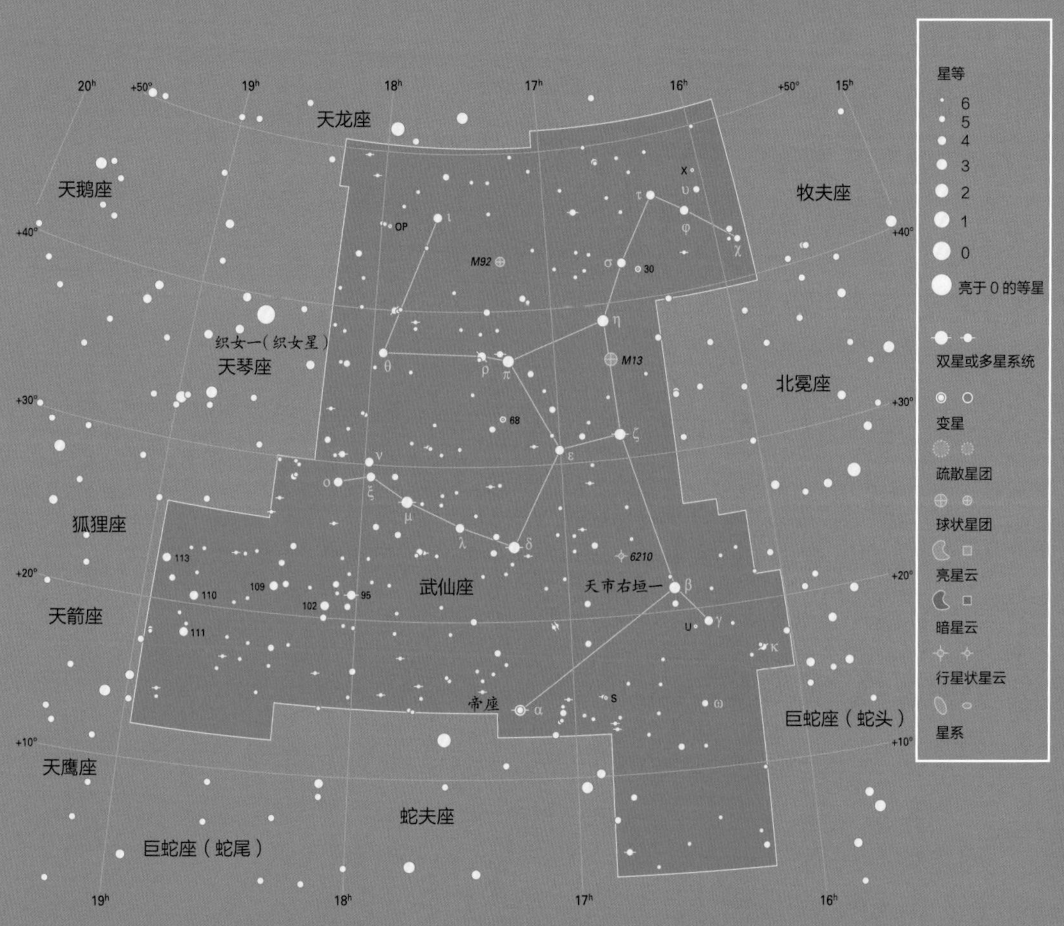
天龙座
天鹅座
牧夫座
织女一(织女星)
天琴座
北冕座
狐狸座
武仙座
天市右垣一
天箭座
帝座
巨蛇座(蛇头)
天鹰座
蛇夫座
巨蛇座(蛇尾)
星等
亮于0的等星
双星或多星系统
变星
疏散星团
球状星团
亮星云
暗星云
行星状星云
星系

9.25 长蛇座、乌鸦座、巨爵座、六分仪座

▽ 长蛇座

尽管长蛇座不是最有趣的星座，但它是面积最大的星座。它散落的暗弱恒星跨越了四分之一的天空。这条九头大蛇是英雄赫拉克勒斯的猎取目标之一。它有一个令人厌恶的特征：砍掉它的一个头之后，它还会再长出两个。于是赫拉克勒斯在砍掉一个头之后就用燃烧的树枝烧焦蛇颈（头就无法长出来了）。他将蛇的最后一个头砍掉之后埋在土里，并且用巨石压住；被砍下的头这个时候还在嘶嘶作响。不过实际上，长蛇星座的历史比神话故事还要久远。长蛇座是最早期古巴比伦人划分的星座之一，甚至可以追溯到公元前 2800 年。那个时候，它长长的独特轮廓标志着天赤道。

在天空中，长蛇的头部是一组非常美丽的恒星，它们紧挨着巨蟹座。这里的主星是星宿一。它的英文名称 Alphard 的本意是“孤独者”。

如果你有一个中等大小的天文望远镜，就可以寻找长蛇座隐秘的宝藏了：壮丽的正向旋涡星系 M83。这个靠近蛇尾的星系有一个昵称：南方风车星系。

▽ 乌鸦座

从古巴比伦时代起，这个星座就被视为驻足在长蛇背上的一只乌鸦。古希腊人认为这只鸟本是阿波罗派来取回杯子（即巨爵座）的，但它却偷懒去吃无花果。乌鸦带回一条水蛇（即长蛇座）当替罪羊。但阿波罗看穿了它的把戏，将这三者（乌鸦、杯子、水蛇）都扔到天上变成星座。

▽ 巨爵座

这就是神话中乌鸦要去取回的那只杯子。

▽ 六分仪座

17 世纪的波兰天文学家约翰·赫维留创造了这个星座以纪念用来观测天体位置的六分仪。

水蛇座，见 9.41 节。

印第安座，见 9.36 节。

蝎虎座，见 9.19 节。

主要恒星

名称	星等	类型	与地球的距离/光年	光度（相对于太阳）	直径（相对于太阳）
星宿一	2.0	橙巨星	177	780	50

9.26 狮子座、小狮座

▽ 狮子座

狮子座是为数不多的代表真实事物的星座之一。位于黄道带的狮子座根植于史前文明时代。古希腊人将其视作大英雄赫拉克勒斯杀死的涅墨亚巨狮；这是他的“十二伟业”之一。铁器、石器或者青铜都不能刺穿这只巨狮的身体，因此最终赫拉克勒斯将扼住狮子的喉咙使其窒息而死。

狮子心脏的标志是亮星轩辕十四（Regulus）。它是一颗快速旋转的恒星，每十六小时自转一周。快速的自转使它在赤道方向突出，看起来像一个橘子。它的英文名称Regulus在拉丁文中的意思是“小国王”。这是最久远的恒星命名之一。再往前回溯一千年，古巴比伦人就已经将这颗恒星命名为“国王”了。

从轩辕十四向上延伸出的恒星图案像一个反过来的问号（“The Sickle”，意为“镰刀”），标志着狮子的胸膛和头颅。在问号中间是明亮的轩辕十二，一个美丽的双星系统：天文望远镜可以将其分辨为一颗橙巨星和一颗黄色伴星。在狮子座另一端的亮星是五帝座一；它的英文名Denebola来源于阿拉伯语，意为“狮子的尾巴”，正如这颗星的位置。

在狮子“躯干”的南方陈列着几个旋涡星系（M65、M66、M95和M96）。肉眼是看不到它们的。不过用小型天文望远镜扫过狮子的腹部就可以发现它们了。

坦普尔-塔特尔彗星的碎片每年在11月17日前后穿过地球大气，形成狮子座流星雨。

▽ 小狮座

小狮座是17世纪波兰天文学家约翰·赫维留引入的一个暗淡星座。它就坐在狮子座的背上。

天兔座，见9.37节。

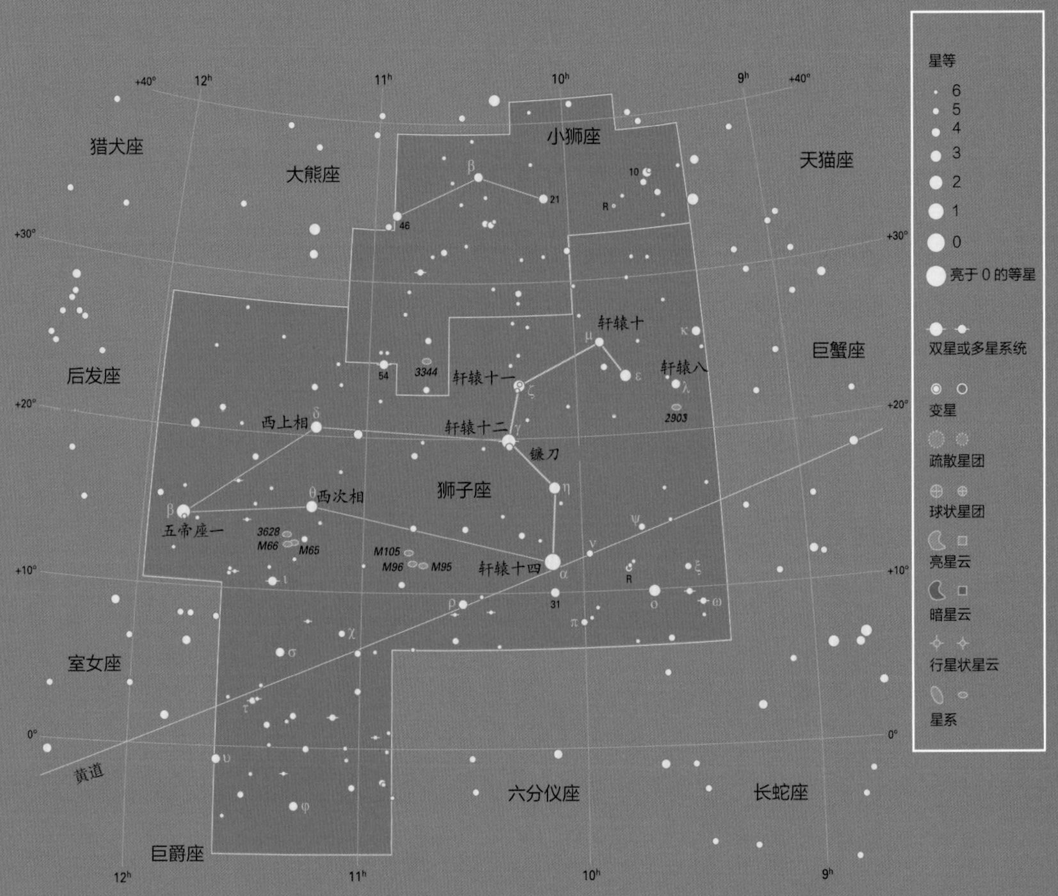

主要恒星

名称	星等	类型	与地球的距离/光年	光度（相对于太阳）	直径（相对于太阳）
轩辕十四	1.35	蓝白主序星	79	360	4
五帝座一	2.1	白主序星	36	17	1.7
轩辕十二 A	2.3	橙巨星	131	285	29
轩辕十二 B	3.5	黄巨星	131	72	12

9.27 天秤座

自从古巴比伦时代起，天文学家就把这一暗淡的恒星图案既比作天蝎的钳子，又视为正义的天平。古希腊人将天秤座视为天庭的虾蟹，但尤利乌斯·凯撒更喜欢将其比作称重的天平。当他改革历法加上闰年之后，昼夜平分之时太阳正好在天秤座。因此，天秤座成了黄道十二星座中唯一代表物，而非人神或动物的星座。

阿拉伯人给天秤座恒星起了好听的名字。首先是 Zubenelgenubi（氐宿一），意为“南方的钳子”。这颗白色的恒星有一个更暗的伴星，用双筒望远镜或天文望远镜即可分辨。第三亮星 Zubenelakrab（氐宿三），意为“蝎子的钳子”。它是一颗橙色的巨星。

稍亮的 Zubeneschamali（氐宿四），意为“北方的钳子”。它是少有的呈现绿色的恒星。天文学家通常根据恒星的温度将其归类为“黄色”“白色”到“蓝白色”，但很少归类为“绿色”。自己决定吧，最好用双筒望远镜把颜色显现出来。

这颗恒星也有一段引人入胜的历史。两千多年前，古希腊人记载它的亮度可以和天蝎座明亮的红巨星心宿二相媲美。但它现在要暗得多。或许它过去耀发过一次。这颗恒星的自转的速度比太阳快 100 倍，有可能抛射出发光的气体云。这颗星值得继续监测下去，或许还会再耀发呢。

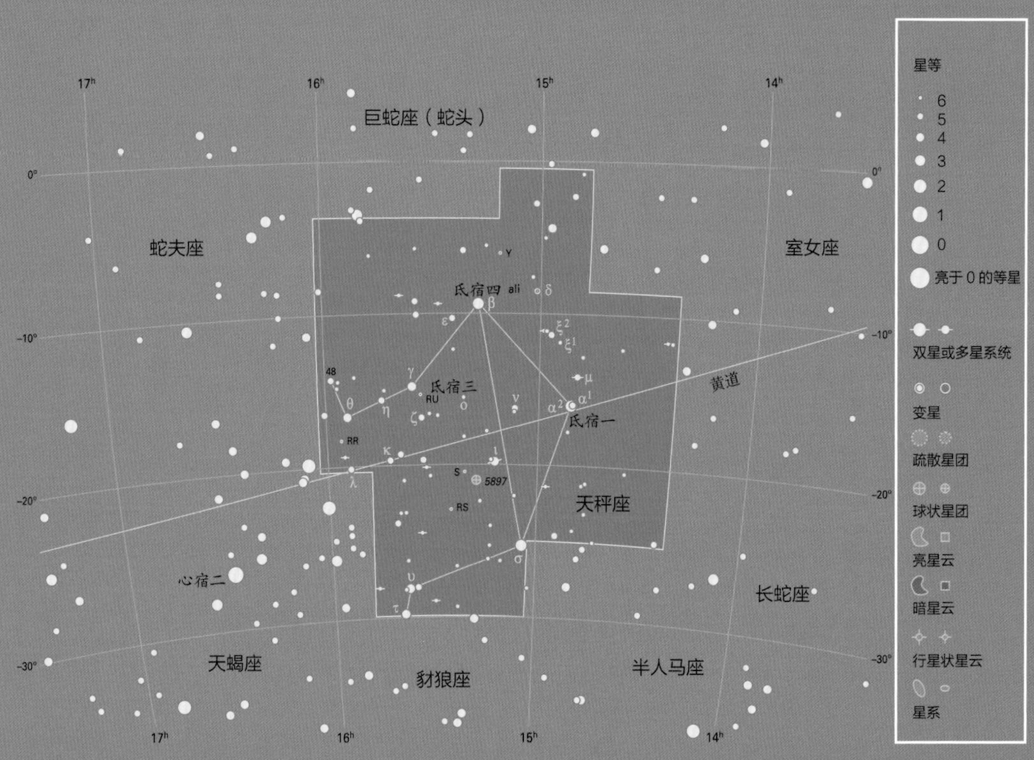
17h
16h
15h
14h
0°
-10°
-20°
-30°
巨蛇座（蛇头）
蛇夫座
室女座
氐宿四
氐宿三
氐宿一
黄道
天秤座
心宿二
长蛇座
天蝎座
豺狼座
半人马座
5897
星等
6
5
4
3
2
1
0
亮于 0 的等星
双星或多星系统
变星
疏散星团
球状星团
亮星云
暗星云
行星状星云
星系

9.28 豺狼座、天坛座、圆规座、矩尺座、南三角座

▽ 豺狼座

三千多年以来，豺狼座被视作一只凶猛的野兽，最终被天庭的人马怪（即半人马座）刺死放在祭坛（即天坛座）上作为牺牲。当文艺复兴时期的学者将希腊文翻译成拉丁文的时候，这一泛指“野兽”的词被明确为“豺狼”。用小型望远镜可以观察这个星座几个美丽的双星系统，包括骑官六、积卒二、骑阵将军和骑官七。

▽ 天坛座

在这一祭坛上，希腊主神宙斯在与提坦开战之前令众神发誓效忠于他。人马怪（半人马座）也使用这一祭坛献祭了野兽“豺狼”。祭坛上升起的青烟幻化成了银河。四千光年之外的星团 NGC 6193 位于一大片恒星形成区域的中心。用天文望远镜可以观察这一美丽的恒星宝藏。

▽ 圆规座

紧靠着闪耀的亮星南门二的是无关紧要的圆规座。法国天文学家尼古拉·路易·德·拉卡耶在 18 世纪 50 年代创造了这一星座来代表画圆的仪器圆规（这一星座的拉丁文名称还有“罗盘”之意，但不应与罗盘座混淆）。

▽ 矩尺座

这是拉卡耶创造的另一个星座，用来与圆规座搭配。在星图上，这个星座挤在了豺狼座和献祭它的天坛座之间。用双筒望远镜或天文望远镜可以观察星团 NGC 6087。它的中心是一颗脉动的造父变星。

▽ 南三角座

离明亮的南门二不远处，有一个很特别的图案：由三颗差不多一样亮的恒星组成的一个等边三角形。荷兰制图家彼得勒斯·普朗修斯在 16 世纪晚期首次将这一图案在星图上绘制出来。在南天新创造的星座中，南三角座是最容易辨认的一个。

天猫座，见 9.7 节。

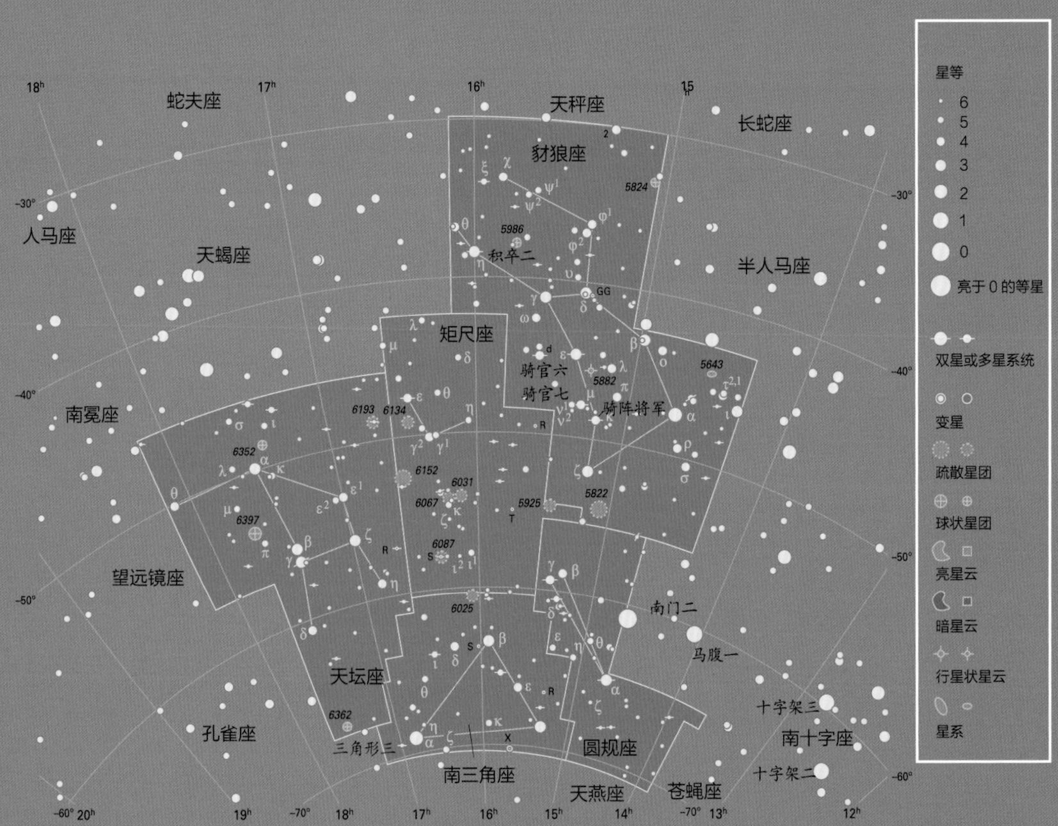

主要恒星

名称	星等	类型	与地球的距离 / 光年	光度（相对于太阳）	直径（相对于太阳）
三角形三	1.9	橙巨星	390	5 000	130

9.29 天琴座

天琴座面积虽小，却很容易辨认。它代表了太阳神阿波罗给俄耳甫斯的乐器。在这位最初的音乐演奏家死后，缪斯女神将他的琴升上了天空。

亮白色的织女星是夜空中的第五亮星，仅比大角暗一点儿。它与天鹅座的天津四和天鹰座的牛郎星共同构成了“夏季大三角”。14 000年之后，织女星会成为我们明亮的北极星。织女星距离我们仅有 25 光年。它周围环绕着一个尘埃盘，其中有可能孕育着行星。

视力很好的人能看出织女二（正式名称为 Epsilon Lyrae）是一个双星系统。通过双筒望远镜就更容易分辨了，而使用天文望远镜更能看出其中每一颗星自己又是一个双星系统。

渐台二是一个迷人的双星系统。它由两颗靠得很近、几乎连在一起的恒星组成。两颗星之间有气体交换。它们以 13 天为周期相互绕转，每颗星会交替遮挡另一颗星的光芒。

天琴座的宝藏位于它南端的两颗恒星渐台二和渐台三之间，不过你需要望远镜的帮助才能看清它。环状星云是行星状星云一个绝美示例。环状星云看起来比木星大一些。它是恒星遗骸的一种表现，这个巨大的甜甜圈是大约两千年前恒星死亡时吹出的气体形成的。

每年的 4 月 22 日我们都会迎来天琴座流星雨。这是由佘契尔彗星的碎片落入地球大气层燃烧形成的。

山案座，见 9.21 节。

显微镜座，见 9.36 节。

麒麟座，见 9.11 节。

苍蝇座，见 9.18 节。

矩尺座，见 9.28 节。

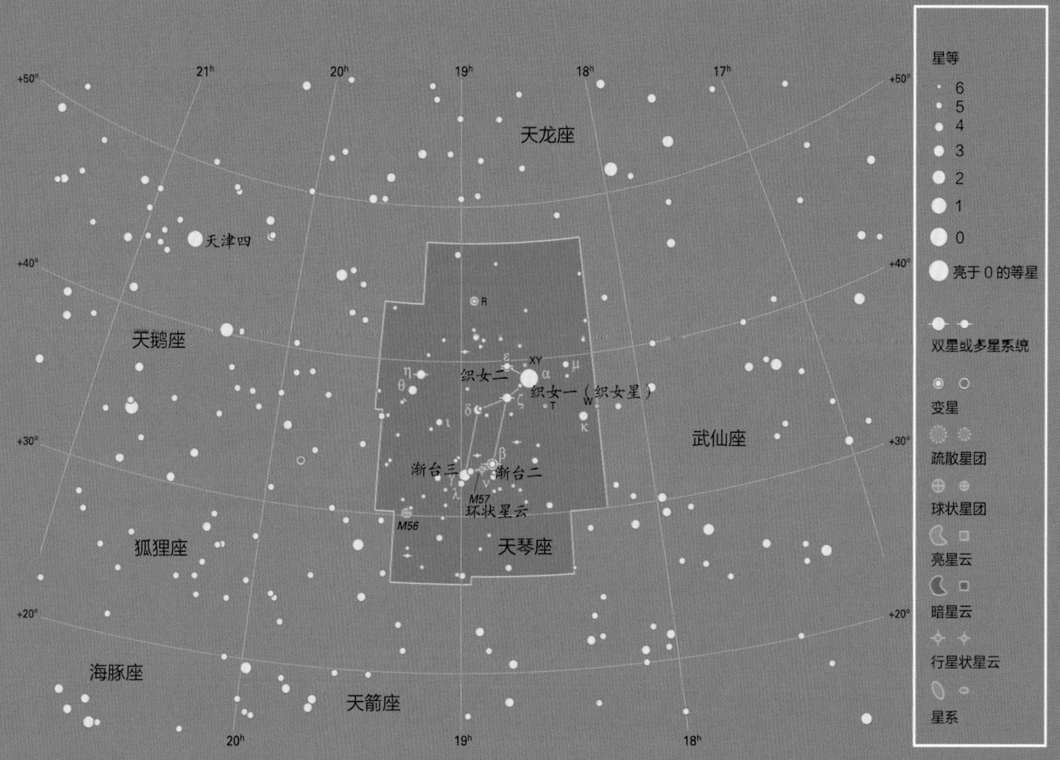

主要恒星

名称	星等	类型	与地球的距离/光年	光度（相对于太阳）	直径（相对于太阳）
织女星/织女一	0.03	白主序星	25	40	2.4

9.30 南极座、天燕座、蝘蜓座、孔雀座、飞鱼座

▽ 南极座

南天极位于南极座。在北半天球，地球的自转轴指向非常接近于亮星勾陈一，因此它被称为“北极星”。在相反的方向，我们在南天极附近只能找到很暗的南极座 σ：这颗肉眼刚刚可见的“南极星”是很难寻觅的，因此无法用来导航。尽管如此，法国天文学家尼古拉·路易·德·拉卡耶在18世纪50年代划分南天星空的时候仍然将这片区域描绘为一个传统的导航工具八分仪（这也是其拉丁文名称的来源）。

▽ 天燕座

这个由荷兰制图家彼得勒斯·普朗修斯引入的星座最有趣的地方可能就是它奇特的名字了。那时候欧洲的科学家惊讶于这些来自东印度的美丽鸟儿都不长脚（Apus是拉丁文“无足”的意思）。实际上那里的商人在把这些鸟送回欧洲之前把鸟足都砍掉了！

▽ 蝘蜓座

这是由彼得勒斯·普朗修斯创造的另一个星座。除了它的暗云正在孕育恒星之外，这个星座真是乏善可陈。

▽ 孔雀座

彼得勒斯·普朗修斯将爪哇岛的绿孔雀升上了天空。它最亮的恒星罕见地有一个英文名字Peacock（意为“孔雀”；中文名孔雀十一）。这是由于英国皇家空军坚持所有导航用的恒星必须有一个专有名称[1]。NGC 6752是一个巨型的球状星团，用双筒望远镜很容易看到。

▽ 飞鱼座

彼得勒斯·普朗修斯在16世纪90年代将南半球海洋中的飞鱼升上天空。在小型天文望远镜的视野中，飞鱼二和飞鱼座 ε 都是美丽的双星系统。

1 即不能是Alpha Pavonis（孔雀座 α）这样由拜耳命名法给出的编号。——译者注

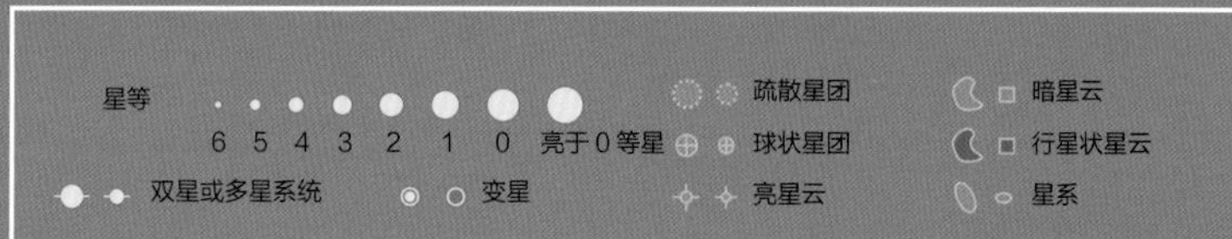

主要恒星

名称	星等	类型	与地球的距离/光年	光度（相对于太阳）	直径（相对于太阳）
孔雀十一	1.9	蓝白巨星	180	2 200	5

9.31 蛇夫座、巨蛇座

▽ 蛇夫座

蛇夫座和巨蛇座覆盖了很大面积的夜空，但并未提供任何壮美的视觉盛宴。这两个星座位列最古老的星座之中。代表着人与巨蛇纠缠在一起的这两个星座拥有引人入胜的神话传说。

罗马神话中，蛇夫座代表著名的神医埃斯库拉庇乌斯。他曾拒绝将克里特国王米诺斯的儿子起死回生，因而被国王扔进了地牢。在地牢中，他发现自己身处蛇的巢穴之中。他看到一条蛇口衔草药将另一条蛇起死回生。埃斯库拉庇乌斯将这一神奇的药膏用在死去的王子身上，王子立刻康复了。众神担心埃斯库拉庇乌斯会使整个人类长生不死，因此将他和他忠实的蛇都升上了天空。

蛇夫座最亮的恒星 Rasalhague（中文名"候"）所代表的含义是"弄蛇者的头"。它紧挨着天空中的另一个巨人赫拉克勒斯（即武仙座）的头颅。在蛇夫座中可以找到一些遥远的星团，包括一万五千光年远的 M10 和 M12。

太阳、月球和行星的轨迹都穿过蛇夫座，所以严格来讲蛇夫座是第十三个黄道带星座。

▽ 巨蛇座

神话故事中的蛇是唯一一个被分成两部分的星座。蛇头和蛇尾被蛇夫的身体分隔开来。

每一部分在双筒望远镜看来都是视觉盛宴，用天文望远镜观看效果就更佳了。蛇头包含银河系中最大的球状星团之一 M5。在蛇尾中你可以找到鹰状星云 M16：小型天文望远镜能够显现它中心的星团，但要看到周围明亮的星云就需要一个更大的仪器了。哈勃太空望远镜则揭示出被称作"创生之柱"的著名手指状尘埃云。

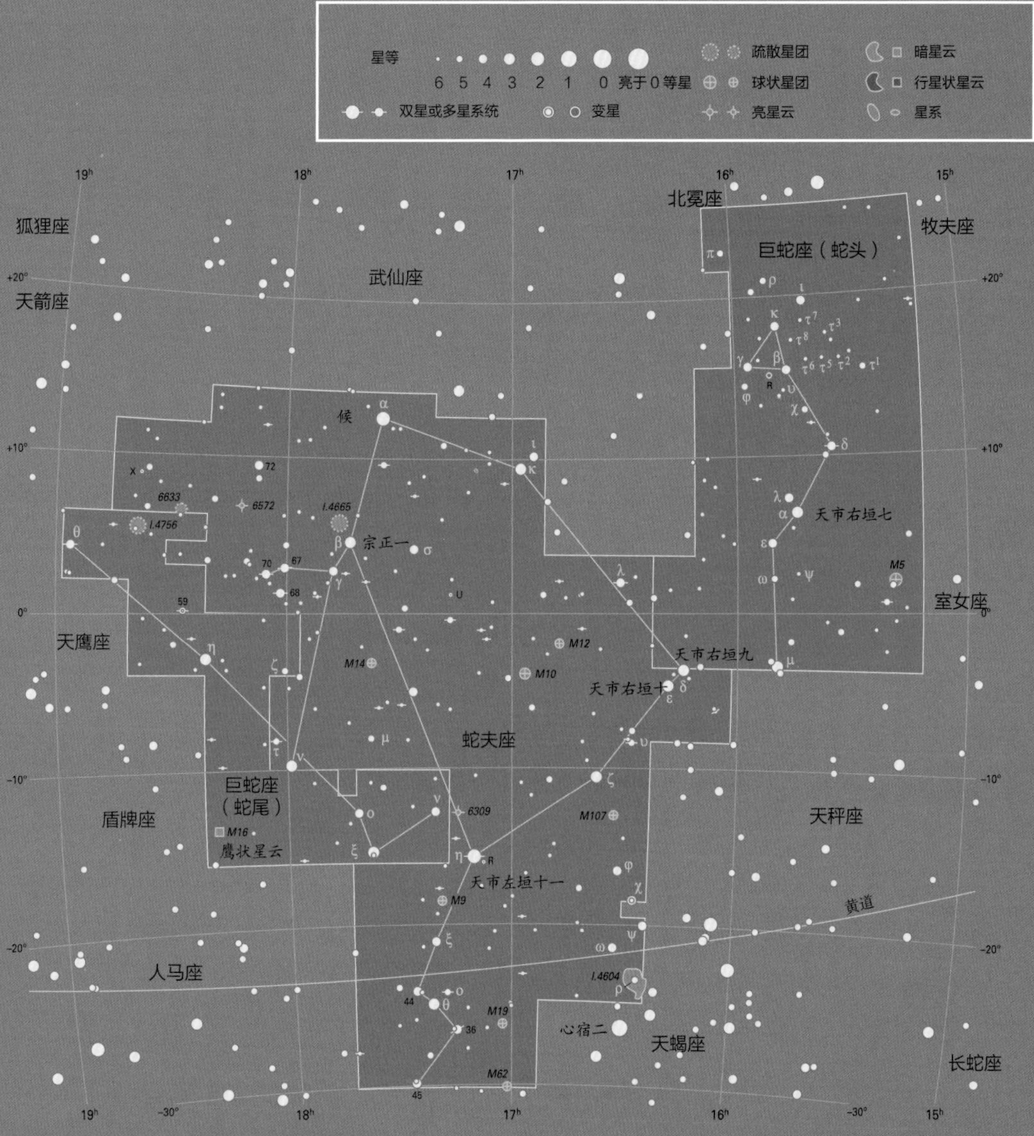

星等
6 5 4 3 2 1 0 亮于0等星
双星或多星系统
变星
疏散星团
球状星团
亮星云
暗星云
行星状星云
星系
北冕座
牧夫座
巨蛇座（蛇头）
狐狸座
天箭座
武仙座
侯
宗正一
天市右垣七
室女座
天鹰座
天市右垣九
天市右垣十
蛇夫座
巨蛇座（蛇尾）
鹰状星云
盾牌座
天秤座
天市左垣十一
黄道
人马座
心宿二
天蝎座
长蛇座

9.32 猎户座

大步跨越冬季星空的闪亮猎人是所有星座中最引人注目的一个。与之相符的是，古希腊人认为它所代表的猎人俄里翁是史上最英俊的男人。他精准的狩猎甚至会造成所有野生动物的灭绝，因此太阳神阿波罗派了一只全副武装的蝎子把猎人蜇死了。

后来狩猎女神狄安娜将俄里翁升上了天空，放在与蝎子（天蝎座）相反的方向。一个星座升起时另外一个就会落下。为了使俄里翁不至于无聊，狄安娜还把一头公牛（金牛座）升上天空与他搏斗，还给他配了两条猎犬（大犬座和小犬座）。

在南半球，猎户座标志着盛夏时节。澳大利亚的原住民将这个星座最亮的星视作一条独木舟：参宿四和参宿七标志着舟的两端；中间的三颗星代表着渔夫正在收起捕获了大鱼（迷雾般的猎户星云）的网。

参宿四是一颗红巨星，比太阳大一千倍。肉眼就可以很容易地识别它的颜色。用几年的时间持续观察参宿四就能发现它会渐渐变暗再变亮，这是由于它不稳定的膨胀收缩所致。参宿四已经走近了生命的尽头，不久会产生超新星爆发，尽管这个天文学意义上的“不久”可能意味着上百万年。

参宿七（Rigel，意为“脚”）在颜色上与参宿四形成了鲜明的对比。参宿七也是一颗巨星，但它的温度要高得多，闪耀的光芒呈蓝白色。中等的天文望远镜可以揭示它旁边的一颗伴星。

猎户的腰带由排成一条直线的三颗亮星组成，这在夜空中是独一无二的。当猎户座升起时，这三颗星就像从地平线起飞的飞机一样。这三颗星与参宿七一样都是炽热的蓝白恒星。它们的名字分别是参宿一（Alnitak，意为“束带”）、参宿二（Alnilam，意为“一串珍珠”）和参宿三（Mintaka，意为“腰带”）。

参宿增一是一个美丽的多星系统：小型天文望远镜可以分辨出五颗恒星中的四颗。在附近可以找到马头星云的轮廓。这个星云在照片中很漂亮，但亲眼看到它则需要大型天文望远镜和很暗的夜空。

猎户星云代表了这个已然壮美的星座的最高荣耀。它是仅有的几个能用肉眼看到的星云之一：猎户剑下的一片闪光的气体。双筒望远镜就可以呈现它的美丽；通过天文望远镜更可以看到被称作“鱼嘴”的暗区周围闪亮的涡旋图案。在这片朦胧近旁有四颗星组成了“猎户四边形星团”。它们是仅仅 30 万年前（对天文学家而言就像是昨天一样）诞生的一团恒星中最亮的四颗。

猎户四边形星团中最亮的那颗恒星是温度超高的猎户座 q1-C。它照亮了周围的气体，进而产生了猎户星云——就像是路灯周围的光晕一样。这团宇宙迷雾远远超出了猎户星云的范围。它本身是一团正在孕育大质量恒星的致密气体和尘埃云。厚厚的尘埃遮住了这些恒星胚胎，用普通光学望远镜看不到它们。不过用能够接收红外光的仪器就可以看到了。

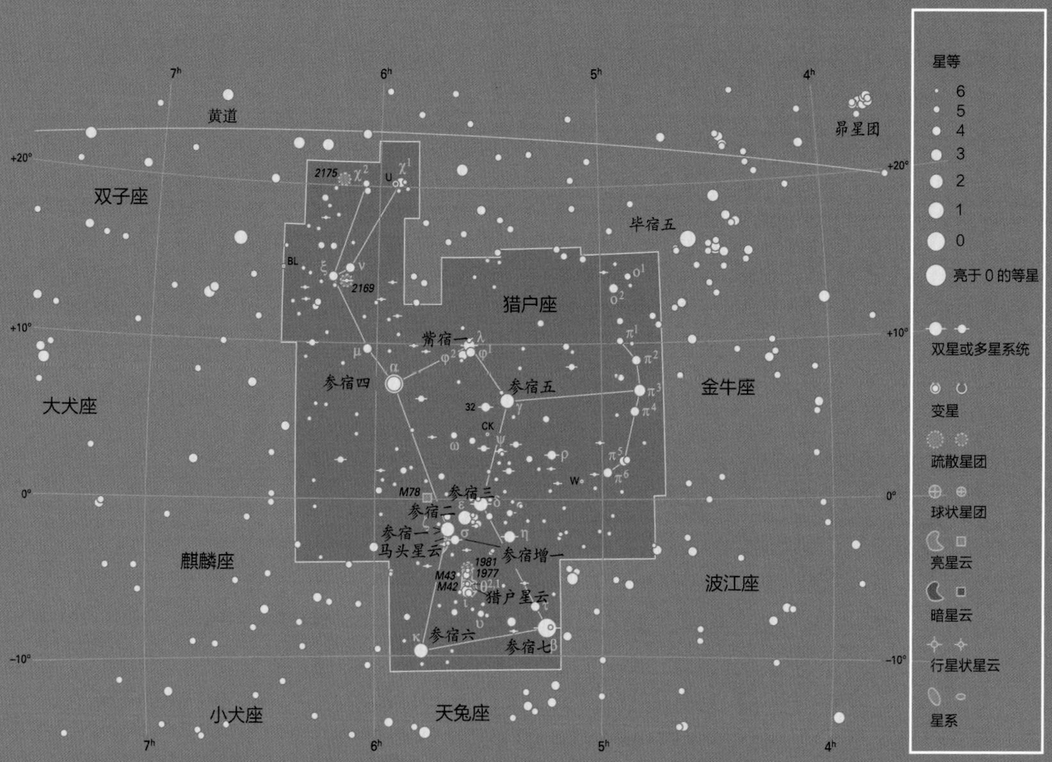

主要恒星

名称	星等	类型	与地球的距离/光年	光度（相对于太阳）	直径（相对于太阳）
参宿七	0.12	蓝白超巨星	860	125 000	74
参宿四	0.3–1.2	红巨星	640	120 000	1 000
参宿五	1.6	蓝白巨星	250	6 400	6
参宿二	1.7	蓝白超巨星	1 300	375 000	30
参宿一	2.0	蓝白超巨星	700	180 000	19
参宿六	2.1	蓝白超巨星	650	60 000	22
参宿三	2.2	蓝白超巨星	690	90 000	16

每年10月21—22日[1]，流星从参宿四附近的一个点出射划过天空。这一猎户座流星雨是来自哈雷彗星的微小尘埃颗粒产生的。它们坠入地球大气层烧毁的过程中享有片刻的荣光。

孔雀座，见9.30节。

* 灿烂的猎户星云（右下）是恒星形成的热土；活跃的新生恒星炙烤这一大团气体云使其发光发亮。在图像的上方，年轻的恒星照亮了一团星际尘埃云，形成了蓝色调的星云NGC 1977。

1　此处原文“21-2 October”有误，应是“21-22 October”。——译者注

9.33 飞马座、小马座

▽ 飞马座

飞马座大概是面积第七大的星座，但它能展现给大家的无非一个硕大虚空的四边形，以四颗中等亮度的星为顶点。我们的祖先是如何从这里看出一只头朝下、长翅膀的飞马呢?

在希腊神话中，英雄珀尔修斯砍掉戈耳工·美杜莎的头颅之后，飞马从血泊中跳出。然而在所有古典时代之前的文明中就已经有了飞马的故事，比如像伊特拉斯坎文明和幼发拉底文明中陶器上描绘的那样。

令人容易混淆的是，壁宿二这颗代表飞马四边形其中一个顶点的恒星被分割给了相邻的仙女座。

四边形中最靠北的那颗星室宿二是一颗直径比太阳大百倍的红巨星。它已经临近生命的尽头，产生无规则的脉动。

在四边形之外还有黄超巨星危宿三（Enif，阿拉伯语意为“鼻子”）。它附近的那颗暗淡的蓝色恒星跟它并没有关联，实际上是遥远的背景星。如果你在观察这两颗星的时候摆动望远镜，就会出现一种视觉错觉：这两颗星看起来像钟摆一样在晃动。

紧靠着危宿三的是这个星座最大的秘密：美丽的球状星团 M15，不过你需要天文望远镜才能观察它。M15 距离我们 3.4 万光年远，它包含了超过十万颗紧密靠在一起的恒星。

飞马座 51（51 Pegasi）是一颗刚刚能用肉眼看到的恒星。但它在 1995 年获得了不朽的名声。它是第一颗被发现有太阳系外行星环绕的普通恒星。这颗行星是一个气态巨行星，在比水星到太阳的距离还要近得多的轨道上环绕飞马座 51，因此被归类为“热木星”[1]。

▽ 小马座

小马座虽然面积很小（只有南十字座比它更小），却是一个历史悠久的星座。它的历史可以追溯到古希腊时期。那个时候它就被视为旁边飞马的兄弟（或者儿子）。即便是通过天文望远镜，在小马座也找不到太多值得留恋的东西。

1 “热木星”是太阳系外行星的一类。这种行星属于气态巨行星，类似木星。同时它们离主星很近，温度很高。所以称为“热木星”。——译者注

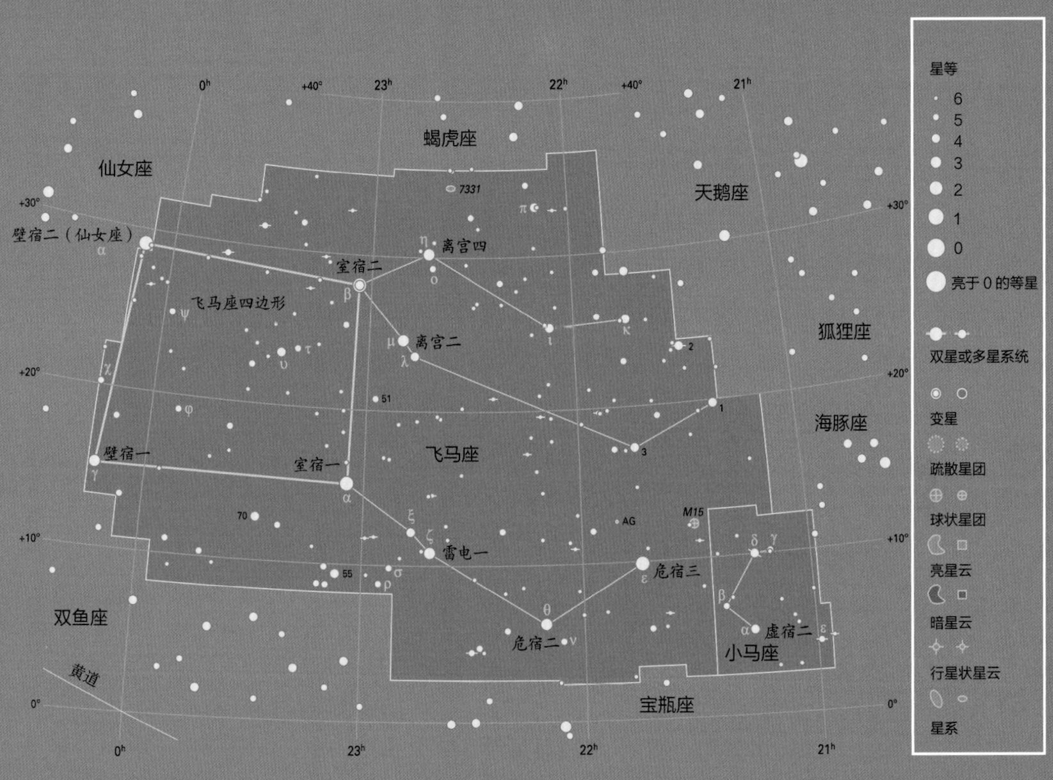
蝎虎座
仙女座
天鹅座
狐狸座
海豚座
飞马座
飞马座四边形
壁宿二（仙女座）
室宿二
离宫四
离宫二
壁宿一
室宿一
雷电一
危宿三
危宿二
虚宿二
小马座
双鱼座
宝瓶座
黄道
M15
7331
星等
6
5
4
3
2
1
0
亮于0的等星
双星或多星系统
变星
疏散星团
球状星团
亮星云
暗星云
行星状星云
星系

9.34 英仙座

珀尔修斯是希腊神话中的英雄。他杀死了怪兽戈耳工·美杜莎，不小心用铁饼砸死了他的外祖父，并且创建了波斯国。在途中他从凶猛的海怪那里解救了美少女安德洛墨达，使得他在天空中赢得了一席之地（即英仙座），同样还有安德洛墨达（仙女座），她的父母（仙后座与仙王座）和海怪（鲸鱼座）。

英仙座最明亮的天体是天船三（Mirfak；阿拉伯语意为“肘”）。这颗星的光度是太阳的上千倍。它是英仙座 α 星团的主星（用双筒望远镜可以观察这个星团）。

不过英仙座真正的“明星”非大陵五莫属。这个代表美杜莎头颅的天体有规律地向我们眨眼……1783 年，18 岁的英国聋哑业余天文学家约翰·古德里克正确地推测出大陵五的亮度下降 70% 是由于一颗较暗的恒星掩食了更亮的伴星——这种掩食每两天又 21 小时会发生一次。

英仙座的另一颗宝石（或者更准确地说是两颗）是双重星团。这两个正式编号为 NGC 869 和 NGC 884 的星团在仙后座附近。它们在双筒望远镜中呈现令人震撼的美景。这两个星团距离大约 7 500 光年。它们主要由年龄仅仅在 1 200 万年的蓝色年轻恒星组成。

每年八月，英仙座都会展现最壮丽的年度流星盛宴之一：英仙座流星雨。英仙座流星主要从靠近与仙后座边界处的一个点辐射开来。它们是斯威夫特－塔特尔彗星的碎片坠入大气层燃烧形成的。

凤凰，见 9.41 节。

绘架座，见 9.21 节。

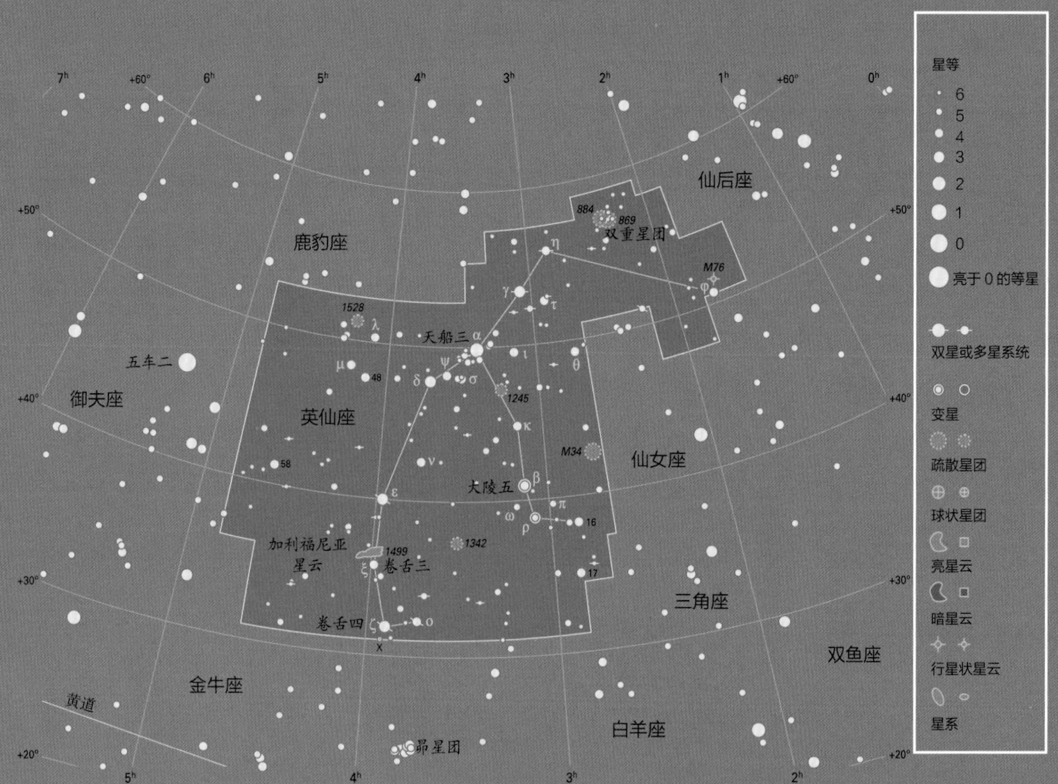

主要恒星

名称	星等	类型	与地球的距离 / 光年	光度（相对于太阳）	直径（相对于太阳）
天船三	1.8	黄白超巨星	560	7 000	70

9.35 双鱼座

双鱼座位于一片包含暗弱星座的巨大天区内，它自己也不例外。人们对双鱼座的名字感到熟悉只是因为它是黄道带星座之一。黄道带星座就是太阳、月球和行星的径迹所穿过的星座。这个星座图案散落于白羊座和宝瓶座之间。它最明显的特征是靠近英仙座的一个恒星组成的环，名曰“小环”。

古巴比伦人将这片星空分为两块图案：向上靠近仙女座的那一块是“天后”，另一块靠近飞马座的图案是“大燕”。后来它们就变成了一对鱼，畅游在隔壁宝瓶座倾泻而出的水流中。

希腊神话中，这一星座代表化成了鱼的女神阿佛洛狄忒和她的儿子厄洛斯。它们的尾鳞被一条绳索连在一起，以逃脱怪兽提丰。

在今日的星空中，标志着这条绳索的恒星是外屏七（Al Rischa；阿拉伯语意为“绳索”）。1779 年，英国天文学家威廉·赫歇尔发现它是一个双星系统。两颗恒星以 720 年为周期相互环绕：它们现在靠得很近，需要好的天文望远镜才能分辨。当你手头有天文望远镜的时候，也去寻找一下暗弱的旋涡星系 M74。

双鱼座的名声主要来源于它包含了春分点，也就是太阳跨越天赤道从南半天球运行到北半天球的那个点。这一位置曾经在双鱼座相邻的白羊座，因此春分点又被称作白羊座的第一点。不过由于地球本身自转轴的摆动（即岁差，又称地轴进动），这个点已经移到了双鱼座。

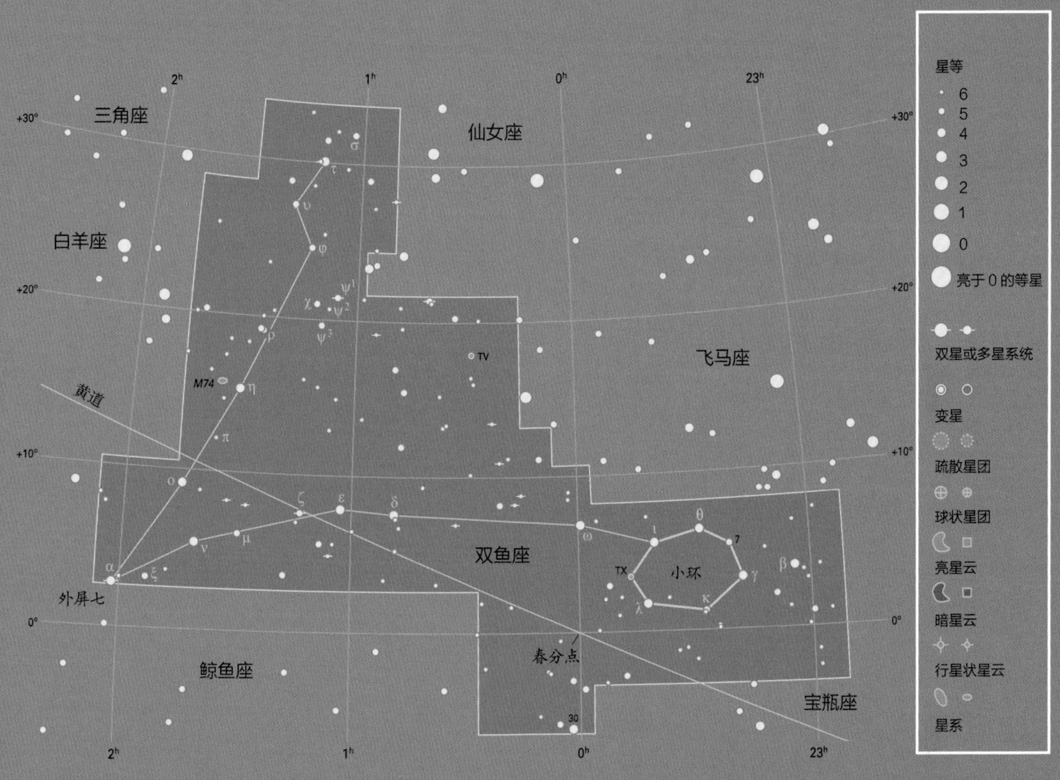

三角座
仙女座
白羊座
飞马座
黄道
M74
TV
外屏七
双鱼座
小环
鲸鱼座
春分点
宝瓶座
星等
6
5
4
3
2
1
0
亮于 0 的等星
双星或多星系统
变星
疏散星团
球状星团
亮星云
暗星云
行星状星云
星系

9.36 南鱼座、天鹤座、印第安座、显微镜座

▽ 南鱼座

希腊神话中的南鱼正在吞咽从宝瓶座溢出的水。它也是双鱼座中那两条鱼的父辈。这个总体来讲比较暗淡的星座有一颗明珠：北落师门。它位列全天最亮的20颗恒星之中。这个英文名称来自阿拉伯语“鱼嘴”的意思。对于北半球的观星者而言，北落师门有一个恰如其分的名字：秋季的孤星。其实，北落师门并不孤单。它的周围环绕着一个尘埃盘，其中包含我们用望远镜直接看到的第一颗太阳系外的行星[1]。

▽ 天鹤座

1597年，荷兰制图家彼得勒斯·普朗修斯将南鱼座的鱼尾分割开来，创造了一只夜空中飞翔的仙鹤，这就是天鹤座。

天鹤座比其他近代创造的南天星座更显眼。你仔细观察会发现它有两颗星是双星，不过这两对双星都只是不同距离处的两颗星恰巧在同一视线方向而已。

▽ 印第安座

这是彼得勒斯·普朗修斯根据荷兰航海先驱们绘制的星图创造的又一个星座。它本身乏善可陈。

▽ 显微镜座

18世纪50年代，法国天文学家尼古拉·路易·德·拉卡耶将这一片贫瘠星空中的点连接起来创造了显微镜座。这个名字本身就意味着这里没什么有趣的东西。

对于“北斗七星”，见9.42节的大熊座。

1 2020年的研究表明，这颗由哈勃太空望远镜直接成像发现的行星北落师门b并非真正的行星，而可能是碰撞产生的碎片云。它的图像信号已经逐渐消失。——译者注

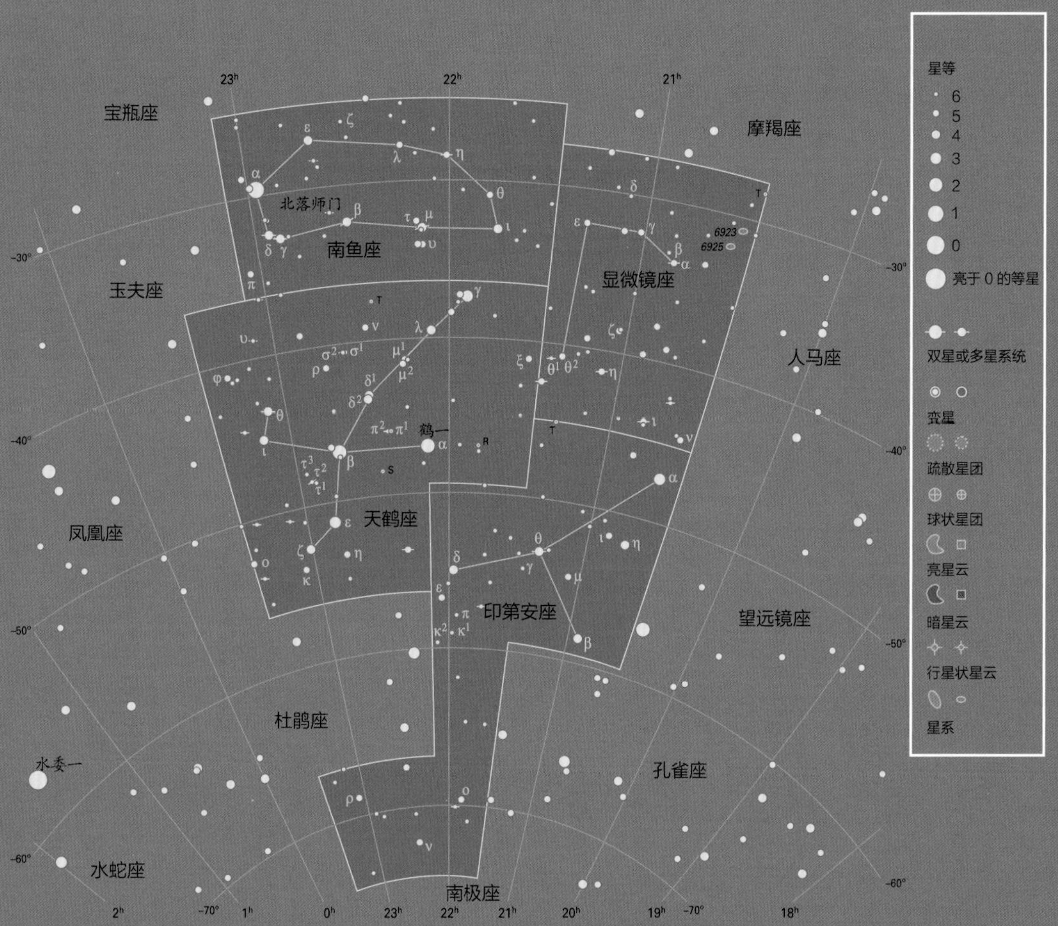

主要恒星

名称	星等	类型	与地球的距离 / 光年	光度（相对于太阳）	直径（相对于太阳）
北落师门	1.16	白主序星	25	17	1.8
鹤一	1.7	蓝白主序星	101	30	3.5

9.37 船尾座、雕具座、天鸽座、天兔座

▽ 船尾座

船尾座是代表巨船阿耳戈（Argo；见 9.44 节的船帆座）的古老星座分割出的一部分。这个星座包含一个天空中剧烈燃烧的火炉：弧矢增二十二（Naos）。它是已知最热、最亮的恒星之一。表面温度高达 42 000 ℃，是太阳表面温度的七倍。

用双筒望远镜扫过船尾座会看到几个美丽的星团，其中包括 M46、M47 和 M93。最漂亮的是中心包含一颗橙色亮星的 NGC 2451。

▽ 雕具座

法国天文学家尼古拉·路易·德·拉卡耶在 1754 年创造了这个暗淡的星座。他将这些恒星看作一对雕刻工具，不过这个名字现在翻译过来是指凿子。

▽ 天鸽座

1592 年，荷兰神学家和制图家彼得勒斯·普朗修斯引入了这个无趣的星座来代表诺亚从方舟上放出的寻找干燥陆地的鸽子。这只侦察鸟从阿耳戈大船的船尾（船尾座）飞出。普朗修斯认为这条船代表了挪亚方舟。

▽ 天兔座

高大的猎人俄里翁正在与公牛（金牛座）激烈地搏斗着。而小心蜷缩在俄里翁脚边的野兔至少在这一刻看起来是安全的。希腊天文学家托勒密在 150 年前后绘制他的初版 48 星座时首次提到了天兔座。

用双筒望远镜或者小型天文望远镜可以分辨出厕三这个美丽的双星系统。暗弱的变星“欣德深红星”（天兔座 R）是已知颜色最红的恒星之一。19 世纪的英国天文学家约翰·罗素·欣德将它描绘成“就像黑色背景下的一滴鲜血”。

罗盘座，见 9.44 节。
网罟座，见 9.21 节。
天箭座，见 9.20 节。

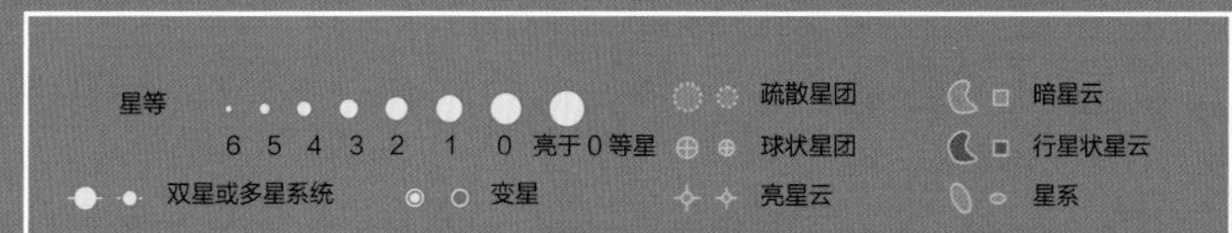

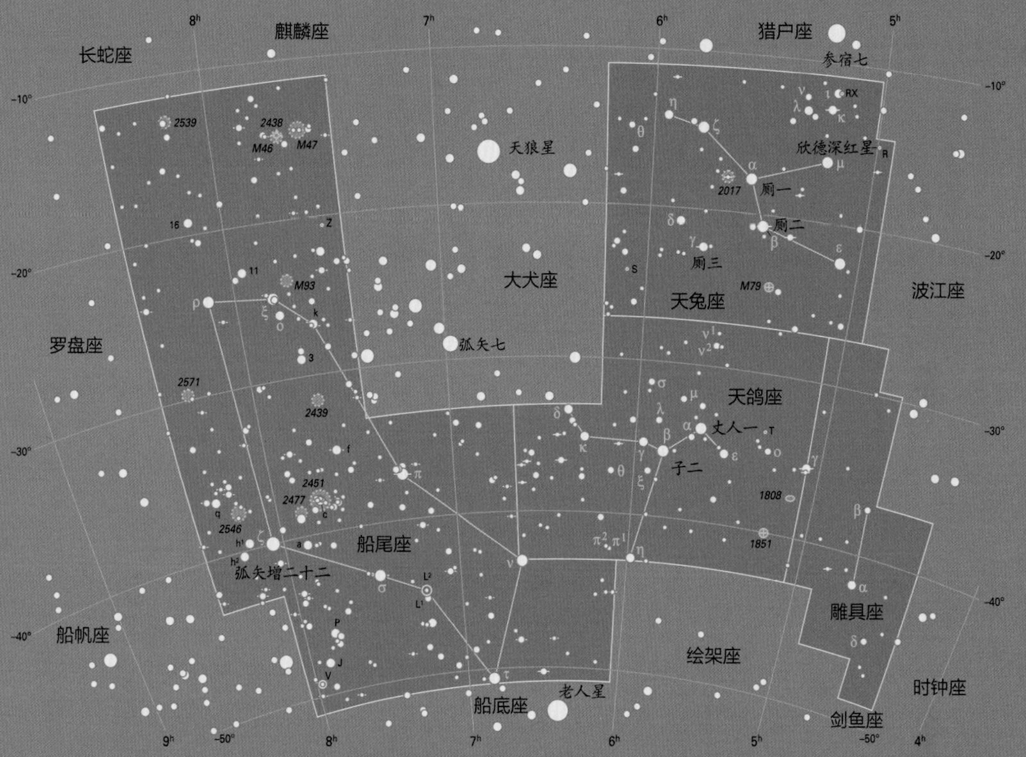

主要恒星

名称	星等	类型	与地球的距离 / 光年	光度（相对于太阳）	直径（相对于太阳）
弧矢增二十二	2.2	蓝超巨星	1 090	550 000	14

9.38 人马座、南冕座、望远镜座

▽ 人马座

从古巴比伦时代起，人马座的恒星图案就代表了一个半人半马的射手：人的上身和马的躯干结合在一起。一条由三颗星连成的独特曲线标志着射手弯曲的手肘，他手中的箭则指向了令人生畏的天蝎。在北半球的人看来，射手和他的弓箭看起来像一个茶壶，壶柄在左边，向右的壶嘴流淌出朦胧的银河。

我们银河系的中心位于人马座，虽然它被暗云完全遮挡住了。尽管如此，人马座的这一部分银河充满了星云和星团。在晴朗的夜晚，肉眼即可以见到美妙的礁湖星云，用小型天文望远镜观看就更壮观了。要看它拥有三瓣的邻居三叶星云就需要天文望远镜了。

用双筒望远镜扫过人马座则会发现更多的美景。你能够在与天鹰座的边界附近发现一片明亮的恒星云（M24）。用双筒望远镜观察它附近即可看到另一片恒星形成区域，也就是 ω 星云。不过要是分辨出它独特的拱形轮廓就需要天文望远镜了。还有一个模糊的光斑 M22 是一个球状星团。它包含了近一百万颗恒星，距离我们一万光年。

▽ 南冕座

古希腊人起初将这个星座视为一个花环，或者人马座五支箭矢的箭头。这个拥有独特的恒星环的星座没有什么可供业余天文学家观察的东西。

▽ 望远镜座

对于这个由法国天文学家尼古拉·路易·德·拉卡耶在 18 世纪 50 年代创建的暗弱星座，你确实需要一台强大的望远镜才能发现一些有趣的东西。

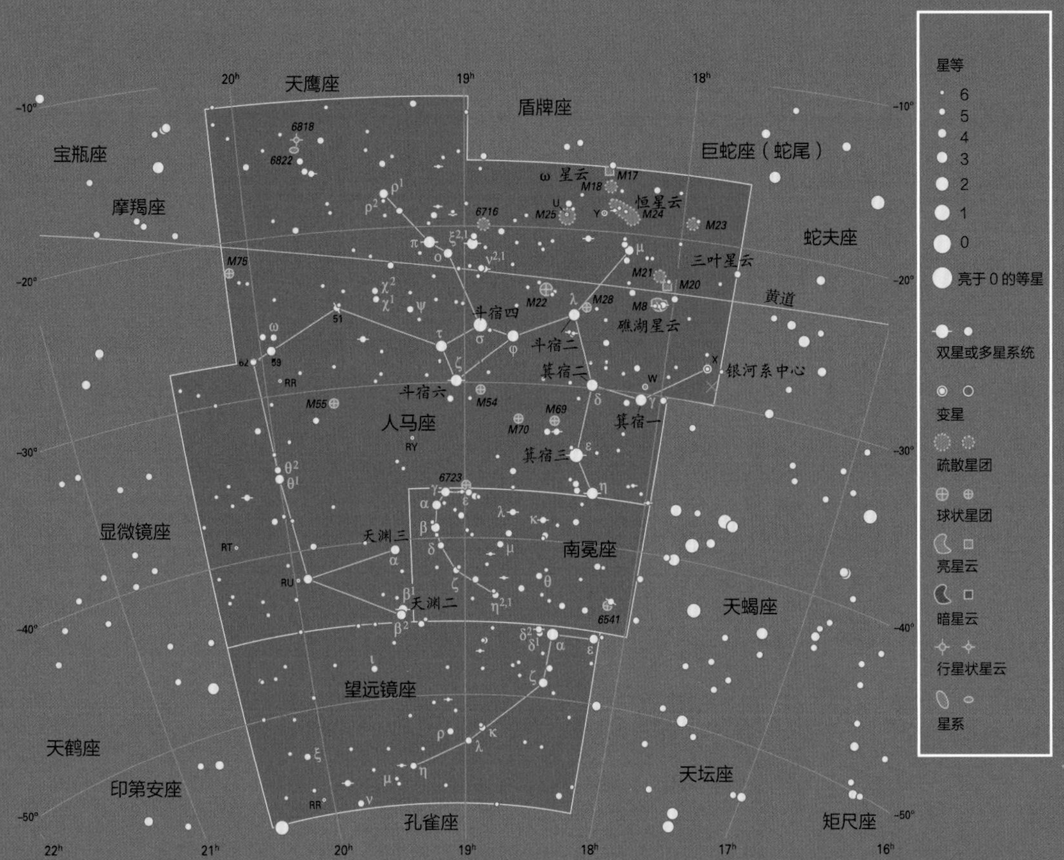

主要恒星

名称	星等	类型	与地球的距离 / 光年	光度（相对于太阳）	直径（相对于太阳）
箕宿三	1.8	蓝白巨星	140	360	7
斗宿四	2.1	蓝白主序星	230	3 300	5

9.39 天蝎座

尽管天各一方，但天蝎座和猎户座是紧紧联系在一起的。蝎子蜇死了强大的猎人，因此众神将这两个冤家放到夜空中相隔最远的地方。当天蝎座升起时猎户座就落下了。

天蝎座是罕见的形状恰如其名的星座。它的钳子伸向天秤座，而精细的尾巴上面有一枚显眼的“毒针”。虽然天蝎座因作为黄道十二宫之一而闻名，但实际上太阳、月球和行星的轨迹仅仅擦过天蝎座，主要运行在它相邻的蛇夫座。

天蝎的心脏是明亮的红超巨星心宿二（又名“大火”）。它的英文名 Antares 的含义是“火星的对手”。它的猩红甚至超越了那颗红色行星。如果把这颗硕大的恒星放入我们的太阳系中心，它的半径会延伸到小行星带。用中等大小的天文望远镜可以看到心宿二还有一颗更暗的蓝白色伴星（尽管仍比太阳亮 170 倍）。不过它在心宿二的猩红色调下看起来显现绿色。

标记天蝎毒针的是一对很亮物理上却没有联系的恒星：尾宿八和尾宿九，昵称“猫眼”。在天蝎座中有三个肉眼可见的精美的星团：M6、M7 和 NGC 6231。通过天文望远镜可以分辨这些星团的恒星成员，还可以看到美丽的双星系统房宿四（Graffias[1]）、多星系统键闭和引人注目的双重多星系统西咸一。

通过双筒望远镜在心宿二附近还能看到球状星团 M4。这个由上万颗恒星组成的群体是银河系巨型球状星团中离我们最近的一个。即便如此，它仍然有 7 200 光年远。

玉夫座，见 9.17 节。

盾牌座，见 9.5 节。

巨蛇座，见 9.31 节。

六分仪座，见 9.25 节。

“南方十字”，即南十字座，见 9.18 节。

1 Graffias 这个英文名称曾被用来指代天秤座和天蝎座的多颗恒星，容易造成混淆。在本书中，这个名称指代天蝎座 β 星，即房宿四。——译者注

主要恒星

名称	星等	类型	与地球的距离/光年	光度（相对于太阳）	直径（相对于太阳）
心宿二	0.96	红超巨星	550	57 500	880
尾宿八	1.6	蓝白巨星	500	30 000	7
尾宿九	2.7	蓝白巨星	580	12 300	6

9.40 金牛座

金牛座的历史可以追溯到古巴比伦时代，是最古老的星座之一。古巴比伦人称它为“前方的公牛”，因为在那个年代，太阳穿过春分点之后就来到了金牛座。

金牛座的主宰是毕宿五，它代表了凶狠血红的公牛之眼。毕宿五和其他年老的红巨星一样会有轻微的亮度变化。周围代表公牛头部的恒星是毕星团。毕星团和毕宿五只是偶然在同一视线方向上。毕星团距离我们153光年，是毕宿五距离的两倍。

金牛座中吸引你注意力的还有昴星团的七姐妹（又称为“七姐妹星团”）。尽管名字中有“七”，观星者根据他们视力不同有可能看到6~11颗星。用双筒或小型天文望远镜可以充分领略昴星团的荣光。

金牛座有两颗星代表两只牛角：五车五（阿拉伯语意为牛角）和天关（古巴比伦人给了它一个非常拗口的名字Shurnarkabtishashutu，意为向南的公牛之星）。在第二颗星附近有蟹状星云，它是一颗死亡恒星爆炸之后的遗迹。中国天文学家在1054年目睹了这次超新星爆发。如今用中等的望远镜可以观察到这个遗迹。射电天文学家在这个星云的中心发现了一颗脉冲星：快速旋转中的死亡恒星的核心。

望远镜座，见9.38节。

三角座，见9..6节。

南三角座，见9.28节。

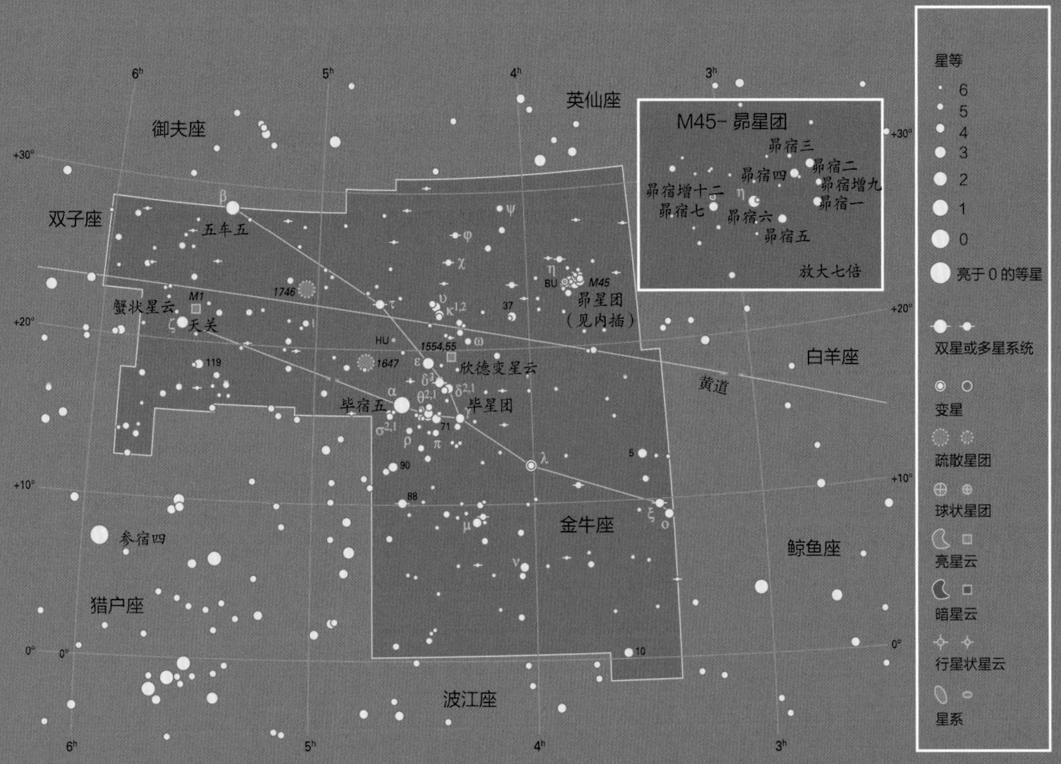

主要恒星

名称	星等	类型	与地球的距离/光年	光度(相对于太阳)	直径(相对于太阳)
毕宿五	0.85	橙巨星	65	520	44
五车五	1.7	蓝白巨星	130	700	4

9.41 杜鹃座、水蛇座、凤凰座

▽ 杜鹃座

荷兰航海家彼得·凯泽与弗里德里克·德·霍特曼测量了之前未知的南方夜空中恒星的位置。在之后的 1597 年，他们的同胞彼得勒斯 · 普朗修斯用这些恒星构建了 12 个新的星座。其中就包括杜鹃座。

肉眼看来，杜鹃座的鸟喙四是一个双星。不过用小型天文望远镜可以看出，这个双星中较亮的那一颗自己也是一个双星系统。更强大的望远镜能够分辨出这三个成分每一颗又都是双星，因此整个鸟喙四是由六颗星组成的。

如果用双筒望远镜观察看起来是暗“星”的杜鹃座 47，你会发现它实际上是一个中心明亮的光球。杜鹃座 47 实际上是第二亮的球状星团，包含了上百万颗恒星，距离我们 17 000 光年远。

不过杜鹃座的终极荣耀是肉眼轻松可见的：明亮的小麦哲伦云。小麦哲伦云是位于剑鱼座的大麦哲伦云的小妹妹。它是我们最近的邻居之一，距离仅有 20 万光年。用双筒或者天文望远镜能在小麦哲伦云看到一场星团和星云的大秀。

▽ 水蛇座

夜空中实际上有两条水蛇，这令每个人都很困扰。大大的长蛇座是一个古老的星座，代表神话中的怪兽。而这里的水蛇座则是由彼得勒斯 · 普朗修斯创造出来代表南半球海洋中的真实生物。

▽ 凤凰座

凤凰座是彼得勒斯 · 普朗修斯创造出的星座中最大的一个。它代表了神话中涅槃重生的神鸟。水委二是一个不寻常的四合星系统。用小型天文望远镜可以看到它的一颗伴星，而用更强大的望远镜可以看到更近的另一颗伴星。不过它的主星自己实际上又是一对靠得非常近的双星，以 1.7 天为周期互相掩食。它就像英仙座著名的食双星大陵五在南方天空的一个副本。

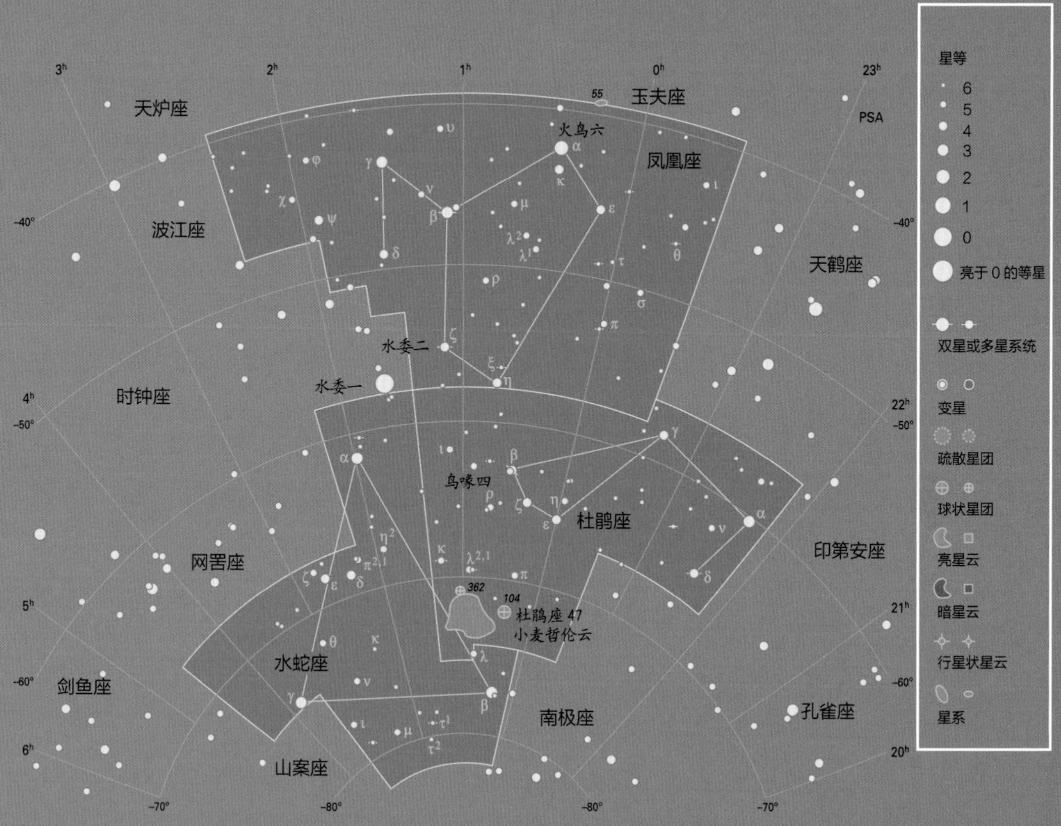
天炉座
玉夫座
火鸟六
凤凰座
PSA
波江座
天鹤座
水委二
水委一
时钟座
鸟喙四
杜鹃座
网罟座
印第安座
杜鹃座 47
小麦哲伦云
水蛇座
剑鱼座
南极座
孔雀座
山案座
星等
6
5
4
3
2
1
0
亮于 0 的等星
双星或多星系统
变星
疏散星团
球状星团
亮星云
暗星云
行星状星云
星系

9.42 大熊座、猎犬座

▽ 大熊座

大熊座可能是最古老的星座了，它的历史可以回溯到惊人的三万年前！在上一次冰河期离开旧大陆的北美洲原住民就已经将这一星座图案比作熊的形状。西伯利亚和欧洲的古代居民也是如此。

在希腊神话中，宙斯引诱了宁芙卡利斯托，后来她生下了一个孩子阿卡斯。妒忌的赫拉将卡利斯托变成了一只熊。多年之后，阿卡斯在林子里狩猎时遇到了这只熊。宙斯为了避免骨肉相残，抓住熊的尾巴将她甩上了天空变成大熊座。熊尾被不可避免地拉长了。

大熊座七颗最亮的星组成了大家熟悉的图案“北斗”（The Plough，这个英文单词的意思为“犁”或“Big Dipper”，意为“大勺子”）。其中的两颗星天枢、天璇的连线指向了北极星。

大熊座包含了一个罕有的能用肉眼分辨的双星系统：开阳。位于熊尾中部的开阳有一个更暗的伴星“辅”（又名“开阳增一”）。用天文望远镜可以分辨出开阳自身又是一个双星系统[1]。

同样用天文望远镜可以观察一对壮观的星系 M81 和 M82。另一个星系风车星系（M101）在长曝光的图片里非常令人惊叹，但在天文望远镜的视野中只显现一片大而暗淡的图像。

▽ 猎犬座

这个由 17 世纪的波兰天文学家约翰·赫维留创造的星座代表两只猎犬不断地在追逐着大熊围着北极星绕转。猎犬最亮的那颗星是常陈一（Cor Caroli，意为“查理的心脏”，代表了被处决的英国国王查理一世）。

用天文望远镜可以在这个暗淡的星座中找到二十个最亮星系中的三个：旋涡星系 M94、NGC 4258（M106），以及“涡状星系”M51——一个被旁边更小的星系扰动的旋涡星系。

1 实际上开阳自身是一个四合星系统，辅自身是一个双星系统。开阳和辅一起组成了一个六合星系统。——译者注

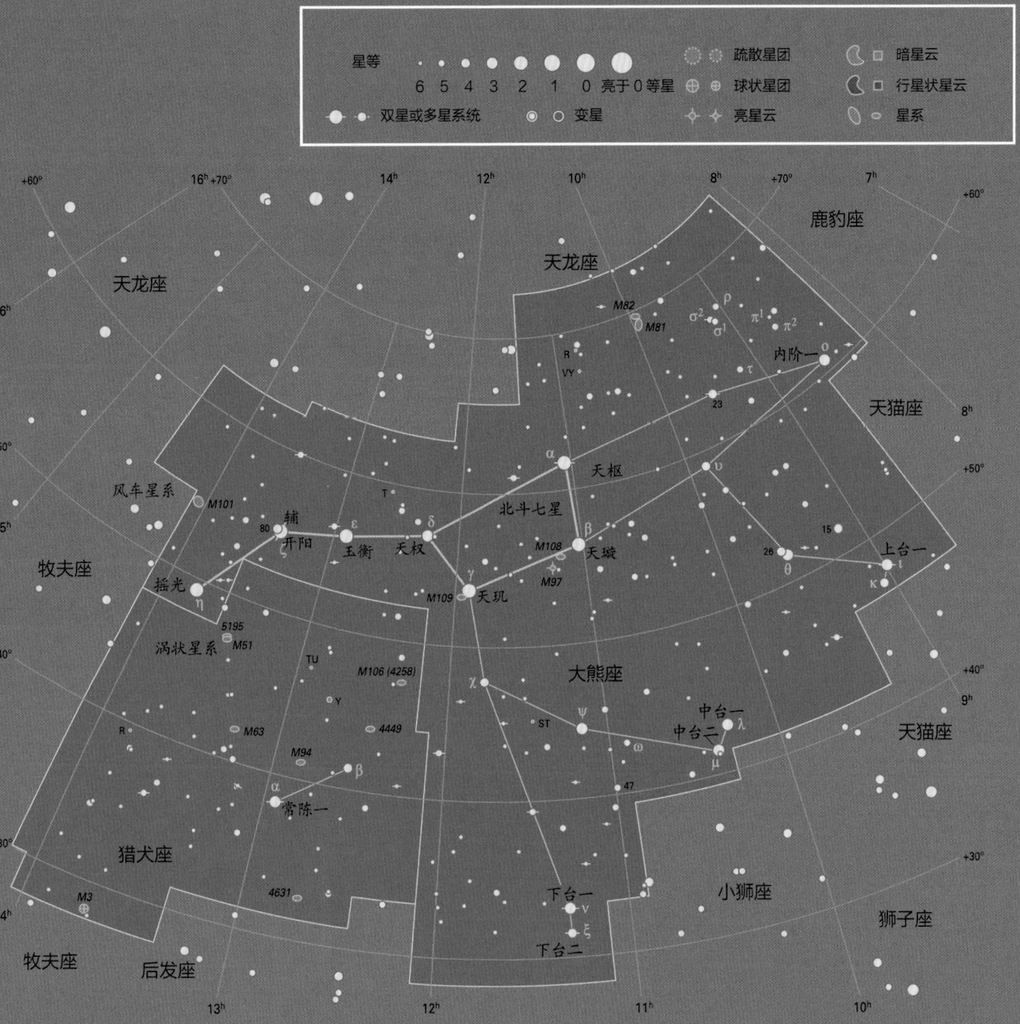

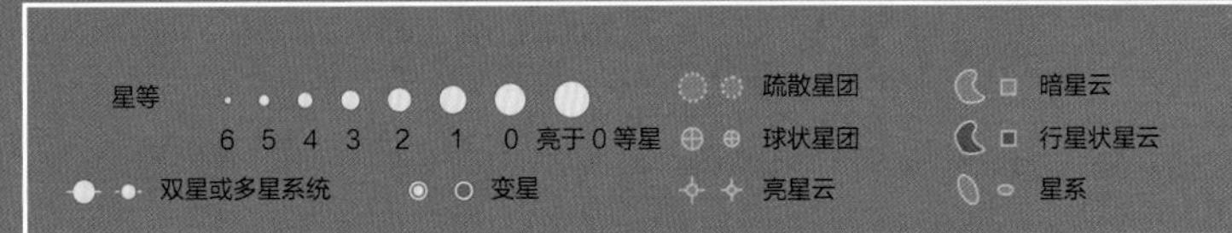

主要恒星

名称	星等	类型	与地球的距离 / 光年	光度（相对于太阳）	直径（相对于太阳）
玉衡	1.8	白主序星	82	108	4
天枢	1.8	橙巨星	123	300	30
摇光	1.8	蓝白主序星	104	1 300	3

9.43 小熊座、天龙座

▽ 小熊座

小熊座是大熊座的缩微版。它最亮的星组成的图案在北美洲被称为“小北斗”。在古希腊人看来，小熊座是大熊座的儿子，正如它们的名字所表示的。当作为人类的壮小伙阿卡斯正准备杀死他妈妈所变成的熊时，宙斯将阿卡斯也同样变成了熊，并为了安全起见将它们一起甩上了天空。

勾陈一（即北极星）几乎恰好位于地球北极的上方。地球是在北极星之下自转。因此，在我们看来北极星几乎是固定在夜空中的一个点，永远代表着北方。这使得它非常方便用于导航。但是地球的自转轴以 26 000 年为周期在空中摇摆（这一效应称为“进动”）。因此勾陈一是在中世纪才成为我们的北极星的，最终它也将失去这一称号。

小型天文望远镜能够分辨出勾陈一是一个双星系统。主星是一颗造父变星。它不断地膨胀收缩会造成亮度略微变化。

▽ 天龙座

蜿蜒在北天大熊与小熊两个星座之间的天龙也与赫拉克勒斯的十二伟业有关：这条猛兽的头就在（上下颠倒的）大英雄的脚边。

右枢（亦称紫微右垣一）虽暗淡却非常有名。缘于地球自转轴的摇摆（见上页大熊座），右枢在古埃及人筑造大金字塔的时代是我们的北极星。在公元前 2800 年前后，右枢离北天极比现在勾陈一离北天极更近。

天棓四是另一颗身藏功名的恒星。它现在距离我们 148 光年。不过 150 万年之后它会在距离我们 28 光年的地方经过。那时它会成为夜空中最亮的恒星。

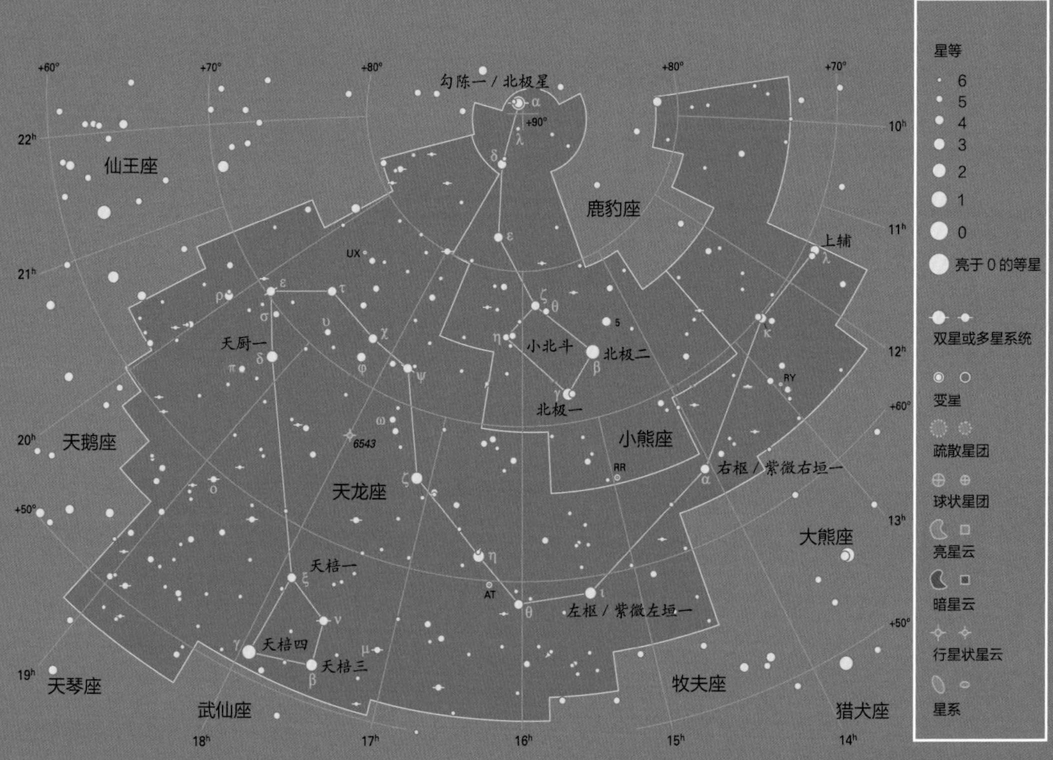

主要恒星

名称	星等	类型	与地球的距离 / 光年	光度（相对于太阳）	直径（相对于太阳）
勾陈一 / 北极星	2.0	黄白超巨星	325	2 500	46
北极二	2.1	橙巨星	130	390	42

9.44 船帆座、唧筒座、罗盘座

伊阿宋和阿耳戈英雄们获取金羊毛的传奇征程中所乘坐的大船阿耳戈号（Argo）升上天空成为巨大的星座南船座。18 世纪的法国天文学家尼古拉·路易·德·拉卡耶将这一硕大的恒星图案分割成了船底、船尾和船帆三个星座[1]。

船帆座的天区大部分位于银河之内。它拥有丰富的亮星、星云与星团。其中天社五和天社三两颗星与船底座的海石一、海石二（这两颗星见 9.13 节船底座星图）一起组成了赝十字[2]。

天社一（船帆座 γ）是一个异乎寻常的恒星系统。它在双筒望远镜的视野中是一个美丽的双星，而小型的天文望远镜则可以显示它另外两颗更暗的伴星。整个系统最亮的一个成分实际上是由望远镜难以分辨的两颗大质量的恒星互相环绕组成的。较亮的那颗是超巨星，另外一颗则是最亮的沃尔夫 - 拉叶星——一种已经失去其表层气体的灼热巨星。这两颗星最终都会产生超新星爆发。

较好的天文望远镜可以揭示出天社三是一个美丽的双星系统。其中较亮的那一个成分本身又是一颗周期为 45 天的食双星。它比更加有名的大陵五要稍亮一些。

▽ 唧筒座

拉卡耶引入这个星座来纪念由法国发明家丹尼斯·帕潘设计的空气泵。对于业余天文学家来讲，这个星座基本上可以认为是真空带了。（如果拉卡耶将帕潘的另一发明升入夜空，那么我们就会有高压锅座了！）

▽ 罗盘座

拉卡耶在阿耳戈号船尾附近创造这个星座来纪念为水手指向的罗盘，但它并未指向任何有趣的东西。

1 有的说法指出南船座被分为了船底、船尾、船帆和罗盘四个星座。但通常认为，拉卡耶创造罗盘座来代表一种近现代的仪器（古希腊并没有罗盘）。罗盘座位列拉卡耶新创造的 14 个星座中，而并非从南船座分割出来。——译者注

2 有别于南十字座（Crux）。赝十字早于南十字座从地平线上升起，因此对于航海容易造成混淆。——译者注

主要恒星

名称	星等	类型	与地球的距离 / 光年	光度（相对于太阳）	直径（相对于太阳）
天社一	1.8	蓝超巨星	840	150 000	13
天社三	2.0	白主序星	81	56	2.6

9.45 室女座、后发座

▽ 室女座

形状像字母 Y 的室女座是面积第二大的星座，也是最古老的星座之一。它最初是代表大地母亲。太阳在北方的收获季节穿过室女座。但是要把这片恒星勾勒成一个忠贞的少女手持一耳玉米(即角宿一)还是需要一定的想象力的。

角宿一是一颗明亮炽热的恒星。它的表面温度高达 22 400 ℃。它有一颗靠得很近的伴星。这两颗星都给对方施加了强大的引力，也因此都扭曲成鸡蛋一样的形状。

东上相（其英文名称 Porrima 来源于生育女神之名）在中等望远镜的视野中是一对美丽的双星。在它的南面，用望远镜可以看到草帽星系那惊人的外形。

室女座真正的荣耀属于它形如碗中的那一片天区。用小型天文望远镜扫过这一片，会发现一群形态各异的暗弱朦胧的光斑。这些只是构成室女星系团的两千多个星系中的一部分。这些星系中最明亮的一个是 M49。而星系团中心的巨椭圆星系 M87 是一个明亮的射电源；它的中心有一个真正的超大质量黑洞。

▽ 后发座

这个星座的主要星群看起来像一大片朦胧光斑，但它们形成了一个真正的星团。这跟大多数星座中的情况不同。古希腊天文学家托勒密将其视为狮子座尾巴上的簇绒。但这个星座现在的名字源自一个更为浪漫的故事：埃及王后贝勒尼基发誓只要她的丈夫从公元前 243 年的战争中平安归来，她就献祭出她美丽的头发。她的丈夫回来后，她践行了誓言。神祇将她的秀发升上了天空。

用天文望远镜可以观察黑眼睛星系(M64)。这是一个美丽的星系，和它名字所表示的不同。同样还可以看到室女星系团的一些外围星系。

飞鱼座，见 9.30 节。

狐狸座，见 9.20 节。

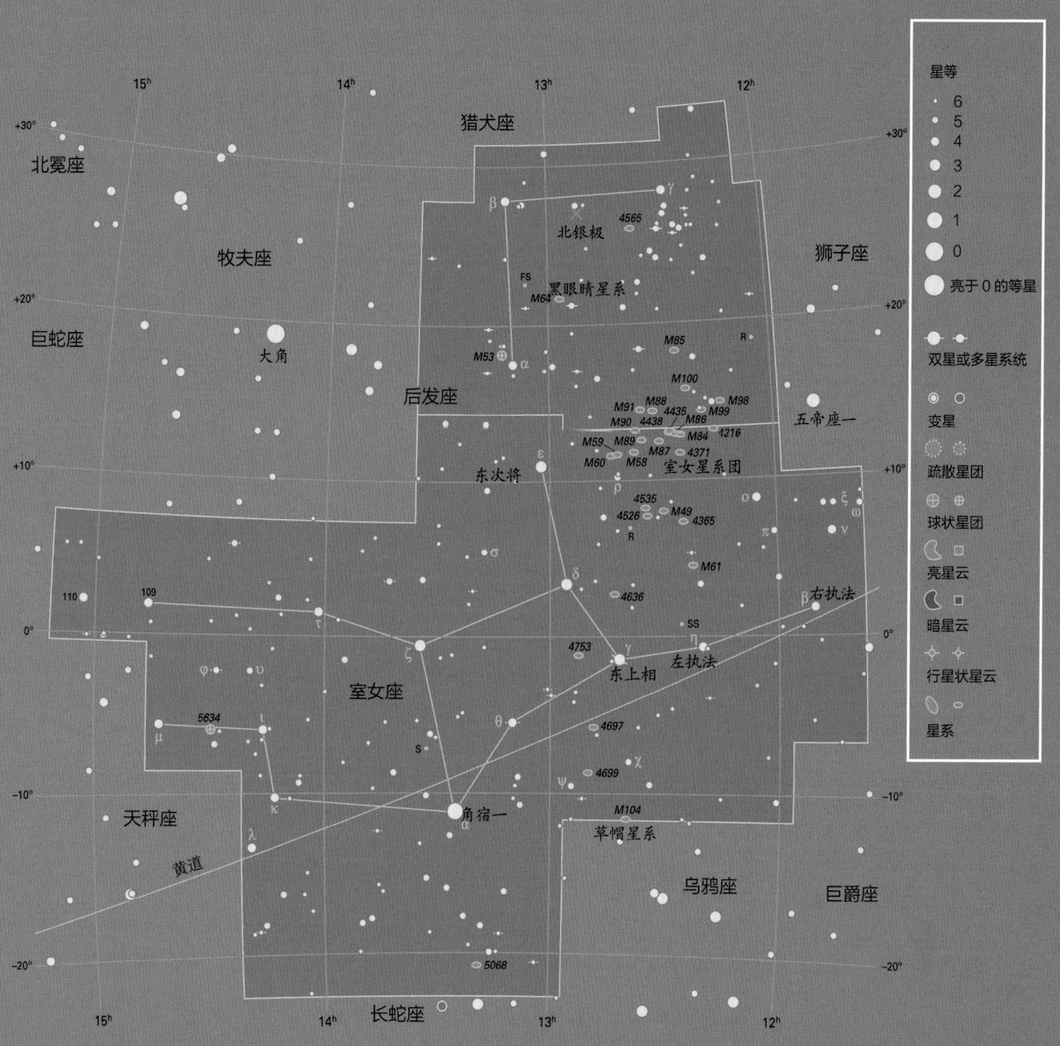

主要恒星

名称	星等	类型	与地球的距离/光年	光度（相对于太阳）	直径（相对于太阳）
角宿一	1.04	蓝白主序星	260	12 100	7

附录

实用参考图表

附录 A

A.1 三十大壮观天象

名称	类型	星座	最佳观测月份 *	节
大麦哲伦云	不规则 / 旋涡星系	剑鱼座	一月	8.4，9.21
猎户星云	星云	猎户座	一月	7.7，9.32
天狼星	最亮的恒星	大犬座	二月	7.5，9.10
M41	星团	大犬座	二月	9.10
鬼星团 M44	星团	巨蟹座	三月	7.8，9.9
南天七姐妹星团	星团	船底座	四月	7.8，9.13
船底星云	星云	船底座	四月	7.7，9.13
南方十字	星群 **	南十字座	五月	9.13
煤袋星云	暗云	南十字座	五月	7.6，9.13
宝盒星团	星团	南十字座	五月	9.18
北斗七星	星群 **	大熊座	五月	9.42
开阳 / 辅	双星	大熊座	五月	7.9，9.42
库楼增一	球状星团	半人马座	五月	9.15
南门二	三合星 / 最近的恒星[1]	半人马座	六月	9.15
M13	球状星团	武仙座	七月	9.24
西咸一	双重多星系统	天蝎座	七月	9.39
NGC 6231	星团	天蝎座	七月	9.39
M7	星团	天蝎座	八月	9.39
礁湖星云 M8	星云	人马座	八月	7.7，9.38
ω 星云 M17	星云	人马座	八月	9.38
织女二	双重多星系统	天琴座	八月	9.29
辇道增七	双星	天鹅座	八月	7.9，9.19
仙女星系 M31	旋涡星系	仙女座	十月	8.5，9.3
杜鹃座 47	球状星团	杜鹃座	十一月	8.4，9.41
小麦哲伦云	不规则星系	杜鹃座	十一月	9.41
双重星团	星团	英仙座	十一月	9.34
大陵五	变星	英仙座	十二月	7.10，9.4
昴星团 M45	星团	金牛座	十二月	7.8，9.40
银河系	星系	全天	二月、八月	8.2，8.3
勾陈一 / 北极星	极星	大熊座	全年	7.4，9.43

注：* 是指天体在晚上 10 点时达到最高高度的月份；一个天体在这前后几个月通常都是可见的；
** 是指引人注目的恒星图案

1 原文“Double/nearest star”是不准确的。南门二是一个三合星系统，其中的比邻星是距离太阳系最近的恒星。——译者注

* 大麦哲伦云

A.2 夜空中最亮的恒星

序号	中文名称	英文名称	星等	星座	节
1	天狼星	Sirius	-1.47	大犬座	7.5，7.7，7.10
2	老人星	Canopus	-0.72	船底座	7.5，9.13
3	南门二	Alpha Centauri	-0.27	半人马座	9.15
4	大角	Arcturus	-0.04	牧夫座	7.14，9.8
5	织女一 / 织女星	Vega	0.03	天琴座	7.5，9.29
6	五车二	Capella	0.08	御夫座	9.7
7	参宿七	Rigel	0.12	猎户座	7.5，9.32
8	南河三	Procyon	0.34	小犬座	9.11
9	参宿四	Betelgeuse	0.42	猎户座	7.5，7.14，9.32
10	水委一	Achernar	0.50	波江座	9.22
11	马腹一	Hadar	0.60	半人马座	9.15
12	河鼓二 / 牛郎星	Altair	0.77	天鹰座	9.5
13	十字架二	Acrux	0.77	南十字座	9.18
14	毕宿五	Aldebaran	0.85	金牛座	9.40
15	心宿二	Antares	0.96	天蝎座	7.5，7.14，9.39

续表

序号	中文名称	英文名称	星等	星座	节
16	角宿一	Spica	1.04	室女座	7.5，7.11，9.45
17	北河三	Pollux	1.15	双子座	9.23
18	北落师门	Fomalhaut	1.16	南鱼座	7.12，9.16
19	天津四	Deneb	1.25	天鹅座	7.5，9.19
20	十字架三	Mimosa	1.25	南十字座	9.18

* 南方十字（南十字座）与黑暗的煤袋星云，以及左边的马腹一。这一图像中包含了夜空二十大亮星中的三颗。

A.3 距离最近的恒星

名称	与地球的距离*/光年	类型	光度+	备注
比邻星	4.24	红主序星	0.0017	发现于 1915 年
南门二 A	4.37	黄主序星	1.5	第三亮星
南门二 B	4.37	橙主序星	0.5	可能存在行星
巴纳德星	5.96	红主序星	0.0035	以爱德华·爱默生·巴纳德命名
鲁曼 16	6.59	褐矮星‡双星	0.00001	发现于 2013 年；以凯文·鲁曼命名
WISE 0855-0714	7.18	褐矮星	0.00001	发现于 2014 年
沃尔夫 359	7.78	红主序星	0.0011	以马克斯·沃尔夫命名
拉朗德 21185 号星	8.29	红主序星	0.025	以杰罗姆·拉朗德命名
天狼 A	8.58	白主序星	25.4	最亮的恒星
天狼 B	8.58	白矮星	0.026	昵称“小狼”
鲸鱼座 UV	8.73	红主序星	0.00005	双星系统[1]
罗斯 154	9.68	红主序星	0.0038	强大的耀发

＊ 用小型望远镜观测显示附近的半人马座阿尔法星是一颗美丽的双星。

1 严格来讲，这个双星系统的命名应为鲁坦 726-8。鲸鱼座 UV 只是这个双星系统中的一个成分；另一个成分为鲸鱼座 BL。——译者注

续表

名称	与地球的距离*/光年	类型	光度+	备注
罗斯 248	10.32	红主序星	0.0018	旅行者 2 号将会近距离飞过这颗星
天苑四 / 波江座 ε	10.52	橙主序星	0.34	拥有已确认的距离最近的系外行星[1]
拉卡耶 9352	10.74	红主序星	0.033	以尼古拉·路易·德·拉卡耶命名
罗斯 128	10.92	红主序星	0.0035	以法兰克·罗斯命名
WISE 1506+7027	11.09	褐矮星	0.00001	以广域红外线巡天探测卫星命名
宝瓶座 EZ	11.27	红主序星	0.00008	三合星系统
南河三 A	11.40	黄白主序星	6.9	第八亮星
南河三 B	11.40	白矮星	0.0005	因自身引力被预言存在
天津增二十九 / 天鹅座 61	11.41	橙主序星	0.15	双星系统；第一颗测量出距离的恒星（除太阳外）
斯特鲁维 2398	11.53	红主序星	0.039	双星系统；以弗里德里希·斯特鲁维命名
格鲁姆布里奇 34	11.62	红主序星	0.0064	双星系统；以史蒂芬·格鲁姆布里奇命名
波斯七 / 印第安座 ε	11.82	橙主序星	0.22	距离最近的与太阳相似的恒星
巨蟹座 DX	11.83	红主序星	0.00065	耀星
天仓五 / 鲸鱼座 τ	11.89	黄主序星	0.52	或许周围存在 5 颗行星

注：* 以光年为单位。
+ 相对于太阳。
‡ 失败的恒星。

A.4 全天最亮的二十大星系

名称	星等	与地球的距离*/百万光年	类型	质量+/相对于太阳	星座
大麦哲伦云	0.4	0.16	不规则星系	一百亿	剑鱼座
小麦哲伦云	2.2	0.20	不规则星系	六十五亿	杜鹃座
仙女星系 M31	3.4	2.5	巨旋涡星系	一万两千亿	仙女座
三角星系 M33	5.7	2.9	旋涡星系	五百亿	三角座
半人马座 A	6.8	12	巨椭圆星系	一万亿	半人马座
M81	6.9	12	旋涡星系	两千亿	大熊座
银币星系 NGC 253	7.1	11	旋涡星系，中心存在星暴	一千亿	玉夫座
南风车星系 M83	7.5	16	正向旋涡星系	两千亿	长蛇座
风车星系 M101	7.9	24	巨旋涡星系	一万亿	大熊座
NGC 55	7.9	6.7	侧向旋涡星系	两百亿	玉夫座

1 随着比邻星 b（2016 年）和比邻星 c（2020 年）的先后发现，距离最近的系外行星是比邻星行星系统（截至 2020 年）。——译者注

续表

名称	星等	与地球的距离*/百万光年	类型	质量+/相对于太阳	星座
草帽星系 M104	8.0	30	侧向旋涡星系，盘面方向有显著尘埃带	一万亿	室女座
M94	8.2	15	正向旋涡星系	六百亿	猎犬座
NGC 4258	8.4	24	旋涡星系	一千九百亿	猎犬座
M82	8.4	12	侧向星暴旋涡星系	五百亿	大熊座
M49	8.4	50	巨椭圆星系	两千亿	室女座
涡状星系 M51	8.4	26	有伴星系的旋涡星系	一千六百亿	猎犬座
NGC 2403	8.5	11	旋涡星系	一千亿	鹿豹座
NGC 1291	8.5	33	有外部环状结构的旋涡星系	一千五百亿	波江座
黑眼睛星系 M64	8.5	16	有厚尘埃带的旋涡星系	四百亿	后发座
M87	8.6	53	巨椭圆星系	六万亿	室女座

注：* 以百万光年为单位。
　　+ 以太阳质量为单位。

A.5　全天 88 星座列表

中文名称	拉丁文名称	拉丁文属格	缩写	天区面积（平方度）
仙女座	Andromeda	Andromedae	And	722
唧筒座	Antlia	Antliae	Ant	239
天燕座	Apus	Apodis	Aps	206
宝瓶座	Aquarius	Aquarii	Aqr	980
天鹰座	Aquila	Aquilae	Aql	652
天坛座	Ara	Arae	Ara	237
白羊座	Aries	Arietis	Ari	441
御夫座	Auriga	Aurigae	Aur	657
牧夫座	Boötes	Boötis	Boo	907
雕具座	Caelum	Caeli	Cae	125
鹿豹座	Camelopardalis	Camelopardalis	Cam	757
巨蟹座	Cancer	Cancri	Cnc	506
猎犬座	Canes Venatici	Canum Venaticorum	CVn	465
大犬座	Canis Major	Canis Majoris	CMa	380
小犬座	Canis Minor	Canis Minoris	CMi	183
摩羯座	Capricornus	Capricorni	Cap	414

续表

中文名称	拉丁文名称	拉丁文属格	缩写	天区面积（平方度）
船底座	Carina	Carinae	Car	494
仙后座	Cassiopeia	Cassiopeiae	Cas	598
半人马座	Centaurus	Centauri	Cen	1060
仙王座	Cepheus	Cephei	Cep	588
鲸鱼座	Cetus	Ceti	Cet	1231
蝘蜓座	Chamaeleon	Chamaeleontis	Cha	132
圆规座	Circinus	Circini	Cir	93
天鸽座	Columba	Columbae	Col	270
后发座	Coma Berenices	Comae Berenices	Com	386
南冕座	Corona Australis	Coronae Australis	CrA	128
北冕座	Corona Borealis	Coronae Borealis	CrB	179
乌鸦座	Corvus	Corvi	Crv	184
巨爵座	Crater	Crateris	Crt	282
南十字座	Crux	Crucis	Cru	68
天鹅座	Cygnus	Cygni	Cyg	804
海豚座	Delphinus	Delphini	Del	189
剑鱼座	Dorado	Doradus	Dor	179
天龙座	Draco	Draconis	Dra	1083
小马座	Equuleus	Equulei	Equ	72
波江座	Eridanus	Eridani	Eri	1138
天炉座	Fornax	Fornacis	For	398
双子座	Gemini	Geminorum	Gem	514
天鹤座	Grus	Gruis	Gru	366
武仙座	Hercules	Herculis	Her	1225
时钟座	Horologium	Horologii	Hor	249
长蛇座	Hydra	Hydrae	Hya	1303
水蛇座	Hydrus	Hydri	Hyi	243
印第安座	Indus	Indi	Ind	294
蝎虎座	Lacerta	Lacertae	Lac	201
狮子座	Leo	Leonis	Leo	947
小狮座	Leo Minor	Leinis Minoris	LMi	232
天兔座	Lepus	Leporis	Lep	290
天秤座	Libra	Librae	Lib	538
豺狼座	Lupus	Lupi	Lup	334

续表

中文名称	拉丁文名称	拉丁文属格	缩写	天区面积（平方度）
天猫座	Lynx	Lyncis	Lyn	545
天琴座	Lyra	Lyrae	Lyr	286
山案座	Mensa	Mensae	Men	153
显微镜座	Microscopium	Microscopii	Mic	210
麒麟座	Monoceros	Monocerotis	Mon	482
苍蝇座	Musca	Muscae	Mus	138
矩尺座	Norma	Normae	Nor	165
南极座	Octans	Octantis	Oct	291
蛇夫座	Ophiuchus	Ophiuchi	Oph	948
猎户座	Orion	Orionis	Ori	594
孔雀座	Pavo	Pavonis	Pav	378
飞马座	Pegasus	Pegasi	Peg	1121
英仙座	Perseus	Persei	Per	615
凤凰座	Phoenix	Phoenicis	Phe	469
绘架座	Pictor	Pictoris	Pic	247
双鱼座	Pisces	Piscium	Psc	889
南鱼座	Piscis Austrinus	Piscis Austrini	PsA	245
船尾座	Puppis	Puppis	Pup	673
罗盘座	Pyxis	Pyxidis	Pyx	221
网罟座	Reticulum	Reticuli	Ret	114
天箭座	Sagitta	Sagittae	Sge	80
人马座	Sagittarius	Sagittarii	Sgr	867
天蝎座	Scorpius	Scorpii	Sco	497
玉夫座	Sculptor	Sculptoris	Scl	475
盾牌座	Scutum	Scuti	Sct	109
巨蛇座	Serpens	Serpentis	Ser	637
六分仪座	Sextans	Sextantis	Sex	314
金牛座	Taurus	Tauri	Tau	797
望远镜座	Telescopium	Telescopii	Tel	252
三角座	Triangulum	Trianguli	Tri	132
南三角座	Triangulum Australe	Trianguli Australis	TrA	110
杜鹃座	Tucana	Tucanae	Tuc	295
大熊座	Ursa Major	Ursae Majoris	UMa	1280
小熊座	Ursa Minor	Ursae Minoris	UMi	256

续表

中文名称	拉丁文名称	拉丁文属格	缩写	天区面积（平方度）
船帆座	Vela	Velorum	Vel	500
室女座	Virgo	Virginis	Vir	1294
飞鱼座	Volans	Volantis	Vol	141
狐狸座	Vulpecula	Vulpeculae	Vul	268

附录B

可用资源

星图应用

星图应用可以告诉你夜空中现在有什么。将你的手机或平板电脑指向星空，它们就会帮你认识恒星和行星。

安卓手机与平板电脑：Google Sky Map

苹果手机与平板电脑：Star Chart

星图软件

星图软件可以告诉你今夜的星空是什么样子，甚至地球上任意地点在任意时刻的夜空的样子。当然你可以购买高级的星图软件，不过下列这些是免费的：

Computer Aided Astronomy

Skychart

Stellarium

WorldWide Telescope

望远镜生产商

APM Telescopes

折射式望远镜、反射式望远镜

Celestron 星特朗

双筒望远镜、折反射式望远镜、CCD 相机

Meade Instruments

折反射式望远镜、复消色差折射镜、太阳望远镜

Sky-Watcher Telescopes 信达望远镜

专长于多步森望远镜（Dobsonians）；也制作折射式望远镜、反射式望远镜

Takahashi

萤石复消色差折射望远镜

成像设备

Atik Cameras

用于拍摄暗弱星云和星系的 CCD 相机

Point Grey Research

超轻的 Flea3 相机可以拍摄清晰的行星照片

Starlight Xpress

用于拍摄暗弱星云和星系的 CCD 相机

远程观测

iTelescope

分布于全球的十几台望远镜，台址位于澳大利亚、西班牙和美国新墨西哥州等

MicroObservatory

由美国国家航空航天局和哈佛 - 史密松天体物理中心负责运营，可以免费使用美国各地的五台望远镜

MyAstroPic

位于英国、美国、西班牙和智利的望远镜

Slooh

望远镜位于加纳利群岛，拥有众多的社区观测项目

暗夜站点

International Dark-Sky Association 国际夜空保护协会

关于暗夜站点的仲裁机构，以及对抗光污染的国际组织

射电天文学

Society of Amateur Radio Astronomers 射电天文爱好者协会

业余射电天文学的咨询机构和论坛

公众科学

BOINC (Berkeley Open Infrastructure for Network Computing)

伯克利网络计算开放基础设施

在一个最初为了 SETI@home 项目建设的网站上，现在可以使用你自己的计算机自动进行有助于绘制银河系地图、寻找引力波和解码宇宙结构的计算（以及很多其他的科学项目）

SETI@home

使用你自己的计算机自动帮助搜寻外星人的第一声通信信号

SETILive

通过先进的艾伦望远镜阵（Allan Telescope Array）获得的数据主动寻找外星生命的射电信号

Zooniverse

在自己的家里就可以积极地参与探索星系、火星、月球、太阳爆发、黑洞和环绕其他恒星的系外行星等的项目

月相

查询实时月相

行星

下载美国国家航空航天局免费提供的 *World Wind* 软件来交互式地探索地球、月球、火星、木星，以及木星卫星

太阳活动 / 极光预报

查询太阳黑子和极光预报

日月食

Eclipses of the Moon 月食

美国国家航空航天局提供的月食列表及详细预告

Eclipses of the Sun 日食

美国国家航空航天局提供的日食列表及详细预告

人造卫星

查询国际空间站（International Space Station）和人造卫星经过你所在地上空的时刻

天文组织

Society for Popular Astronomy 大众天文协会

适合所有年龄的初学者

British Astronomical Association 英国天文协会

适合英国和其他国家的更有经验的观测家

American Association for Variable Star Observers 美国变星观测者协会

专注于观测变星

Royal Astronomical Society of Canada 加拿大皇家天文学会

服务于加拿大天文学家

Royal Astronomical Society of New Zealand 新西兰皇家天文学会

服务于新西兰天文学家

Astronomical Society of Australia 澳大利亚天文学会，学会网站上有澳大利亚各地天文组织的链接

图书在版编目（C I P）数据

新天文学入门 /（英）海瑟·库珀（Heather Couper），（英）奈格尔·亨贝斯特（Nigel Henbest）著；武剑锋译 .-- 重庆：重庆大学出版社，2023.10

（微百科系列）

书名原文：The Astronomy Bible：The Definitive Guide to the Night Sky and the Universe

ISBN 978-7-5689-4160-0

Ⅰ.①新… Ⅱ.①海… ②奈… ③武… Ⅲ.①天文学—普及读物 Ⅳ.① P1-49

中国国家版本馆 CIP 数据核字（2023）第 164519 号

新天文学入门

XIN TIANWENXUE RUMEN

［英］海瑟·库珀（Heather Couper）

［英］奈格尔·亨贝斯特（Nigel Henbest）著

武剑锋 译

策划编辑：王 斌

责任编辑：赵艳君 版式设计：赵艳君

责任校对：刘志刚 责任印制：赵 晟

*

重庆大学出版社出版发行

出版人：陈晓阳

社址：重庆市沙坪坝区大学城西路21号

邮编：401331

电话：（023）88617190 88617185（中小学）

传真：（023）88617186 88617166

网址：http://www.cqup.com.cn

邮箱：fxk@cqup.com.cn（营销中心）

全国新华书店经销

印刷：天津图文方嘉印刷有限公司

*

开本：787mmx1092mm 1/16 印张：17.25 字数：389 千

2024年2月第1版 2024年2月第1次印刷

ISBN 978-7-5689-4160-0 定价：98.00元

The Astronomy Bible: The Definitive Guide to the Night Sky and the Universe

by

Heather Couper & Nigel Henbest

First published in Great Britain in 2015 by Philip's, a division of Octopus Publishing Group Ltd, Endeavour House, 189 Shaftesbury Avenue, London WC2H 8JY

版贸核渝字（2023）第 165 号